20 世纪经典住宅：平面、立面、剖面

Key Houses of the Twentieth Century： Plans，Sections and Elevations

科林·戴维斯（Colin Davies）著　江岱　译

同济大学出版社　中国·上海

图书在版编目（CIP）数据

20 世纪经典住宅：平面、立面、剖面 /（英）科林
·戴维斯（Colin Davies）著；江岱译 . -- 上海：同
济大学出版社，2019.8
书名原文：Key Houses of the Twentieth Century:
Plans, Sections and Elevations
ISBN 978-7-5608-8174-4

Ⅰ.①2⋯ Ⅱ.①科⋯ ②江⋯ Ⅲ.①住宅—建筑设计
—作品集—世界—20 世纪 Ⅳ.① TU241

中国版本图书馆 CIP 数据核字（2018）第 225915 号

Text © 2006 Laurence King Publishing Ltd.
Translation © 2019 Tongji University Press

This book was designed, produced and published in 2006 by Laurence King Publishing Ltd., London.

20 世纪经典住宅：平面、立面、剖面

Key Houses of the Twentieth Century: Plans，Sections and Elevations

著　　者：科林·戴维斯（Colin Davies）

翻　　译：江　岱

出 品 人：华春荣

责任编辑：罗　璇　孙　彬

封面设计：钱如潺

插页设计：钱如潺

装帧设计：朱丹天

责任校对：徐逢乔

出版发行　同济大学出版社

地　　址　上海市四平路 1239 号

邮　　编　200092

网　　址　www.tongjipress.com.cn

电　　话　021-65985622

经　　销　全国各地新华书店

印　　刷　上海安枫印务有限公司

开　　本　889mm×1194mm　1/16

印　　张　15.25　　插页 2

字　　数　488 000

版　　次　2019 年 8 月第 1 版　　2019 年 8 月第 1 次印刷

书　　号　ISBN 978-7-5608-8174-4

定　　价　98.00 元

序

这是一本关于 20 世纪最重要住宅的作品集，实际上也是一部 20 世纪的世界住宅建筑史。

对于建筑史（包括住宅史）而言，20 世纪是一个极具革命性的世纪。20 世纪之前几十个世纪的建筑史，都可被看作是一部"传统"的建筑史，也就是用传统的材料（砖、石、木、竹、土等），通过传统的建造手段所建造起来的建筑。从时间上讲，传统建筑经历了不同的发展时期，形成了代表不同时代的特征；从空间上讲，不同的地域由于其不同的地理、气候、物产等自然条件而形成了不同的地方特征。

但 20 世纪，人类却找到或发明了历史上从来不曾大规模使用过的全新建筑材料（如钢铁和其他各种金属、钢筋混凝土、玻璃等），创造了过去从来未曾采用过的建造技术与方法；20 世纪人类社会的活动彻底打破了地理距离的约束，各种不同传统建筑文化与地理"原产地"的强对应关系被彻底打破。一种无地理特征的"国际风格"终于在 20 世纪，在一半欢呼一半哀呼中到来。但不可否认的是，20 世纪对于建筑而言，的确是一个革命的世纪。在这个世纪里，建筑为人类生活提供了过去几千年从来不曾有的新空间，新的建筑也彻底改变了过去千百年来几乎不变的世界景观。这种建筑景观的"世界大同"既是不可改变的发展趋势，也已经成为当代世界的现状。

当然，"天下大同"（或称之为"全球化"）不等于普天之下一个模样。20 世纪上半叶曾出现"国际式"，一时成为时尚。但不久即遭诟病。如今"千篇一律"仍是世人尽厌的建筑景观。但回到过去、回到传统也已是螳臂当车、痴人说梦。事实上，"现代化"的魅力在于创新，无穷无尽的创新将会为人类的生活空间带来从未有过的新可能。从这个意义上说，20 世纪只是"现代化"的起始。将早期现代主义建筑视为现代建筑的全部，将 20 世纪后半叶出现的一些新现象称为"后现代"，之后又有"新现代"，对于再之后越来越多地出现的各种更新的现象找不到确切的名称，理论家集体失语或不知所云，实践家则无所适从，这实在是对"现代"的极大误解。

"现代化"将是一个漫长的过程，"现代建筑"——相对"传统建筑"而言——也将是一个漫长的阶段。在"现代化"的过程中，亦即"现代建筑"的探索过程中，人类的想象力、创造力将会不断地得到激发（当然，各种历史的和地域的传统都将成为这种想象力和创造力的源泉），从而为人类未来的生活创造出我们过去从来不曾设想、也不可能设想的新空间。

以这样一种眼光看 20 世纪的建筑，仅仅是本书所展现的 106 个住宅，就足以看到现代建筑在未来，至少是在 21 世纪的无限风光。住宅是建筑中最基本的类型，个体独立住宅因其小，设计者和使用者双方即可决定它的建造，因此更容易体现建筑背后的设计思想和理念。勒·柯布西耶说"住宅是居住的机器"，他只说对了一半。的确，住宅应该是一个能够满足生活需求的空间，一部功能齐全完善又方便好用、结实耐用的居住机器；但住宅又必定全面反映设计者和使用者的价值标准、美学取向和生活情趣，还会及时反映时代的思想观念和科技进步。随着人类的思想解放和科技进步，建筑的设计结果越来越具有无限的可能。对于这种无限可能的探索，恐怕才是现代建筑的真正本质。

希望读者能从这本书中透过这 106 个建筑个体，看到 20 世纪建筑发展的全貌，也看到当代和未来建筑发展的方向。

伍江

2019 年 8 月 7 日

目录

前言

　　由建筑师设计的单体住宅是文化艺术作品中一个独特的类别，也许可与风景画、电影纪录片或者是言情小说相若。而住宅还具有实用功能——事实上在世界上大部分地方生存都是最基本的功能，这可以让我们以不同的眼光来审视它。人们曾经倾向于将民居和批量生产的典型住宅建筑归为"20世纪经典住宅"，如美国的成片区开发住宅[1]、英国的农庄，或者是瑞典的度夏别墅[2]。毫无疑问，这些"普通"的住宅对大多数人来说比本书里的任何"特别设计"的住宅都更有意义。在20世纪世界住宅史中，建筑师专门设计的住宅所占篇幅可能不会多于一个脚注。

　　但是，本书的目的并非是提供一本世界住宅史。我们讨论的是一个范围相当有限而趣味丝毫不减的对象：这就是数量很少，却可称为艺术杰作的那部分住宅。本书中的住宅皆以经典而著名，以其各自特点名闻建筑史且广为人知。

　　建筑艺术所谓杰作者，一如其他艺术形式，并非完美无缺，而往往充满扭曲与不合理，但并不意味着其无意义。事实上，这正是艺术进步的关键点所在。缺之则建筑的讨论——无论是在书本上、展览中、办公室里，还是研讨会上，或者最多的是在建筑学院的教学中——都会变得毫无生机，贫乏空洞。建筑杰作是共享的知识平台，把世界上的建筑师们联系在一起，是他们集体身份的认证。当一个建筑师谈及萨伏伊别墅（Villa Savoye，图1，参见80~81页）时，另一个建筑师迅即在脑海中浮现出图像，并同时唤起以往数十个与其相关的讨论场景，可能是在教室里、图板上，也可能是在计算机前。对于一个严格意义上的建筑师或建筑学生来说，透彻理解经典杰作是至关紧要的基础。这不仅指要知其名、知其形，而且应当如庖丁解牛一般，尽知其所以然。本书所提供的正是这样透彻详尽的资料，供学习和查阅。本书虽然仅涉及住宅建筑，但新颖大胆的思想检验于斯，艺术继承发扬于斯——住宅实乃建筑设计的实验场。

1　Tract home 在美国指将一整片土地，分割成许多小的分户住宅基地，整体开发成建筑风格相同或类似的住宅小区。原意是从地产开发角度来说的，此处是就其建筑设计特点而言，主要指整个居住区的住宅都是重复使用一个或不多的几个设计来建造的。第二次世界大战后，美国住房严重短缺，从而激发了大规模住宅地产开发。这样的建造方式在材料、技术上都降低了难度，从而提高了建设效率，并压缩了建设成本与周期，是解决这一时期住房困难的主要手段。（本书所有注释均为译者所加。）
2　Summer home 是北欧（斯堪的纳维亚地区）一种常见的传统住宅，此处以瑞典为例作指代。与城市生活住宅相对应，北欧度夏别墅更多的是住宅使用特点上的概念，多建在海滨或水滨区域，也有建在内陆远离都市与城镇的乡间。因此，传统意义上的度夏别墅设计往往仅考虑短期度假生活所需，并不具备全部完整的配套设施。有的国家，如丹麦，还以法律规定除非满足一定条件，度夏别墅不得作为常年固定住所。随着时间的发展，新建度夏别墅正逐步靠近一般意义上的别墅。

1　　　　　　　　　　　　　　　　　　　　　　　　　2

3　　　　　　　　　　　　　　　　　　　　　　　　　4

　　入列经典杰作，有赖于作品的质量与原创性。缺乏想象和竞争力的设计作品往往不为建筑史所留意。然而，质量与原创性绝非仅有的入选标准，设计师身份也经常成为重要的考量因素。一个众所公认的天才建筑师，如勒·柯布西耶（Le Corbusier，1887—1965），其任何作品都很可能成为经典；而一个不知名建筑师的非凡创作却很可能不见于史。正是由于这个原因，本书中对那些定义建筑形式的大师，如勒·柯布西耶，弗兰克·劳埃德·赖特（Frank Lloyd Wright，1867—1959）和路德维希·密斯·凡·德·罗（Ludwig Mies van der Rohe，1886—1969）等人，给予远超单以作品数量为入选标准的。收入的作品毫无疑问都是可奉圭臬的经典杰作。

　　这些杰出的建筑师往往彼此相熟，不仅因为皆负盛名，而且由于他们私交甚密。从本书中的任意作品出发，可以轻松外延，勾勒出某个世界建筑流派的全貌。以20世纪20年代四幢洛杉矶住宅为例，其中两幢的客户都是菲利普·洛弗尔医生（Philip Lovell），而另两幢的设计师是弗兰克·劳埃德·赖特。洛弗尔医生夫人的朋友艾琳·巴恩斯德尔（Aline Barnsdall）恰好是赖特的客户。洛弗尔海滩住宅（Lovell Beach House，图2，参见50~51页）的建筑师鲁道夫·申德勒（Rudolph Schindler），与洛弗尔健康住宅（Lovell Health House，图3，参见68~69页）的设计师里夏德·诺伊特拉（Richard Neutra）都来自奥地利，是多年的好友加同事。而且他们都是赖特设计巴恩斯德尔住宅（Barnsdall House，图4~图5，参见40~41页）时的助手。申德勒当时是监理建筑师，而诺伊特拉负责园林设计。

图 5　巴恩斯德尔住宅平面　　　图 6　张伯伦住宅　　　图 7　罗丝·赛德勒住宅　　　9

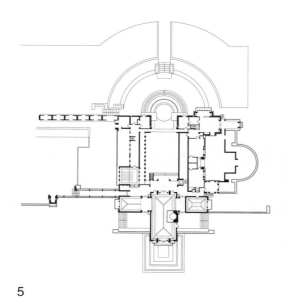

5　　　　　　　　　　　　　　　　　　　　6

在他们来美国之前，申德勒和诺伊特拉师从奥地利最早的原现代主义（Proto-Modernist）大师阿道夫·路斯（Adolf Loos，1870—1933）。本书收录了他的两件作品：莫勒住宅（Moller House，参见 60~61 页）和米勒住宅（Müller House，参见 74~75 页）。路斯的著名理论文章《装饰与罪恶》（"Ornament and Crime"）于 1920 年以法语发表在《新精神》（*L'Esprit Nouveau*）杂志，该杂志的编辑正是勒·柯布西耶。柯布西耶曾在柏林为彼得·贝伦斯（Peter Behrens，1868—1940）工作过，瓦尔特·格罗皮乌斯（Walter Gropius，1883—1969）和密斯·凡·德·罗也有同样的经历。后两人正是包豪斯的校长，在这个学校里培养出很多知名建筑师，包括后来先移居英国，再到美国哈佛大学与格罗皮乌斯重聚的马歇·布劳耶（Marcel Breuer）。本书中的张伯伦住宅（Chamberlain Cottage，图 6，参见 102~103 页）就是他的作品。布劳耶的一个学生，哈里·赛德勒（Harry Seidler）参与过张伯伦住宅的设计工作；在其移居澳大利亚后为母亲设计了一幢布劳耶风格的住宅，即罗丝·赛德勒住宅（Rose Seidler House，图 7，参见 110~111 页），被评论认为是改变了澳大利亚的建筑发展历程的一例住宅设计。如此这般的关联可以一直讲下去。浸淫日久，一个人的关系网远不是冰冷的统计数字，而更像是有生命的、不断生长的有机体。

7

8　　　　　　　　　　　　　　　　　　　　　　　9

　　纵观艺术史，一切艺术经典杰作，在某种程度上都有赖于这种关系网络。同时经典作品也会偏爱某种特定的艺术风格或风潮，有时这种偏爱与它们在当时的流行程度和影响力相比甚至不相称。在 20 世纪中，被大众喜爱的正是现代主义。大多数历史学者对现代主义就是 20 世纪主题风格的判断没有异议。因此，本书中现代主义作品的篇幅远超出其在统计意义上的比重。其他的风格也常被以其与现代主义的相对关系来命名：前现代主义——埃德温·勒琴斯（Edwin Lutyens）的果园住宅（Orchards）（图 8，参见 24~25 页）、后现代主义——万娜·文丘里住宅，即母亲住宅（Vanna Venturi House）（图 9，参见 142~143 页），或者是新现代主义——艾森曼（Eisenman）的 6 号住宅（House VI）（图 10，参见 160~161 页）。

　　在第二次世界大战前，现代主义还只是欧洲的一种前卫艺术风格，建成作品的数量也很有限。但随后现代主义的若干先驱者，如格罗皮乌斯和密斯为躲避纳粹德国的迫害而移居美国，并受到建筑界的领袖人物，如菲利普·约翰逊（Philip Johnson）和亨利·罗素·希契科克（Henry Russell Hitchock）等人的欢迎。这一文化迁移的后果之一就是申德勒和诺伊特拉这些早期移民再被重视，作品的经典地位得到承认——尽管显得有些马后炮。战后，美国体系采取了现代主义的路线，其影响日益增长，被奉为建筑正朔，一如被罗马帝国定为正统之后的基督教。

10

图 11　新精神馆　　图 12　斯坦 – 德蒙齐别墅平面　　11

11

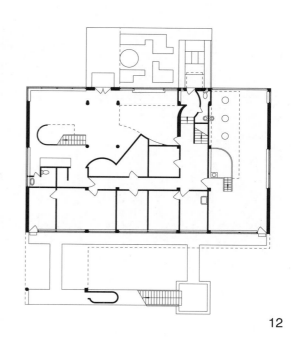

12

　　现代主义是一场进步运动，注重新发明而不是旧传统。机器工业与其产品是这一运动的灵感源泉，它企图在理性、功能的基础之上重新确立建筑的含义，并通过解决日常生活与机器工业之间的矛盾冲突来变革社会。然而，住宅在过去和现在都是传统最后的，也是最顽固的"巴士底"。家庭生活的领地是最为保守的，以至于勒·柯布西耶"住宅应当是居住机器"的论点至今依然刺耳。本书中的许多作品都是为调和现代性与家庭生活而努力的成果。正是在这些设计中，戏剧的冲突起伏得以铺陈展开。而且，由于这些经典杰作都倾向于求新求异，因而通常是现代性占据主导。

　　本书中 8 个作品来自柯布西耶，全部是离经叛道之作。新精神馆（Pavillon de l'Esprit Nouveau，图 11，参见 48~49 页）和魏森霍夫住宅（Weissenhof House，参见 56~57 页）都是为展示而建，因而没有传统意义上的客户。它们是为大规模推广而作的原型设计。新精神馆是我们今天所谓的"模块"，可以多个拼组在一起，构成大型多层公寓体。同时，柯布西耶为有钱人设计的住宅，如萨伏伊别墅和斯坦 - 德蒙齐别墅（Villa Stein-de Monzie，图 12，参见 54~55 页）在革命性上亦毫不逊色。在其对工业时代的极力宣扬之下，柯布西耶依然是一位艺术家，而非技术论者。在绘画艺术和住宅设计上，他可以朝绘彩栋而夕砌雕栏，各依板眼，都很"纯粹"。他的作品与其说是居住的机器不如说是居住的艺术品。现代主义的风格在其中第一次被表现得淋漓尽致。开放的空间、钢筋混凝土结构以及平实的几何形体在 1927 年并非完的创举；但这些是住宅不同于工厂厂房、艺术学院或办公楼。纯粹主义的别墅影响巨大而深远。英国 20 世纪 30 年代的现代主义住宅，如埃米亚斯·康奈尔（Amyas Connell）的山顶住宅（High and Over，图 13，参见 72~73 页）和埃德温·马克斯韦尔·弗赖伊（Edwin Maxwell Fry）的太阳住宅（Sun House，参见 88~89 页）的设计若没有柯布西耶的影响是不可想象的。德尼斯·拉斯登（Denys Lasdun）的牛顿路住宅（Newton Road，参见 98~99 页）基本上就是柯布西耶所做库克别墅（Villa Cook）的翻版。

　　其后，在 20 世纪 60—70 年代中，"纽约五"（New York Five）包括迈克尔·格雷夫斯（Michael Graves，汉泽尔曼住宅，Hanselmann House，参见 146~147 页），彼得·艾森曼（6 号住宅）和理查德·迈耶（Richard Meier，道格拉斯住宅，Douglas House，图 14，参见 162~163 页）等人完成的一系列作品追随了勒·柯布西耶的早期风格。而在此时，柯布西耶本人已经改向其他方向探索。他脱离了纯粹主义，努力发掘更粗粝的建筑材料和更

12

13

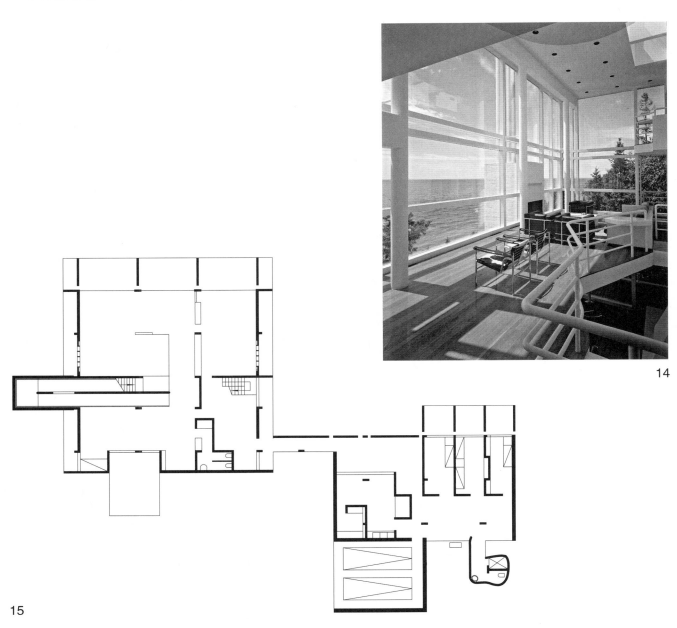

14

15

粗犷的建筑形态在住宅建筑中的潜能，如绍丹别墅（Villa Shodan，图15，参见130~131页）和雅乌尔住宅（Maisons Jaoul，参见132~133页）。这些作品后来又成为另外一些建筑师，如路易·康（Louis Kahn）和安藤忠雄（Tadao Ando）等的范本。

正如同我们从申德勒和诺伊特拉的例子中所见，艺术杰作有时是被重新发现而追认的。我们迷恋于发展至勒·柯布西耶已经成熟完善的建筑艺术风格，从而希望进一步发掘其出处及在早期作品中的端倪。1917年的施沃布别墅（Villa Schwob，图16，参见34~35页）绝非现代主义杰作——它更像是新古典主义中的异类——但是不了解它，我们对勒·柯布西耶的理解就无法完整。

虽然都是艺术家，也同样都是现代主义者，但密斯·凡·德·罗与勒·柯布西耶绝不是同一类建筑师。密斯的建筑更为简约灵动，而较少诉诸直觉和感性。也许正因如此，家庭生活的意境便对其更为抵触。沃尔夫住宅（Wolf House，图17，参见58~59页）和朗格住宅（Lange House，参见62~63页），在某种意义上都是其1923年乡间砖宅（Brick Country House）的部分实现。原设计更像是抽象的空间构成方案，而非实实在在的一个家。图根德哈特住宅（Tugendhat House，图18，参见78~79页）也是发展自另一个设计，即著名的巴塞罗那博览会德国馆（Barcelona Pavilion）——一个纯礼仪性的建筑，仅仅是作为代表一个国家的符号出现。密斯的住宅设计众多，而集其大成者就是1951年的范斯沃斯住宅（Farnsworth House，图19，参见112~113页）。通过这一极端洗练而精致完善的作品，

图16　施沃布别墅　　　　图17　沃尔夫住宅　　　　图18　图根德哈特住宅　　　　图19　范斯沃斯住宅

16

17

18

19

图 20　川奈住宅

20

我们可以最为清晰地理解，建筑师专门设计的单体住宅具有的真实功能常常是以尽可能纯粹而完美的形态来展示一个建筑思想。范斯沃斯住宅融入了密斯建筑的所有重要主题：结构的清晰、空间的自由灵活、外在表达和内涵概念上的直白通透，以及骨子里的古典主义。

范斯沃斯住宅既成，而苗裔众多，包括菲利普·约翰逊的约翰逊住宅（Johnson House，参见 108~109 页）——完成实际早于范斯沃斯住宅，克雷格·埃尔伍德（Craig Ellwood）和皮埃尔·科恩尼格（Pierre Koenig）设计的加利福尼亚案例研究住宅（Case Study House，参见 120~121 页，134~135 页），罗尼·塔隆（Ronnie Tallon）在都柏林的住宅（参见 152~153 页），以及诺曼·福斯特（Norman Foster）在日本静冈县伊豆半岛的川奈住宅（Cho en Dai House，图 20，参见 212~213 页）。另外，在还有一些作品中可以观察到范斯沃斯住宅不那么明显的影响，如约恩·伍重（Jørn Utzon）在海勒拜克（Hellebaek）为自己设计的住宅（参见 118~119 页），甚至是坂茂（Shigeru Ban）的家具住宅（Furniture House，参见 218~219 页）。

范斯沃斯住宅也展示了在这些建筑师专门设计的经典住宅历史上的一个难言的隐疾：对设计完全满意的客户实际上极为罕见。当然，一些客户完全是出资赞助，乐意合作来完成一件艺术作品的创作。举例来说，路易·康的客户就似乎很愿意付束脩而立于门墙，也不介意他们的"老师"中途消失几个月去完成其他更重要的项目。但是，依然有很多客户，如伊迪丝·范斯沃斯（Edith Farnsworth），对于被强迫为自己根本不喜欢的房子的巨额超支买单表示非常不满。勒·柯布西耶和弗兰克·劳埃德·赖特在这方面尤为不近情理，这大概对他们的作品在经典中所处的卓越地位是个相当负面的影响因素。

对于许多建筑师来说，克服这一客户难题的办法就是为自己设计住宅。本书中大约四分之一的住宅，从彼得·贝伦斯 1901 年在达姆施塔特（Darmstadt）的住宅（参见 22~23 页），到马清运在西安附近为自己父亲设计的住宅（参见 232~233 页），都是建筑师为其个人或亲属设计的。这可能反映出，对一个雄心勃勃的建筑师来说，一个住宅的设计与其说是一场与客户的对话，不如说是其作为设计师对其职业未来的一种心理投射和展望。

就建筑史而言，勒·柯布西耶和密斯·凡·德·罗以及其追随者的现代主义主宰了 20 世纪。然而它并没有成功地赢得广泛的大众支持，至今依然是少数人的热情而已。可以刻薄一点说，这么多经典住宅都是建筑师自己的房子，不过是因为根本没有其他人想要。欧洲的现代主义既是建筑学专业领域最大的成功，也是最大的失败。但是，第三位赋予"现代主义"——如果可以这样说的话——基本概念形态的弗兰克·劳埃德·赖特却与此不同。

图 21　罗比住宅　　15

21

远早于 20 世纪开始之前，赖特就已经在进行一些重要项目的建设。对于他而言，欧洲的现代主义是一个后起的对手。有赖于其天才，赖特发明创造出新的形态，却让人感觉新形态似乎并不陌生。传统与现代之间常见的矛盾对立被他几番手段所化解，普通民众由衷自发地以欢笑，而不是以疑惑紧锁的眉头来欢迎他的建筑。我们首先介绍了他的罗比住宅（Robie House，图 21，参见 32~33 页）。这是其草原风格的一个原型缩影，尽管坐落在芝加哥郊外，距任何现实中的草原都很远。它具有勒·柯布西耶设计的别墅所拥有的空间自由度，却没有丝毫令人不快的清简之感。尽管使用如钢、混凝土等新材料，以及如大跨度、悬挑屋顶等新的设计形态，其依旧环绕壁炉，充满家庭氛围。它并不拒绝装饰，尽管与传统的古典主义或哥特式并不相关。

本书收录了赖特的 5 件风格迥异的作品，这在一定程度上反映出他建筑思想的丰富多样。即便是时间和空间上都很接近的巴恩斯德尔住宅和恩尼斯住宅（Ennis House，参见 42~43 页），实质上也是截然不同的。流水别墅（Fallingwater，参见 92~93 页）是最著名也是最为特别的，但长远看来，1936 年的雅各布斯住宅（Jacobs House，图 22，参见 90~91 页）可能是最为重要的一个。它是为一个即便算不上贫困也难称富有的家庭设计的，平和而朴实。赖特称其为"美国风住宅"（Usonian house）。"美国风"一词是赖特设计的理想中的美国风格，使用砖、木等天然材料，建设组织合理高效。赖特期望自己的设计能实现这种既不缺现代性，成本又很低廉的住宅。雅各布斯住宅是一个非常罕见的范例：一个由建筑师专门设计的能吸引大众口味的现代住宅。人们可以在全美的所有城郊地区发现雅各布斯住宅只鳞片爪的身影，从开放式厨房到内置式衣橱，从住宅边铺装的场地到停车位，不一而足。

如果将赖特的建筑描述为欧洲现代主义的一个替代或备选方案，从大的方面讲是有些不敬，是失礼的。赖特自己甚至可能会反转 180°，反过来描述他们的关系。但是另一位富有影响，同样给予现代主义以表现形态定义的建筑师阿尔瓦·阿尔托（Alvar Aalto），却时不时与汉斯·夏隆（Hans Scharoun，1893—1972）等人一起被置于这样的标题之下："非常"的传统。阿尔托对 20 世纪建筑的伟大贡献在于对常规性和连贯一致性的诘问。它们一直以来是作为建筑的精髓要义被普遍接受的，几乎与"建筑"一词同义共存。而阿尔托却在非常规、非连贯性上大放异彩：看起来似乎风马牛不相及的形体与材料在他这里被并列组合在一起。他的迈蕾别墅（Villa Mairea，图 23，参见 94~95 页）可称其完美典型，上下层错开的平面、重叠的空间，甚至没有两个柱子是相同的样式——单柱式、双柱式、三柱式；钢柱、木柱、混凝土柱。阿尔托的风格独特，充满个性，但他在布局构图上直觉般的自由显然为后现代主义及晚期现代主义提供了求变的可能：从何塞·安东尼奥·科德尔奇（José Antonio Coderch）严肃的

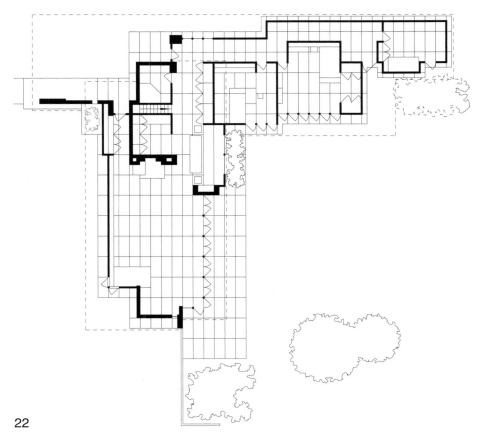

图 22　雅各布斯住宅平面

22

图 23　迈蕾别墅平面

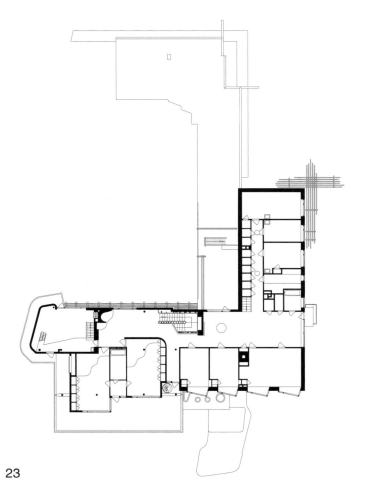

23

图 24　达拉瓦别墅　　17

24

地方主义作品——乌加尔德住宅（Casa Ugalde，参见 116~117 页），到弗兰克·盖里（Frank Gehry）顽皮的形体幻方——温顿客舍（Winton Guest House，参见 192~193 页）。甚至是 20 世纪最后 10 年中由荷兰建筑师设计的温文尔雅的住宅，如雷姆·库哈斯（Rem Koolhaas）的达拉瓦别墅（Villa Dall'Ava，图 24，参见 206~207 页）和本·凡·贝克尔（Ben van Berkel）与卡罗琳·博斯（Caroline Bos）的莫比乌斯住宅（Möbius House，参见 226~227 页）也从阿尔托和夏隆那里获益良多。

　　由建筑师专门设计的单体住宅经常成为检验新思想和新技术的原型作品。这一功能在那些被随意冠以高技术住宅头衔的作品中显得尤为突出——设计师往往抛弃通常意义上与住宅用途相联系的传统或天然的建筑材料，以对待工业产品的态度来看待住宅。1977 年，当迈克尔·霍普金斯（Michael Hopkins）和帕蒂·霍普金斯（Patty Hopkins）在汉普斯特德（Hampstead）建造自己以钢和玻璃为材料的霍普金斯住宅（Hopkins House，图 25，参见 174~175 页）时，目标是将其作为他们的主要住处和工作室；而且，更为重要的是，他们要将其作为新建筑实践的意识形态基础。他们的实践迎来了巨大的成功，一时间霍普金斯夫妇成为英国各界最喜爱的建筑师（然而颇具讽刺意味的是，他们很快就脱离了高技派）。

图 25　霍普金斯住宅剖面

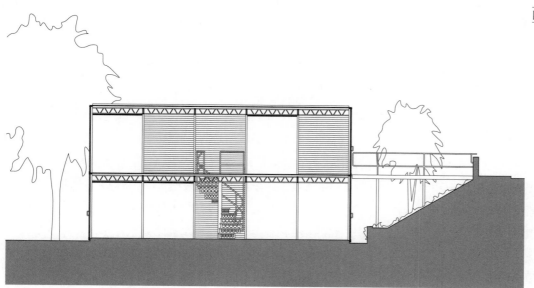

25

18

26

27

28

图 26　埃姆斯住宅

图 27　威奇托住宅

图 28　普鲁韦住宅

　　此前 30 年，另一对设计师夫妇，查尔斯·埃姆斯（Charles Eames）和蕾·埃姆斯（Ray Eames），也为自己建造了一座类似的"宣言式住宅"——埃姆斯住宅（Eames House，图 26，参见 106~107 页）——霍普金斯住宅显然对其有所仿效。埃姆斯夫妇的想法是只使用可以直接从生产商订购的标准工业构件建造一幢住宅。这意味着将 20 世纪中一个不断被重复的梦想变为现实：像汽车一样可以大规模工业生产的住宅。然而最终埃姆斯住宅仍只是一个一次性单体作品，一个设计的经典，是对其后数十年间的启迪与激励，而对商业和工业生产则无所启动。也许应该说，埃姆斯夫妇从未试图引入大规模工业制造住宅的计划，因为在该项目建设完成后不久，他们就退出了建筑设计，专注于家具设计、会展与电影。

　　理查德·巴克敏斯特·富勒（Richard Buckminster Fuller）则确定无疑想要以大规模工业生产方式建造住宅。他的威奇托住宅（Wichita House，图 27，参见 104~105 页）原本是设想战后不再生产军用飞机时，利用比奇（Beech）飞机制造厂的生产线大批量生产。刊登广告之后订单大量涌入，但事到临头富勒居然怯阵，最终打了退堂鼓，仅建造了两个展示原型后整个计划就终止了。威奇托住宅尽管对缓解战后美国住房短缺局面没有起到作用，但在经典杰作中应有其席位。它证明了许多新的思想和新的技术是行得通的。富勒对 20 世纪 80 年代高技派建筑的影响深远，可以与之相提并论的只有利用先前废弃项目遗留的材料，主要以金属构件建造了自己的住宅的让·普鲁韦（Jean Prouvé）。普鲁韦住宅（Masion Prouvé，图 28，参见 124~125 页）体现了量力而行、物尽其用的一种高技术风格，如同螺蛳壳里做道场，虽然形同机器，却是性情十足。

　　20 世纪 60 年代，黑川纪章（Kisho Kurokawa）对太空舱样式，集成各居住要素的预制舱体结构的建筑潜力十分着迷。英国的前卫团体"建筑电讯"（Archigram）在其设计项目——如"插入式城市"（Plug-in City）——中遵循了这一思路。然而，黑川纪章于1972年设计的中银舱体塔楼（Nakagin Capsule Tower）实现了一个真实的插
拔式城市。其后两年，他为自己建造了胶囊住宅K（Capsule House K，图29，参见166~167页）——建筑思想的
单体设计原型居然出现在大规模推广运用之后，这可以算是一个极为罕见的个案了。

　　反观历史，20世纪前10年的住宅中旧的传统依然存在，将这期间的住宅设计归为"前现代主义"似乎合情
合理，但这显然是对历史的歪曲。事实上，在埃德温·勒琴斯的果园住宅、查尔斯·沃伊齐（Charles Voysey，
1857—1941）的霍利班克住宅（Hollybank，图30，参见26~27页）或查尔斯·伦尼·麦金托什（Charles Rennie
Mackintosh，1868—1928）的山居住宅（Hill House，参见28~29页）中几乎找不到现代主义即将来临的迹象，尽
管包括尼古劳斯·佩夫斯纳（Nikolaus Pevsner）本人在内的许多历史学家试图进行这样的解释。但是，这并不意
味着这些传统住宅是传统风格的终结。20世纪日常所见的大量民用建筑的设计中都可见它们深远的影响。30年代
英国郊区别墅的设计几乎全部来自沃伊齐，并至今依然构成英国建筑风格的基石。尽管如此，更为强大，更为进
步的发展线路来自别处，又去向了他方。这是建筑史所选择的进步路径，造就了艺术的经典巨制，也为本书提供
了丰富的内容。

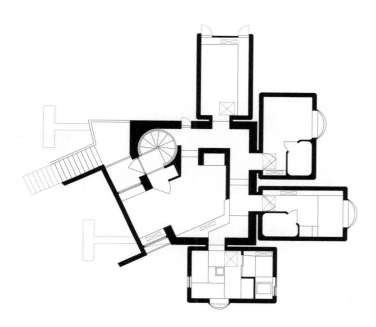

图 29　胶囊住宅 K 平面

图 30　霍利班克住宅

29

30

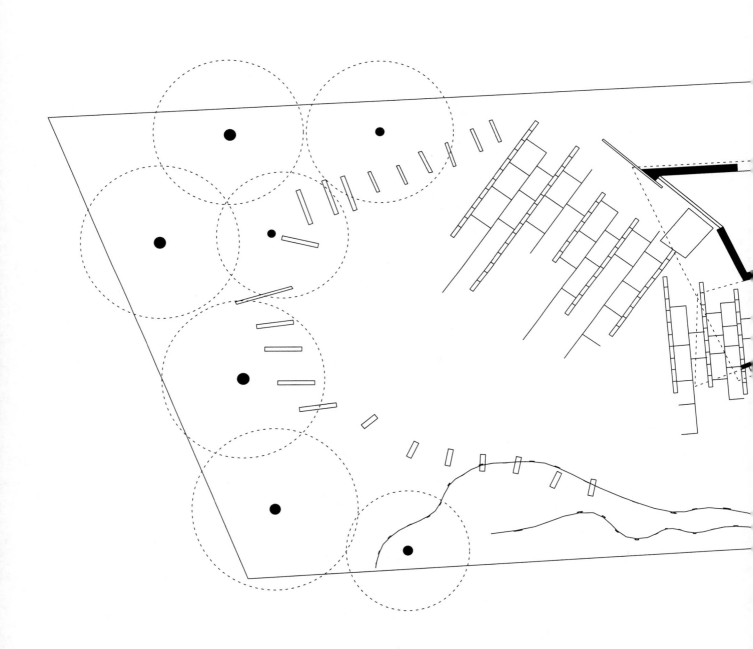

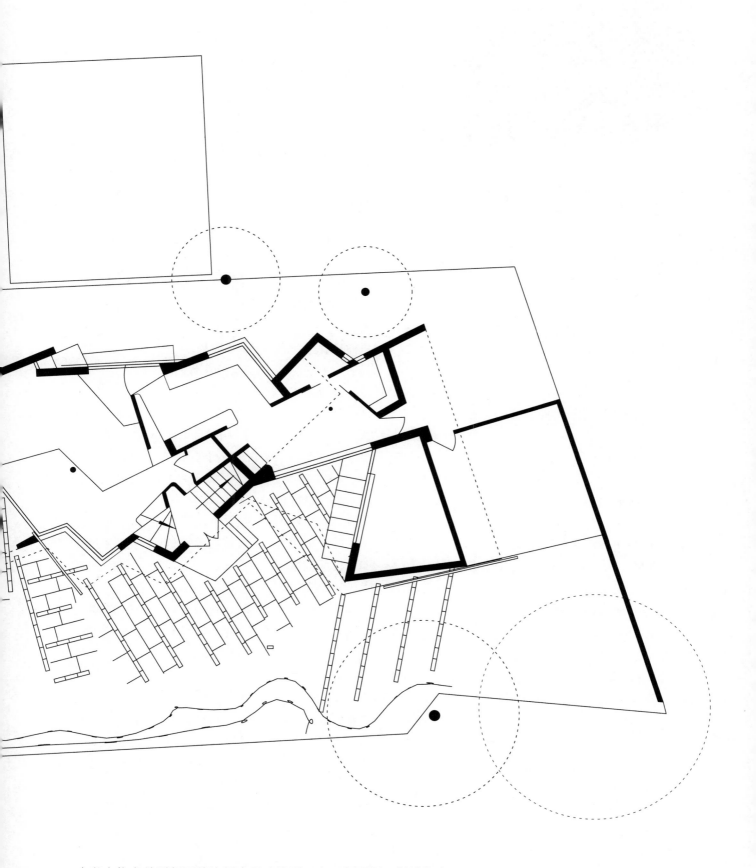

本书中住宅总平面图的比例小于建筑平、立、剖面图。敬请留意。

贝伦斯住宅（Behrens House）

彼得·贝伦斯（Peter Behrens，1868—1940）

德国达姆施塔特（Darmstadt，Germany）；1901 年

彼得·贝伦斯早年是画家，而在 19 世纪 90 年代，他开始尝试实用艺术的创作——包括玻璃器皿、陶瓷、家具和图形的设计——并成功地在柏林和慕尼黑举办了作品展。

1899 年，他应邀加入达姆施塔特的一个艺术家园区。这个艺术村是由当地的大公爵设立的，意在提高城市声望并促进本地工业进步。共有七位艺术家入驻其中。园区在靠近旧城附近的马蒂尔登山（Mathildenhöhe）上为每位艺术家提供了一所住宅。其中六栋住宅由奥地利建筑师、青年风格派（Jugendstill）或称新艺术运动（Art Nouveau）的领袖，约瑟夫·马里亚·奥尔布里希（Joseph Maria Olbrich，1867—1908）设计。贝伦斯设计了他自己的住宅，也是其中最精致、最昂贵的一栋。这是贝伦斯的第一个建筑作品，尽管他从未受过任何正规的建筑设计训练，但其独特的背景和天赋让他足以胜任。

贝伦斯住宅依稀可以看出新艺术运动的风格，但其直立向上的形态、陡峭的金字塔形屋顶、山墙和天窗，与同时期的许多德国布尔乔亚住宅并无显著区别。一个并不常见的特征是其外立面大胆地以白色灰泥粉刷，并配以由深绿色釉面砖砌成的壁柱和内外四心桃尖拱。自北面或正门方向望去，这栋住宅似乎只有两层楼高，而自南面花园方向望去，一眼可见地下室内的服务用房（包括厨房）和阁楼上的客房与儿童房。

内部空间的高潮在一楼，各个房间被整体设计为时尚起居和娱乐用途。在门厅，歌剧院式的旋转楼梯面对巨大的开敞空间；经两级台阶向下，步入音乐室。这是一个幽暗庄严的空间，墙壁大理石贴面，摆放着黑色或灰色的家具和一架三角钢琴。四四方方的平面格局，加上抬高的天花，使整个房间几乎形成一个正立方体。房间另一侧的墙壁也同样开敞，执水晶灯具的古埃及风格雕像于两边相对拱卫，进一步渲染了凝重如丧仪般的氛围。

这面几乎完全开敞侧墙的另一面是餐厅，光线通过巨大的落地凸窗射入，房间里一片明亮，白色的家具和护墙板、红色的地毯，一望即知这是设计师特意营造的对比。餐厅的一角有一扇门通向一个小阳台，顺级而下便来到花园。二楼的书房和附设的图书室的顶部均开敞，坡屋顶的半木结构屋架就是天花。

如同许多建筑师的自宅，贝伦斯住宅除了居住，还是一份广告牌和宣言书。1901 年，达姆施塔特艺术村举办了第一次重要展览，而这个住宅就是展览的一部分。贝伦斯为游客专门印制了彩色的宣传册。几乎屋内每一个细节都是他自己设计的，家具、墙板和地板，灯饰和窗帘，甚至是厨房刀具和陶器。用作曲家瓦格纳（Wagner）的话来说，这就是所谓的全艺术作品（Gesamtkunstwerk），是各种艺术的荟萃。

贝伦斯和艺术村中其他艺术家都认为，他们正在创造一种艺术，所谓日常生活中的艺术。后来，现代主义者吸取了这个想法，将其变为一种激进的新风格。在这一发展中，贝伦斯扮演了关键角色。这不仅仅是因为他在柏林的建筑事务所雇用了 20 世纪最伟大建筑师中的三个：瓦尔特·格罗皮乌斯、路德维希·密斯·凡·德·罗和勒·柯布西耶。

1　一层平面　　　2　立面

1）入口
2）壁橱
3）进厅
4）音乐室
5）餐厅
6）女士休息室

3　二层平面　　　4　A-A 剖面

1）卧室
2）浴室
3）书房
4）图书室

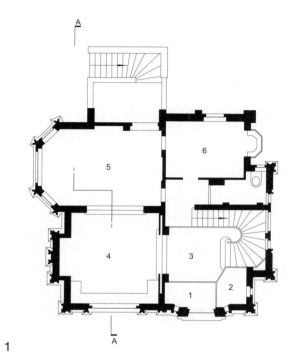

1

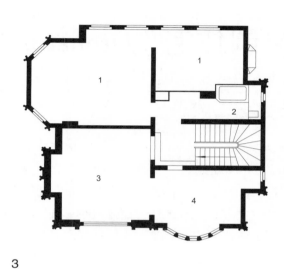

3

2

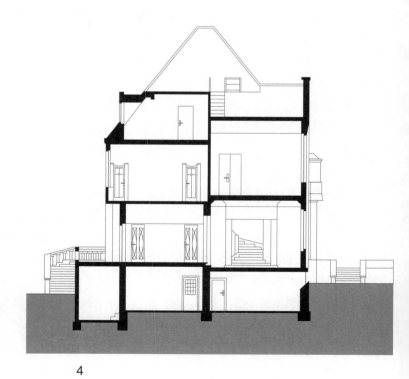

4

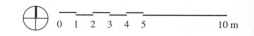

0　1　2　3　4　5　　　　10 m

果园住宅（Orchards）

埃德温·勒琴斯（Edwin Lutyens，1869—1944）

英国萨里（Surrey，UK）；1902 年

将以菲利普·韦布（Philip Webb）和理查德·诺曼·肖（Richard Norman Shaw）为代表的英国工艺美术运动传统带入 20 世纪的，非埃德温·勒琴斯莫属。他为这种传统风格注入了自由与创新。然而自 1890 年起，在他职业生涯中最初的 15 年里，其灵感的主要来源却是 16—17 世纪英国的家庭住宅。以果园住宅为例，层叠垒砌的石墙、橡木窗、独特的砖砌烟囱，很容易被误认为是一幢伊丽莎白一世时期的农宅。其业主钱斯爵士夫妇（Sir William and Lady Julia Chance）第一次见到自己的建筑师勒琴斯时，他正站在梯子上为他们后来的邻居著名园艺师格特鲁德·杰基尔（Gertrude Jekyll）的住宅监工，即后来的曼斯特德林间住宅（Munstead Wood）。他们对所见甚是心仪，随即确定由勒琴斯和杰基尔两人来设计自己的新住所及花园。

果园住宅看上去比实际的更大些，这是由于它的平面由狭长的四翼围合一个中央庭院组成。其中，西侧似难成一"翼"，只是半圆石拱延绵而成的单层长廊。主要的房间——大厅（或画室）、餐厅和书房，都安排在南面一翼的一楼，阳光直射，光线明亮。东翼主要由服务空间与工作人员占据。北翼被马车入口一分为二，其中一侧是钱斯夫人的绘画雕塑工作室。另外，东、北两侧似乎临时起意向外延伸开去，向东的空间是个小而封闭的服务工作区，向北的为马厩所占据，使整个建筑的气氛宽松而随和。正是这种毫无煊赫给德国外交官赫尔曼·穆特修斯（Hermann Muthesius）留下了极为深刻的印象，以至于在他 1904 年出版的著名报告《英国住宅》（Das Englische Haus）中选择果园住宅作为勒琴斯的代表作。

对材料的娴熟运用，令人赞叹的比例控制和上百个精彩的细部设计，使果园住宅远不止一个仿民居住宅，而成为一件艺术品。建筑外墙由黄色的巴吉特岩（Bargate stone），饰以罗马风格平铺层叠红砖，活跃生动。高耸陡峭的屋面坡度使大面积红瓦屋顶一览无余。烟囱穿出屋面后，平面旋转 45°，突显出垂直线条。屋面上点缀着小天窗，其中马车入口上天窗是假窗。其他的窗户布置灵活——有的密排成连续的带形窗，如门廊上方位于二层的窗户；有的如重要房间布置双叠平开窗。画室巨大的三叠凸窗上有坡屋顶——稍晚些时候，这一手法在伯克郡迪纳里花园住宅（Deanery Gardens）的大厅设计中以更大的尺度重现。

在这里，花园与住房同等重要，但二者之间的关系并不那么刻板，看上去更像是随意而为的。餐厅面对一个连拱敞廊，紧贴着建筑的东南角，并连着一个小露台。站在露台上向远处望去，萨里乡间的景致引人入胜。露台一角，经一跑短楼梯可以走到名为"荷兰园"的花园。这是一个对称布局的户外建筑小品，模拟教堂遗址，有高筑的花圃和铺装的小径。再远处的草坪是门球场，左边有一个很大的种植园，周边砌有围墙并有精致的拱形入口，似乎仍在模拟此间"原有"的大农庄。全然采用想象笔法，而魅力真切。

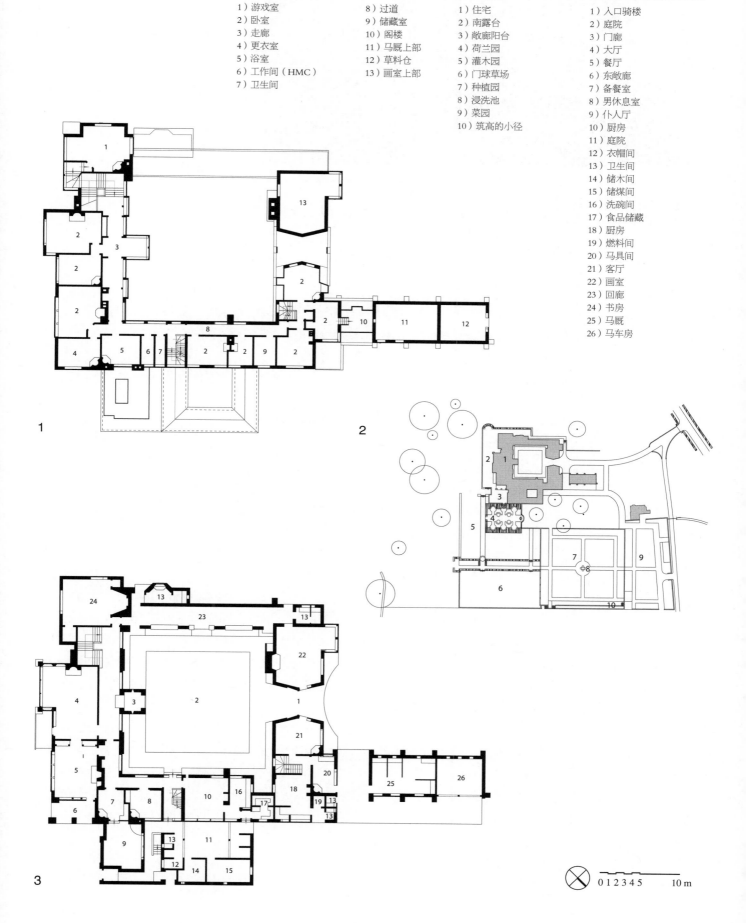

1　二层平面

1）游戏室
2）卧室
3）走廊
4）更衣室
5）浴室
6）工作间（HMC）
7）卫生间
8）过道
9）储藏室
10）阁楼
11）马厩上部
12）草料仓
13）画室上部

2　总平面

1）住宅
2）南露台
3）敞廊阳台
4）荷兰园
5）灌木园
6）门球草场
7）种植园
8）浸洗池
9）菜园
10）筑高的小径

3　一层平面

1）入口骑楼
2）庭院
3）门廊
4）大厅
5）餐厅
6）东敞廊
7）备餐室
8）男休息室
9）仆人厅
10）厨房
11）庭院
12）衣帽间
13）卫生间
14）储木间
15）储煤间
16）洗碗间
17）食品储藏
18）厨房
19）燃料间
20）马具间
21）客厅
22）画室
23）回廊
24）书房
25）马厩
26）马车房

0 1 2 3 4 5　　10 m

霍利班克住宅（Hollybank）

查尔斯·沃伊奇（Charles Voysey，1857—1941）

英国赫特福德郡乔利伍德（Chorleywood，Hertfordshire，UK）；1903 年

　　查尔斯·沃伊奇的创作高峰期很短，仅设计了为数不多，且毫不招摇、非常大众化的几栋住宅。然而，由于这些住宅的设计风格几乎是针对英国中产阶级的口味量身定做的，因此成为英国家庭住宅的形象名片。在 1920—1930 年间的英国郊区开发中，这一风格的山寨版被各地发展商复制了成千上万套。

　　伦敦城沿"大都会"铁路向北拓展的城郊地带被称作"新城地带"（metroland）。沃伊奇在 1899 年为自己设计的住宅，名为"果园"（The Orchard），位于新城地带最外侧，距乔利伍德车站步行仅需十分钟。在同一条路上，距离果园不远处就是他为当地的一位医生设计的霍利班克住宅。整个住宅还包括一个候诊室和一个诊疗室，它展示了沃伊奇住宅设计的大部分基本特征：带扶壁角柱的拉毛墙面、陡峭的斜坡屋顶、巨大的山墙、石砌的花饰铅条窗，以及按需布局的烟囱——显然不怎么艺术，却使格局自然完整。此住宅看上去淳朴不做作，甚至土里土气，实乃土色土香，充满匠心。其休闲随意来自无数细节上的艺术判断与精准的规程：坡屋面瓦的颜色、厚度适中的平铺面砖立面分隔线、烟囱帽的形状、扶壁的角度等。可谓皆依方圆，各有分寸。

　　沃伊奇的果园住宅有一个很长的前立面，两端各起山墙；而霍利班克的立面较之既短且小，如同移走了中间部分，两个山墙挤在一起，带来似乎不那么协调的二重性——建筑看上去像两个半独立的房子拼成的。这个感受因为宅子的两个前门——一个通向诊所，另一个通向住宅——而进一步加强。然而，通过对细部的高度重视，沃伊奇成功地避免了二元冲突，使建筑物形成完整的一体：两面山墙大小一样，但两个入口不同，窗户也不是对称分布的（三层的窗户是用户后加的），而抬高的屋脊则将两面山墙联系起来。

　　在住宅内部，平面布局随意得如同农庄。主起居室也是进厅，进厅的凹角辟为门斗，似乎是某种临时安排。进厅的另一端呈拱形门洞，通向主楼梯。这算不上是一个空间有效利用的布局，其中交通面积高达三分之一，而布置在角落的楼梯势必导致二层要有很长的走廊。但是，对沃伊奇来说，空间感受优先于图面的简明清晰。功能的交叉在这里是刻意而为的。产自德拉博尔（Delabole）的石板地面看上去是在说："这是大厅。"而绿色瓷砖贴面的壁炉似乎是说："这是起居室。"这种模糊含混不是后现代式的嘲讽玩笑，而是家庭生活氛围对被鸽子笼化、标准化的拒绝。拱形在这里有着重要地位。通往服务走廊的门向上拱起；进厅和楼梯之间的墙壁，在挂镜线上面设有一对弦月窗。在壁炉右侧书橱的位置也有一个拱形内凹。这些拱形的设置并无结构上的必要，然而它们使空间更柔性化，更人性化。至今，这种处理还在以各种形式出现在全英普通住宅中。

　　沃伊奇喜欢自己设计住宅的每一个细部，从铸铁壁炉和卧室内的盥洗台，到他偏爱的红色窗帘的裁剪与制作，都要精确地按照他要求的规格进行。如此沉迷于对细节的控制而其最终效果又如此轻松舒适，此间差异令人费解。

1 西北立面 3 二层平面 4 西南立面 5 一层平面 6 东北立面 27
2 东南立面

3 二层平面
1）卧室
2）更衣室
3）储藏室
4）浴室
5）卫生间

5 一层平面
1）进厅
2）餐厅
3）盥洗室
4）诊疗室
5）药房
6）候诊室
7）厨房与洗碗间
8）食品储藏间
9）煤窖
10）车库
11）庭院

1

2

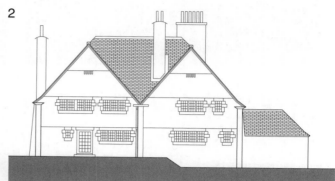

3

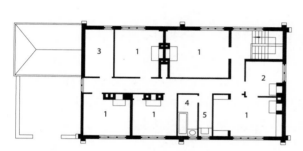

4

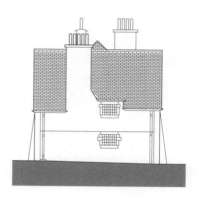

5

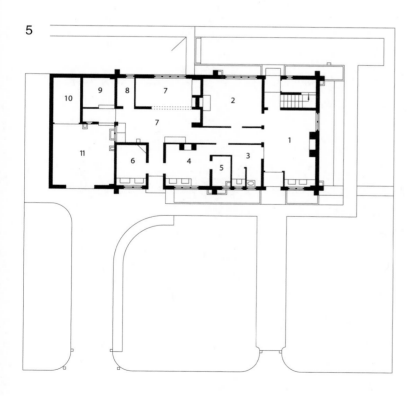

6

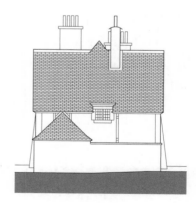

0 1 2 3 4 5   10 m

山居住宅（Hill House）

查尔斯·伦尼·麦金托什（Charles Rennie Mackintosh，1868—1928）

英国邓巴顿郡海伦斯堡（Helensburgh, Dunbartonshire, UK）；1904 年

查尔斯·伦尼·麦金托什的建筑如同 19 世纪哥特式复兴与 20 世纪现代主义之间典雅的新艺术桥梁。既受到苏格兰中世纪城堡（tower-house）传统和英国工艺美术运动的影响，也受到国际新艺术运动的浸染；麦金托什自己也成为后者重要而为人敬仰的一员。与此同时，他的作品亦为某种抽象艺术，似是绘画中立体主义和建筑中功能主义的伏笔。他以自己的方式最终实现了在建筑设计中传统与创新的融合。正如他的杰作——格拉斯哥艺术学院（Glasgow School of Art），将石砌墙面和拱门与工作室巨大的金属骨架外窗结合在一起，这些窗户就像是从哪家德国工厂里直接借来的。

麦金托什仅设计过三所重要住宅：坐落在伦弗鲁郡基尔马科姆（Kilmacolm, Renfrewshire）的温迪希尔住宅（Windyhill），完成于 1899 年；艺术爱好者之家（House for an Art Lover）赢得 1901 年国际建筑设计竞赛二等奖，却迟至 1989 年才建于格拉斯哥；本文所谈的山居住宅，位于海伦斯堡北部，于 1904 年建成。山居住宅一直被很好地保护着，是当前了解麦金托什建筑风格的最佳实物之一。山居住宅的主人是格拉斯哥当地一位著名的出版商——沃尔特·布莱基（Walter Blackie），是他的艺术设计总监塔尔温·莫里斯（Talwin Morris）向他推荐的麦金托什。

山居住宅坐落在一片向南的山坡上，可以将克莱德河（River Clyde）全景尽收眼底，而主入口则置于地块紧窄的最西端。甫入眼帘，参观者就感受到这一"非麦金托什不能为"的建筑立面的冲击。单看每一部分都很寻常，一面山墙，一个凹进的门廊，几根烟囱，散布的几扇窗户和

二层较大的凸窗——然而，就这些简单元素的组织使其整体布局成为原现代主义（Proto-Modernist）的典型范例。

较大的那根烟囱紧贴侧墙，卓然耸立，高出山墙甚远，以致在剖面图上，无论哪一个面都是严重不对称的图形。凸窗向左倾斜，瞥向河流方向——也是不对称的。

至此，其意已非单纯的"非正式""随意性"所能描述的，它运用的是全新的抽象语言。进而无可置疑的是，这种效果实乃麦金托什有意为之。非此又如何解释其弃常规的屋顶压顶石与转角隅石不用，而将碎石泥在整面墙上满铺？整幢住宅由内而外都由相似的手法设计，但也顾及视觉效果。住宅的东边的塔楼几乎全部由儿童房和工人房占据，三层高，许多山墙、烟囱与窗。甚至在建筑东南端的凹角内塞进一部螺旋楼梯，外立面俨然某"男爵"的城堡高塔。

住宅西侧是主要房间——图书室、画室和餐厅，均面南而高于露台，沿宽大的走廊布置；主楼梯位于北面。每个房间各展其性，甚至是走廊。这不仅仅是一个装修装饰的问题——麦金托什作为室内设计师，其白墙、粉色玫瑰印花和纤细的黑色家具已尽为人知——而是空间的问题。以画室内巨大的凸窗为例，自外立面看它只是简单的平顶，似乎是竣工之后的二次搭建；然而在室内，布置一体的座椅和低书架，似是殷勤地邀您暂驻小坐，在此一享读书之乐。

1 三层平面	2 二层平面	3 一层平面	4 A–A 剖面	6 北立面

1) 厨房
2) 浴室
3) 卧室
4) 水箱间
5) 起居室／教室
6) 阁楼

1) 储藏间
2) 厨房
3) 浴室
4) 更衣室
5) 主卧室
6) 展室／卧室
7) 讲解室／更衣室
8) 起居室／夜间婴儿室
9) 书房／日间婴儿室
10) 卧室／夜间婴儿室

1) 入口
2) 衣帽间与卫生间
3) 图书室
4) 门厅
5) 储藏间
6) 画室
7) 餐厅
8) 备餐室
9) 办公室
10) 卫生间
11) 厨房
12) 茶室
13) 商店

5 南立面

7 西立面

8 东立面

1

4

2

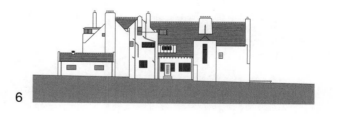

5

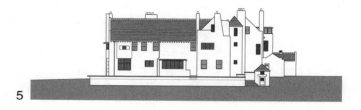

6

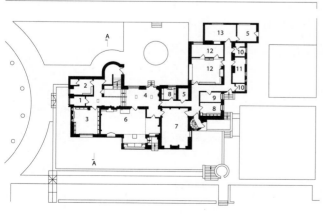

3

7

8

012345　10 m

甘布尔住宅（Gamble House）

查尔斯·S. 格林（Charles Sumner Greene, 1868—1957）；亨利·M. 格林（Henry Mather Greene, 1870—1954）

美国加利福尼亚州帕萨迪纳（Pasadena, California, USA）；1908 年

在取得建筑师资格以前，查尔斯·格林和亨利·格林在华盛顿大学手工艺学院学习木工、金工和工具制作。格林兄弟不仅是设计师，还是工匠。此时正值 20 世纪初期，英国工艺美术运动在美国的影响日益增强，兄弟俩为之倾倒。他们熟悉约翰·拉斯金（John Ruskin）和威廉·莫里斯（William Morris）的作品，而且他们所知不止于头脑中了解其然，更是知其何以然——如何动手实现。因此他们早期殖民地风格的实践迅速让位于更加粗犷、更加真实的建筑风格，他们也不再追求图画般的表现，转而寻求人与材料之间真切亲密的对话。

然而，甘布尔住宅看上去一点也没有英国风。远看像一座瑞士农宅，或是一座富丽豪华的木屋；而走到近处，看得见木作细部时，最为明显的似乎还是日本传统建筑的痕迹。格林兄弟从未去过日本，但他们大概看到并研究过1893 年在芝加哥博览会上展出过的凤凰堂[1] 大殿——据称弗兰克·劳埃德·赖特也曾受到过它的影响。在甘布尔住宅中，一种日式风格的梁柱结构体系巧妙地与更为简单轻盈的美式轻捷木骨架[2] 结合在一起。

住宅外墙为软木框架覆以墙面板——原理上与最简陋的棚屋没什么不同——而在住宅二楼，附在其外的是三个凉亭——作为夏季避暑的卧房，其木作之精良可作大师范本。其中两个由粗大的双柱支撑，另一个则是架在一楼起居室的角上。结构中每一柱、梁、桁、檩、椽皆露明可见，而各处的构造合理明晰。挑出的椽子端头都修整打磨过，栏杆也是工匠亲手琢磨而成，虽然外观如牧场篱笆一般普通。

看上去最日本的是主支撑结构，平行的双柱桁架，辅以截面略变的支撑和悬臂，或是带托架铺作（斗栱）的立柱都依稀使人想到日本寺庙前的鸟居。三个凉亭通过与建筑共用屋顶融为一体。屋顶亦为唐风，低缓开阔，出檐深远。凉亭更似无墙之屋，而非建筑向外的延伸。

日本建筑风格的影响延续至室内，前后通透的进厅富丽堂皇，饰以深红色柚木护墙板。巨大却依然精致如盆景的彩色玻璃橡树，枝伸叶蔓，从前门至侧墙又至气窗，成为室内的焦点。房间大多有突出的挂镜线，在四面墙上形成天花下的一道装饰带，与传统日式住宅移门上方用于采光换气的装饰格窗相呼应。十字形平面的起居室内，横向上再次使用双柱桁架，构成十字的左右两翼，一侧成壁炉边的围合，另一侧则为凸窗，窗外花园露台在望。甘布尔先生的书房内，暖色的柚木让位于冷色的橡木，在一个称得上哥特式的砖砌壁炉中则浮现出一丝英式风格。

华丽无比的二层卧室与相邻的凉亭空间融合。顶层空间全部开敞，阁楼形成整体一间，周边一圈全部开窗，如同一个风塔，促进住宅的整体通风。这里也是欣赏附近阿罗约赛科（Arroyo Seco）山谷和更远处圣加布里埃尔（San Gabriel）山景的绝佳之处。

1　日本京都宇治市的平等院主殿，1994 年作为古京都历史遗址的一部分被联合国教科文组织选入世界文化遗产。
2　Balloon-frame 指 19 世纪后期在北欧、北美地区使用的一种木结构框架，将许多短小的木料和较少的长承重柱以铁钉等拼接，构成框架。该结构重量轻，材料制作均简便，现已罕用。

1 二层平面	2 阁楼平面	3 一层平面	4 地下室平面	5 A-A 剖面	6 立面

1 二层平面
1）卧室
2）被服间
3）壁橱
4）凉亭

2 阁楼平面
1）凉台（凉亭）

3 一层平面
1）进厅
2）餐厅
3）备餐室或厨具间
4）厨房
5）纱窗门廊
6）冷藏间
7）壁橱
8）卧室
9）起居室
10）耳房
11）露台

4 地下室平面
1）储藏间
2）洗衣房
3）储菜间
4）储煤间
5）地窖

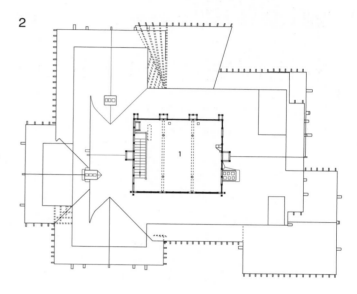

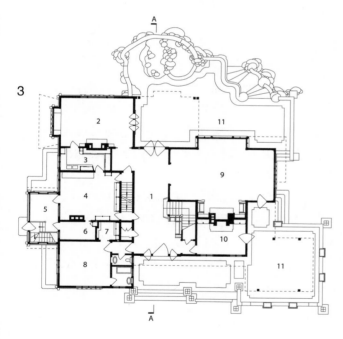

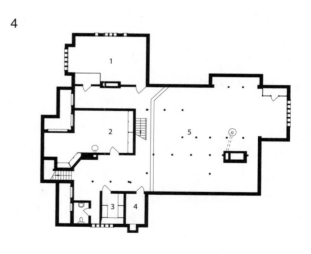

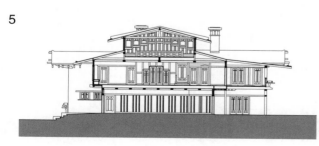

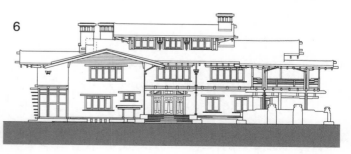

0 1 2 3 4 5　　　　10 m

罗比住宅（Robie House）

弗兰克·劳埃德·赖特（Frank Lloyd Wright，1867—1959）

美国芝加哥（Chicago，USA）；1909 年

　　作为赖特最后也是最好的草原住宅，罗比住宅看起来是位于开阔的平原地带而非栖身于芝加哥近郊海德公园（Hyde Park）附近一个逼仄的街角。初建成时，过分夸张的水平形体使它在其周边林立的高楼中，显得很是异类。它没有正立面，没有通常意义的外墙或窗户，甚至也没有前门。但它几乎填满了整个地块，一星半点的开敞空间也布置了高低有致的矮墙和植物。窗台、窗楣、压顶石，狭长的罗马砖，以及遍布的水平勾缝，进一步强调了整个建筑的水平感。

　　在这里，赖特采用在不对称的体块中安排对称形体的空间构成方法。空间组织的基础是一个对称的两层高的长方体，加一个薄薄的坡顶，在坡顶两端是几乎不成比例的、大幅度的悬挑。建筑南立面沿道路，在二层开了 14 扇法式落地窗，面向如同甲板般悬挑的阳台。阳台将一楼更多的法式落地窗深深地遮蔽在阴影中。在布局上，建筑西侧一个被半地下室抬高的露台，与东端围合服务区的院墙平衡，形成对称感。然而，对称性只是更为复杂的布局方程式中的一个因素。主体建筑之上，三层的卧室，包括窗、阳台和四面坡顶形成了新的、偏离主体中心位置的垂直坐标，使整个空间构成生动起来。在其一侧，巨大的烟囱垂直向上，将各层水平向的平面锚固起来。在建筑东端，另一四面坡顶覆盖了三个车位的车库和服务员工的空间。

　　从哪里走进这个住宅呢？从地块北侧边界，沿长长的步道，走进安排在主体建筑背后的主入口。先不去占据一层大部分面积的台球室和活动室，直接穿过幽暗的进厅，爬上中心楼梯，来到二层，眼前浮现出的便是 20 世纪最伟大的住宅室内设计之一：长长的房间，低矮的天花，14

扇法式落地窗让室内明亮通透，一如轮船上远眺大海的休息厅。房间由壁炉分隔为起居与就餐区域。壁炉一直就是赖特住宅设计中家庭氛围的象征和日常生活联系的标志。在房间中央、壁炉两侧矗立着砖砌烟囱，体量巨大却不突兀，毫不妨碍人们在烟囱两侧的矩形开口进出，以及一眼即可望及天花的尽头。天花分割成网格，每格均配有两种灯具：在较高的中央区域装有球状玻璃灯罩，两侧较低的区域是暗藏灯泡的木质格栅。长房间的两端各设三角形凸窗，创造出亲切、私密的起居和就餐氛围。由于超大悬挑屋顶的遮挡，这些凸窗从外面几乎看不到。这样悬挑的屋顶已然不能采用木制，实际上，是由暗藏的两根贯穿主体建筑的钢梁来支撑的。

　　弗雷德里克·C. 罗比（Frederick C. Robie）家族从事自行车制造业，并计划在当时快速发展的汽车制造业寻求突破。然而后来其父去世，留下缠身债务，其妻也离开了他。仅在建设完成两年后，他不得不于 1911 年将此宅变卖。目前该宅维护良好，并向公众开放。

1 A–A 剖面

2 三层平面

1）卧室
2）主卧室

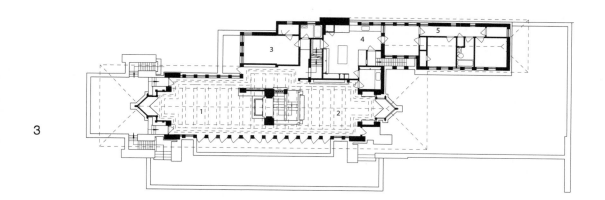

3 二层平面

1）起居室
2）餐厅
3）客房
4）厨房
5）工作人员区

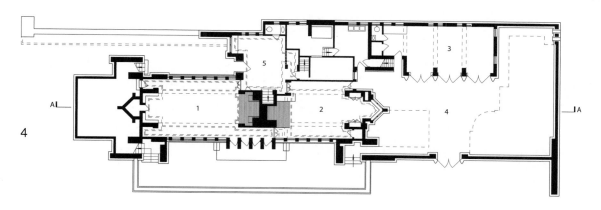

4 一层平面

1）台球室
2）活动室
3）车库
4）服务区
5）门厅

0 1 2 3 4 5   10 m

施沃布别墅（Villa Schwob）

勒·柯布西耶（Le Corbusier，1887—1965）
瑞士拉绍德封（La Chaux-de-Fonds，Switzerland）；1917 年

在他成为勒·柯布西耶——20 世纪最伟大的现代主义建筑师之前，夏尔·爱德华·让纳雷（Charles Edouard Jeanneret）在他的家乡——瑞士拉绍德封从事过一段短期的、不算专业的建筑师工作。他在城里设计了 6 处住宅，包括其父母的住所。其中没有一个对现代主义的来临有所预示，而其中的最后一个——施沃布别墅，比起前面循规蹈矩的 5 幢住宅来说，显得更怪异、更具有原创性。它也是唯一一个成熟后的勒·柯布西耶乐于提起，并引以为傲的作品。

施沃布家族为当地望族，因钟表业发家。他们对让纳雷父母的住宅有所了解，希望造一个类似的但规模更大的建筑。当时让纳雷刚结束令他心灵涤荡的欧洲游历（包括其在《东方游记》[1]中的叙述），崭新的启迪正萦回脑际，于是决定从这开始，给建筑以全新的面貌。他为每一个细节殚精竭虑——其努力显而易见，导致了最终的繁复难解。

空间构成的核心是一个两层的方盒子，正方形平面，如果算上地下室的高度，它几乎就是正立方体。一个状似教堂、两端为半圆形室的形体，对称横穿整个方盒子，半圆形室远远向外突出，已不能被称为凸窗。这个方盒子还附加了另两个形体：一个是平顶的第三层楼面，稍稍后退于二层的屋顶平台；还有一个狭窄的三层高的入口和楼梯间，形成住宅北面临街的形象。这两个附加的形体使得带半圆形室的方盒子变得形象模糊，于是加以巨大的檐口来强调其外形轮廓。评论界对其怪异临街立面上如影院屏幕般的巨大白墙解读甚深，如柯林·罗（Colin Rowe），认为这是柯布西耶后来的作品中，自斯坦-德蒙齐别墅（Villa Stein，参见 54~55 页）到拉图雷特修道院，许多极其平坦的立面的原型。

住宅内部空间的重头戏是一个通高两层的大会客厅，由南立面上一个巨大的玻璃窗提供采光。在一层，两端的半圆形室一端是餐厅，另一端是游戏室。而在方盒子剩下的、靠近花园的两个角上，一个用作书房，一个设置壁炉。楼上，两端的半圆形室被两间主卧室占据。二楼的平台是唯一可以俯视大会客厅的地方，平台一边是住宅北面的楼梯间，另一边是毗连南面大玻璃窗两侧，仅开着网状小孔的凸墙。顶层还设有更多卧室与仆人的房间。空间的功能划分似乎有些随意，以致整个设计像是为了刻板的对称外形而临时改造的。厨房由于无法塞进方盒子而只好藏在主入口右边花园围墙的后面。

外墙的材料是一种高质量的黄色砌块，它只是钢筋混凝土框架的填充材料——也是该技术在住宅上的最早实例之一。1916 年，让纳雷已经在努力宣传推广其多米诺住宅（Domino House）的概念，以作为战后重建的应对方案。某些住宅草图包含施沃布别墅的一些特征，但是这些图纸里最基本的结构最终成为现代主义的标志。

---

1 [法] 勒·柯布西耶. 东方游记 [M]. 管筱明，译. 上海：上海人民出版社，2007.

1 三层平面	2 二层平面	3 一层平面	4 地下室平面	7 西立面
1）壁炉	1）卧室	1）壁炉	5 A-A 剖面	8 总平面
2）卧室	2）浴室	2）书房		
3）浴室		3）餐厅	6 北立面	
4）仆人房		4）大会客厅		
		5）游戏室		
		6）厨房		

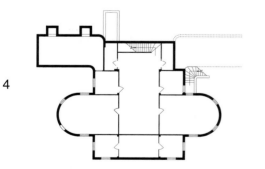

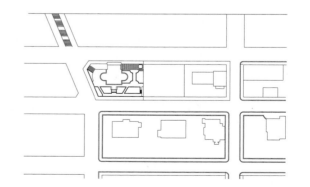

斯内尔曼别墅（Villa Snellman）

埃里克·贡纳尔·阿斯普隆德（Eric Gunnar Asplund，1885—1945）

瑞典于什霍尔姆，近斯德哥尔摩（Djursholm， near Stockholm，Sweden）；1917—1918 年

亦淳朴亦典雅——甚至在其简洁明快之中，似乎可见即将来临的现代主义的只言片语——斯内尔曼别墅表面看去朴实无华，而其下则纷繁至微。无怪乎 20 世纪 80 年代的后现代主义者惯于以它作为参照。

埃里克·贡纳尔·阿斯普隆德称其为"一种尝试，将一个现代住宅纳入一间半进深的结构中"。建筑两层的一翼为平直的长方体，沿长向分隔，面对花园的一侧为生活区，另一侧是面对入口院落的交通和工作区域。布局简明至极。第一印象，其内墙并非皆成直角，如同老式农庄。单层的一翼是仆人房，两翼的夹角也与直角偏差了几度，于是进一步加深印象：这只是对传统民居的略加改造和不加思索地继承。实际上，这些都是出自设计者的别具匠心。

非直角的内墙是一个创新。朗纳·厄斯特贝里[1]是当时在建的斯德哥尔摩市政厅（Stockholm City Hall，建于1911—1923 年）的设计者，大概是在住宅建筑中使用非直角内墙作为协调内部功能与外部对称性的手段的第一人。然而，在斯内尔曼别墅中采用此方法，并不是为了解决建筑问题，而是有意识地营造一种非正式的气氛，一个宽松的家庭空间。二层楼面走道靠外侧的墙设计成倾斜的样式，很巧妙地整合了一些突兀的元素，如将螺旋楼梯引入阁楼；但是其对面内墙微妙的弯曲则是艺术家的灵光闪现，没有任何功能意义。

二层并不浑圆的大厅是另一个艺术细节。住宅原本计划用石材建造，而早期的设计版本中，楼上的这个大厅（实际上是起居室）是完美的圆形。但也许是出于节省经费的考虑，随着建筑改为用木材建造，阿斯普隆德便抓住机会，创作出这一更为自由、更为天然的形态。方形内切圆形是阿斯普隆德最喜欢的形态，比起他最著名的作品——斯德哥尔摩公共图书馆（Stockholm Public Library）形似大鼓的圆形大厅，这个二层大厅看上去还不那么奇形怪状。

立面设计上的细微之处不亚于的平面上的细节。毫无疑问这是一个古典主义建筑。开窗大多数为小方窗；无立柱，无挑檐；但是墙面上却装饰了一些很不起眼的灰泥制垂饰。在院子一侧，这些垂饰位于阁楼窗口之下，而在近花园一侧，则出现在阁楼窗口之间。对比两个立面，花园侧的小弦月窗标识出二层大厅的位置，表明其天花被推高到阁楼的空间。

这些立面今天看来殊为不同——一个立面上面有四个窗洞，另一个立面上有五个。更有甚者，窗户布局并不对称。在花园一侧，由左向右看去，二层和阁楼的窗口与一楼的窗户并不在一条垂直线上，它们之间的距离越来越大。在院子一侧，所有的窗户都向右移，就好像被人推向仆人楼一侧。

由于设计本身无从解释这些调整的缘由，某些评论是从心理学角度来解读其意义的。特别是两个并肩而立的门，一个是带顶棚的主入口，一个是一层大厅的法式落地窗，曾被释为悬而未决的模棱两可。阿斯普隆德的本意或有或无，但这恰是后现代主义者所寻求的。

1　Ragnar Östberg，1866—1945：瑞典享有国际声誉的建筑师，民族浪漫主义的代表。

2　客厅（living room）与起居室（sitting room）的区别是更接近入口，用于待客；而起居室更多的是家庭成员活动的空间。

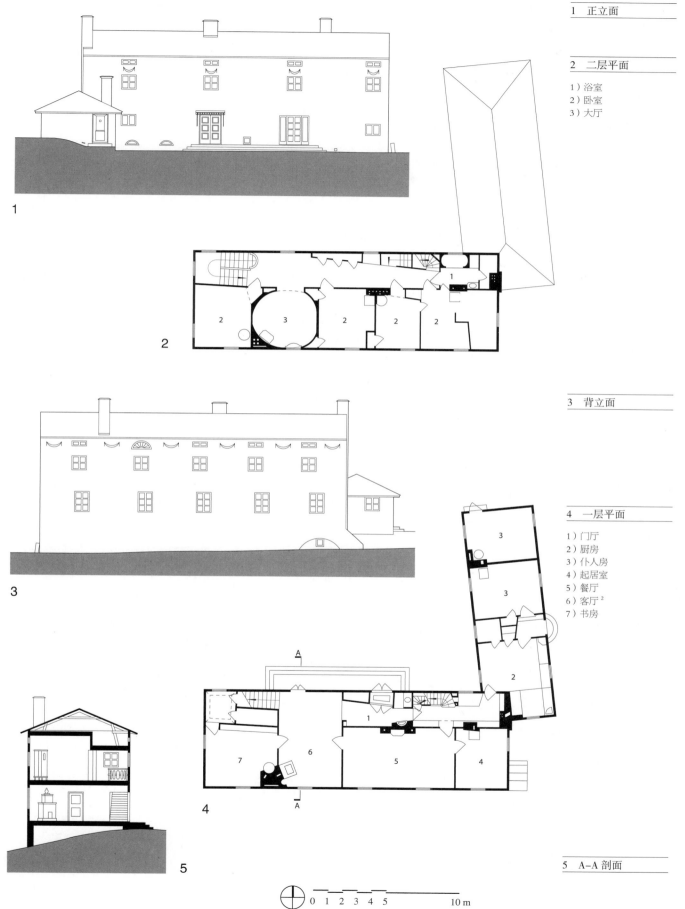

1　正立面

2　二层平面

1）浴室
2）卧室
3）大厅

3　背立面

4　一层平面

1）门厅
2）厨房
3）仆人房
4）起居室
5）餐厅
6）客厅 ²
7）书房

5　A–A 剖面

0 1 2 3 4 5　　　10 m

亨尼别墅（Villa Henny）

罗伯特·范特霍夫（Robert van't Hoff, 1887—1979）

荷兰赫伊斯特尔海德（Huis ter Heide, The Netherlands）；1915—1919 年

罗伯特·范特霍夫于 1887 年生于鹿特丹，却是在英国接受的建筑学教育，开始是在伯明翰艺术学院（Birmingham School of Art），后来则是在伦敦建筑协会学院（Architectural Association）。在第一次世界大战前，他住在切尔西，已经设计了几幢工艺美术风格的住宅，其中之一是为画家奥古斯塔斯·约翰（Augustus John）设计的。然而在 1913 年，父亲送他的一件礼物，彻底改变了他的建筑设计之路。这就是弗兰克·劳埃德·赖特著名的《瓦斯穆特设计作品集》[1]。受书中描述的革命性新建筑感染之深，范特霍夫立刻动身前往美国，以致错过了奥古斯塔斯·约翰乔迁新宅的聚会。

范特霍夫在美国期间拜会了赖特，参观了他的许多作品，包括布法罗的拉金大楼（Larkin Building）、芝加哥的米德韦花园（Midway Gardens）和奥克帕克（Oak Park）的合一教堂（Unity Temple）。1914 年，他回到荷兰，在赫伊斯特尔海德建造了费洛普夏宅（Verloop Summer House），尽管尺度略小，形态上已有赖特草原住宅之风。但是建筑史却选择了他紧随其后在赫伊斯特尔海德完成的别墅项目，为阿姆斯特丹商人 A. B. 亨尼（A. B. Henny）设计，作为典范之作。原因在于它的两点创新：其一，它是第一个清晰表现出赖特影响的欧洲主要建筑；其二，它使用了新材料——钢筋混凝土。

不同于赖特的是，范特霍夫的设计力求正式，甚至宁愿显得呆板。亨尼别墅是一个整洁、内敛的建筑，矗立在草坪中央，一旁有方形泳池为伴。从外表看，它在两个轴线方向上都是对称的，为了保持对称性，平面上略显尴尬局促。一个巨大的南向起居室占据了一层一半的空间。室内空间由中心壁炉主导，室外则面对一个抬高的露台。北面轴线方向上，窄小的入口位于衣帽间和厨房之间（服务用房）。由于设计预先设定了建筑物外形的制约条件，服务用房的使用也只有因地制宜勉力为之。二楼空间的对称性控制得更为严格，十字平面仿佛拜占庭式教堂，卧室、卫生间和书房分别置于十字的小方格内。

赖特的影响和钢筋混凝土结构的潜能在外立面的处理上展露无遗。外墙无一处是在一个平面上的，墙角内凹，墙面后退，楼上有阳台，楼下有花坛；所有窗口均为凸窗，相同的三个、四个或八个窗框排成一组（不计转角处的窗）。方形平顶屋面使整体构图归于完满，伸出的屋角悬挑之深远想来在 1919 年足以令人瞠目。

在亨尼别墅使其声名鹊起后，范特霍夫加入了前卫艺术团体风格派（De Stijl），为其刊物供稿，并在一些项目上与特奥·范杜斯堡（Theo van Doesburg）合作。他后来还成为一个共产主义者，满怀兴致地设计了一些工人住宅，虽然最终没有实施。1933 年，对建筑感到彻底失望的范特霍夫搬回英国，居住在一个无政府主义的社区中。1979 年，他在新米尔顿（New Milton）的汉普夏（Hampshire）去世。

---

1 Wasmuth Portfolio 指 1910 年由德国柏林 Ernst Wasmuth 出版的题为 *Ausgeführte Bauten und Entwürfe von Frank Lloyd Wright* 的赖特作品集。该书以 100 版对开的篇幅介绍赖特 1893—1909 年的设计作品，也是赖特作品的首次出版。

1　一层平面　　2　二层平面　　3　南立面　　4　西立面

1）入口
2）衣帽间
3）厨房
4）起居室
5）书房
6）进厅
7）储藏间
8）客厅
9）露台
10）池塘

1）卫生间
2）卧室
3）主卧
4）大厅
5）书房
6）更衣室
7）客房

1

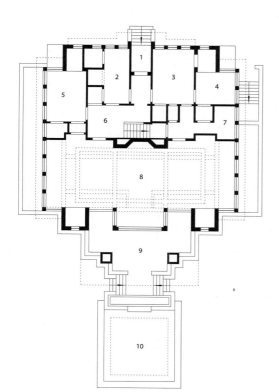

2

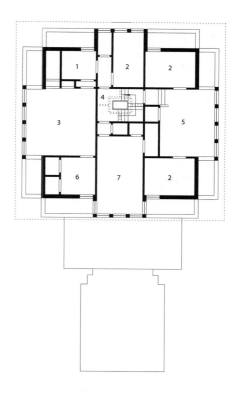

3

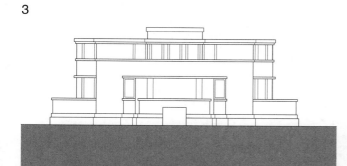

4

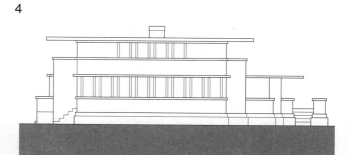

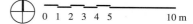

0　1　2　3　4　5　　　　10 m

巴恩斯德尔住宅（Barnsdall House）

弗兰克·劳埃德·赖特（Frank Lloyd Wright，1867—1959）

美国加利福尼亚州洛杉矶（Los Angeles，California，USA）；1917—1921 年

　　艾琳·巴恩斯德尔是一个富有的继承人，舞台监督，也是一位未婚妈妈，这在当时是非常惊世骇俗的。1916年，她从芝加哥移居到洛杉矶。三年后，她买下了市内被称为奥立夫山（Olive Hill）的整个街区，计 14.5 公顷。她计划在此开发一个戏剧园区，包括 1 250 座的剧院、艺术家与工作人员公寓、电影院，沿好莱坞大道（Hollywood Boulevard）的商业街，以及一所她与女儿居住的大宅。艾琳在芝加哥见过弗兰克·劳埃德·赖特，希望由他来担任建筑师。然而，此请时机不佳。

　　由于私生活中丑闻和不幸的影响，当时赖特在美国的事业尚处谷底。他花费了大量的时间在东京监造帝国饭店（Imperial Hotel）。赖特最终完成的巴恩斯德尔住宅的设计标志着他在住宅设计上的改弦易辙。他将令其名冠中西部的草原住宅弃之一边，首次以一个全新的、富有戏剧性的浪漫主义作品崭露头角，这确是一个与梦幻城市相宜的风格。

　　戏剧园区的设想很快落空，而巴恩斯德尔住宅仍在继续实施，大家更为熟悉的名字叫霍利霍克住宅（也称蜀葵住宅，Hollyhock House）。住宅位于山顶，在地块中央，房间围绕庭院布置，入口设在西北角。住宅的正面，也就是对称布局的住宅的西翼，面向大海；起居室居中，向前延展，成为整个建筑物的主导。正是这一看似独立于整栋住宅之外的部分宣布了赖特新风格的诞生，并主导了其他部分的建筑语言表达。立面被一道平直的檐口划分为几乎等高的墙面和屋顶两个部分，檐口上饰有一排同规格的蜀葵（hollyhock）——建筑别称的来源。

　　草原住宅的屋顶为平缓的缓坡，挑檐深远；而此处的屋顶水平，并被连续成垛的高墙遮挡。高墙实为木框所制，外披泥浆，但看上去宛如石筑，使建筑整体颇具纪念碑式的效果。古玛雅神庙通常被引述作为这一形体的灵感来源，但赖特本人好像从未确认过。

　　起居室的焦点还是壁炉，它一直是赖特设计中家庭的标志，而在此处，似乎被他和业主的个人生活染上些许反讽。壁炉上巨大的石刻装饰正对屋顶的采光天窗，一池浅水置于壁炉前。池水并没有安排在原先规划的东西主轴线上，而是被移到南侧墙下，让出了通往庭院的通道。在此处向庭院望去，对面的东翼犹如飞虹横跨一个形似舞台台口的宽阔低平开口；果不其然，其外真的建有一个半圆形的希腊剧场，而舞台恰位于一汪池水之上。整个庭院也可视为某个剧场。位于一角显眼的室外楼梯似是鼓励"观众"登高探寻，起居室前的敞廊屋面恰好可做升起的第二层舞台。住所与花园的结合更像是一个村庄而非一独户住宅。在东南角上，艾琳与女儿的卧室充满一系列想象，玛雅主题的各种变奏，彩色玻璃花窗上对早期风格的回忆，以及一个木头搭成的凉亭睡榻。

　　如同很多客户一样，艾琳很快就和她的建筑师闹翻了。她在此宅中居住了 6 年不到，后来它成为加利福尼亚艺术俱乐部（California Art Club）的总部，并在 20 世纪 40 年代一度空置。侥幸逃过被推倒拆除的命运后，目前已得到修复并向公众开放。

1

2

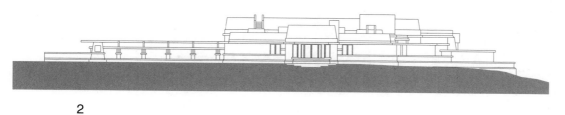

2　立面

3

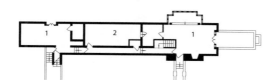

3　二层平面

1）卧室
2）储藏室

4

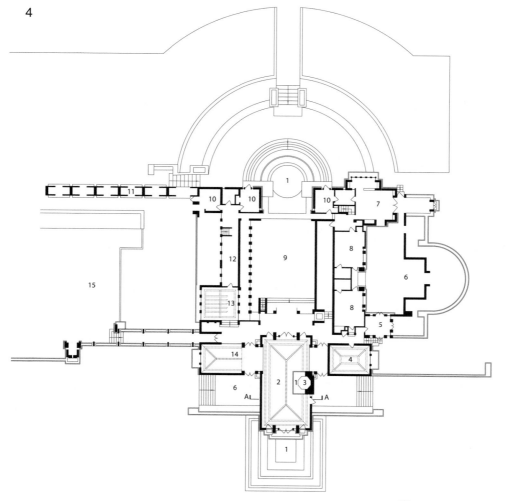

4　一层平面

1）水池
2）起居室
3）壁炉
4）图书室
5）温室
6）平台
7）育婴室
8）卧室
9）花园庭院
10）工作人员房
11）犬舍
12）厨房
13）餐厅
14）音乐室
15）停车场

0 1 2 3 4 5　　10 m

恩尼斯住宅（Ennis House）

弗兰克·劳埃德·赖特（Frank Lloyd Wright，1867—1959）

美国加利福尼亚州洛杉矶（Los Angeles，California，USA）；1923 年

用不起眼的混凝土砌块建造高层建筑似乎不那么可靠，但是在 20 世纪 20 年代的某个时候，弗兰克·劳埃德·赖特对其满怀信心，认为它就是属于未来的建筑技术。此时，赖特已经将办公室从中西部搬到了洛杉矶。到 1921 年时，借助于浪漫的、依稀带有古玛雅风格的巴恩斯德尔住宅（参见 40~41 页），赖特的西海岸风格已经展现。但是从建造角度来说，这一风格此时还仅限于外表，如同电影布景，尚未践行赖特对自然和真实的倡导和追求。

赖特心中的愿景是一个崭新的、坚固的、源自大地的金字塔形建筑物——无论是古埃及式的，还是古美索不达米亚式的——在修饬平整的大地上崛起。实现这样的图景，石材过于昂贵，而混凝土砌块则可通过工业生产大规模制造，即便是装饰砌块，所耗也仅比普通砌块略有增加。最初，如在艾丽丝·米勒德住宅（Alice Millard House）中，砌块仅是用水泥砂浆垒砌，如同普通砖石。随着技术的发展，赖特引入更为复杂的钢筋混凝土体系，将混凝土砌块"编织"成他所谓的纺织品。理论上说，这一体系不再需要水泥砂浆做黏合剂，而且可以作为梁，也可以作为墙和柱。

恩尼斯住宅是这种具有纺织品肌理的混凝土砌块住宅中规模最大，也是设计最为大胆的一个。同时，它也是赖特脑海中新大地建筑最为清晰的代表。占地半英亩（约 2 000 平方米）的地块位于圣莫尼卡山（Santa Monica）从山脚往上的盘山公路——格伦道尔大道（Glendower Avenue）的一个 U 形弯道。无论是立于此处眺望城市风景，或是自成风景为城市所遥望，都让人叹为观止。对于业主——查尔斯（Charles）和玛贝尔·恩尼斯（Mabel Ennis）夫妇，我们所知甚少，只知道他们起家于男装业，而且显然渴望出人头地，因为一对低调内敛的退休夫妇是决不会选择这样的地块。自山下仰望时，住宅给人的第一印象要么是居高临下的悬崖峭壁，要么是顶上堆着低矮的阶梯状锥形土块的壁垒。它并非金字塔形，但看上去与这种古老形态颇有渊源。

整幢建筑全部由边长 40 厘米的正方体混凝土砌块砌成，或为清水饰面，或具有交错方块构成的对称浮雕装饰。低矮的壁垒实际上是独立的挡土墙，并在结构上加强了配筋；中间回填后形成住宅的地基承台。赖特的另一些砌块住宅很紧凑，结构直上直下，但恩尼斯住宅在平面上延展开，以一条 35 米长的封闭长廊作为主骨架，连接各组成部分，长廊的北侧是狭长的花园。住宅内部也是同样的砌块——砌块墙、砌块柱，甚至以砌块建成平整的天花。住宅中最主要的房间是餐厅，高大规整的空间向南伸入直达基地南侧墙垣的边缘，最大限度地利用了这一俯瞰城市的最佳视角。

建设后期，恩尼斯夫妇与建筑师的合作破裂，他们便亲自监督直到完工。尽管赖特可以因此拒绝承认这一住宅是依其设计建造的，但依旧无法推脱整幢建筑体量过大不适于家庭居住的问题，它更像是宾馆或使领馆而非住宅。然而，历史上看，无论是从深度还是广度上说，恩尼斯住宅都是赖特建筑风格最具代表性的作品。在这里，我们可以看到赖特脑海中小至 40 厘米见方的砌块，大到推及整座城市景观的心胸与思考。

1　主层（二层）平面　　2　下层（一层）平面

1）餐厅　　　8）书房　　　1）入口门廊
2）厨房　　　9）卧室　　　2）停车场
3）备餐室　　10）阳台　　　3）车库
4）进厅　　　11）露台
5）起居室　　12）花园
6）壁橱　　　13）入口上方栈桥
7）浴室

3　A–A 剖面　　4　B–B 剖面　　5　东立面

6　南立面　　7　西立面　　8　北立面

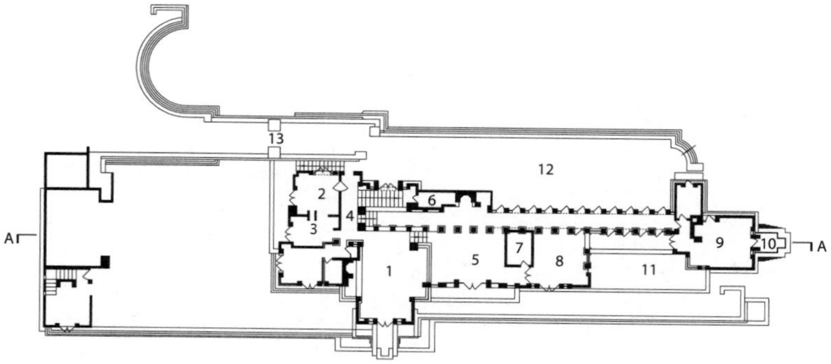

1

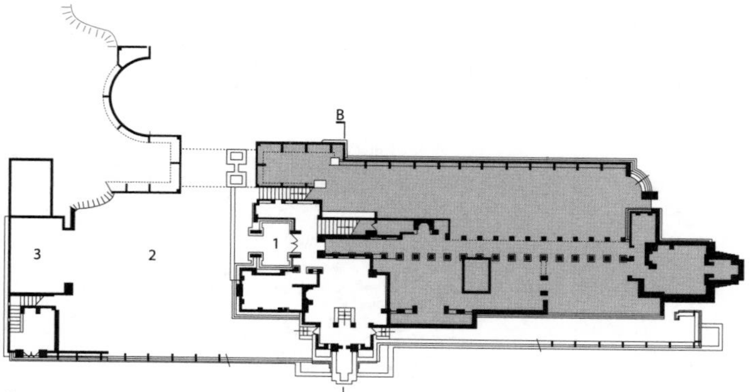

2

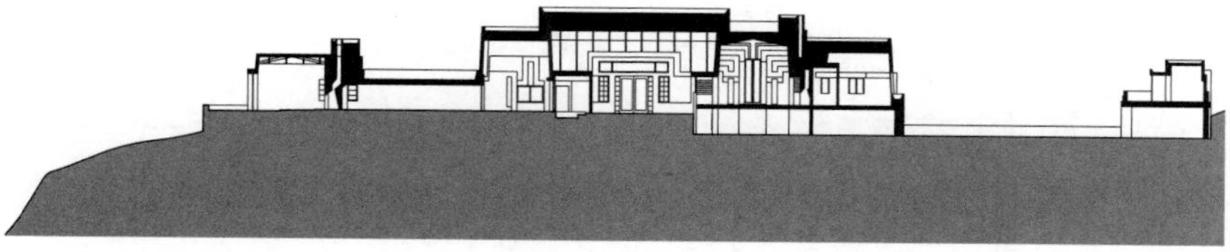

3

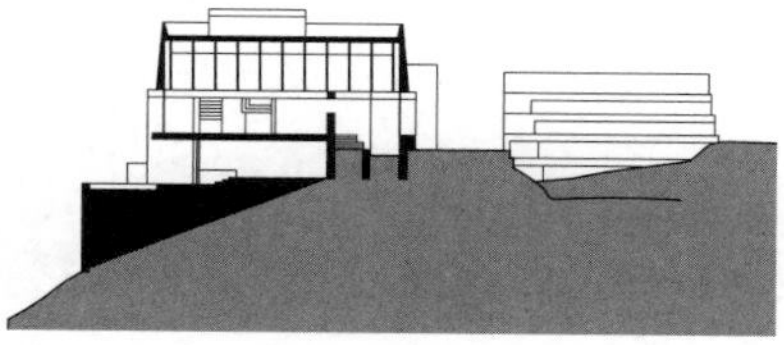

4

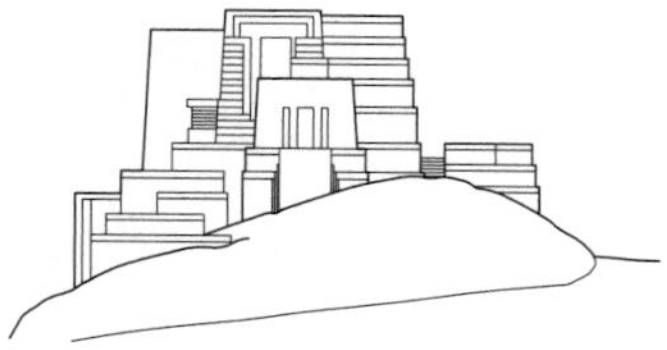

5

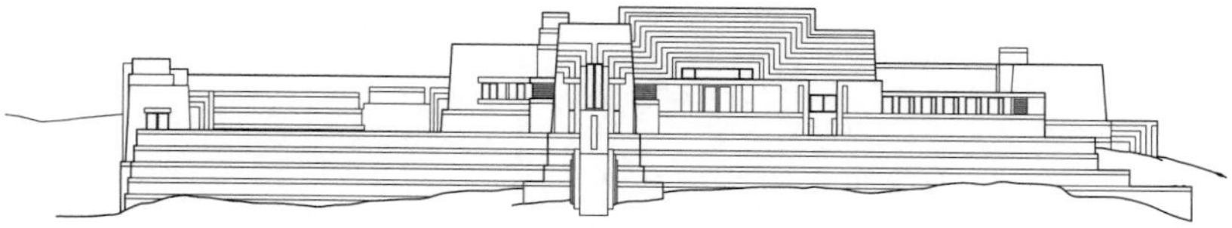

6

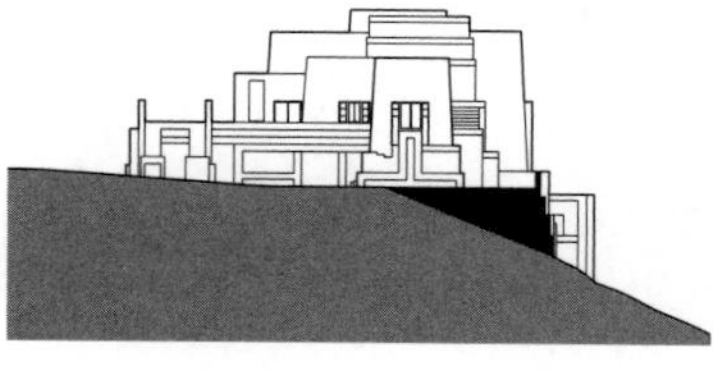

7

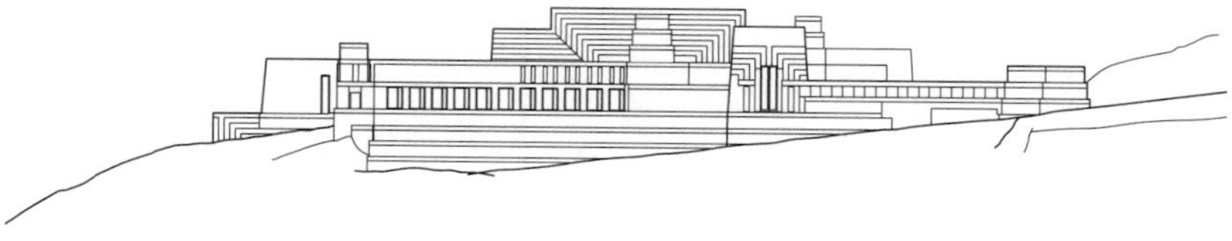

8

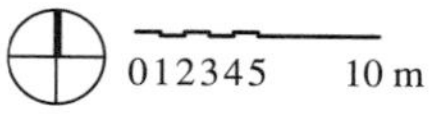

012345　　10 m

施罗德住宅（Schröder House）

赫里特·里特费尔德（Gerrit Rietveld，1888—1964）

荷兰乌得勒支（Utrecht，The Netherlands）；1923—1924 年

想象一下，若这世界上只有垂直相交的直线和平面这样的形式，也仅有黑色、白色、红色、蓝色和黄色这些色彩——换言之，世界如同一幅巨大无比的、三维的蒙德里安抽象画。施罗德住宅就是这样的、世界的缩影，未来全球城市中一个生活与艺术合一的片段。这是第一次世界大战后荷兰先锋艺术团体——风格派（De Stjil）的画家与设计师们对未来的憧憬。其成员包括特奥·范杜斯堡（Theo van Doesburg）、J. J. P. 奥德（J. J. P. Oud）、罗伯特·范特霍夫（Robert van't Hoff），当然还有皮特·蒙德里安（Piet Mondrian）。

1919 年施罗德住宅的设计师之一赫里特·里特费尔德加入风格派。他本是一名家具设计师，一年前他设计了一把绝对可以称之为"要素主义"（elementarist）的木制扶手椅。最初设计为原色无漆的木椅，在 20 年代早期，被覆以蒙德里安的色彩方案，从此以"红蓝椅"之名闻名。

除了家具，里特费尔德还为一些商店和公寓设计了内部装修，施罗德住宅是其第一个完整的建筑作品。业主是特鲁丝·施罗德·施雷德（Truus Schröder-Schräder），一位受过训练的药剂师，有进步思想的艺术品热爱者。自从身为律师的丈夫去世后，特鲁丝·施罗德·施雷德决定新建一所房子，与三个孩子一起开始新的生活。那时里特费尔德可能已经与她相恋了，即便不是已经，那也是在此次合作开始后不久他们就相爱了。项目地块甚为普通，是一片红砖住宅尽头的一块空地——恰位于小镇的边缘，面对开阔的乡间平畴。而今这一良好的视野已为后建的一条高速公路所遮挡。

尽管与此片最后一座红砖住宅共用一道隔墙，但施罗德住宅完全无视其邻里，似乎在宣称，未来已来到此地，过往与之没有一丝干系。它不是以传统的墙和屋顶构成，而是由或白色或灰色，或水平或垂直的"面"组合而成。出乎人们意料的是，这些面并非用混凝土制成，而是由砖木着色而成。这些面给人以漂浮的感觉，特别是面向东南方向的阳台和东面屋角全玻璃房间之上悬挂的屋顶。线形元素，如直棂、横框和钢柱都被以强烈的色彩——黑色、红色和黄色——似乎在表明各个面都是由此生长出来的。窗户是在平面之间展开的玻璃薄膜。窗框的合页只可以选择两个位置，紧闭或以 90° 打开。内外空间不设区隔，建筑"外部"的面和线条与"内部"的完全一致——都是上漆的硬质表面，视野之中没有地毯或窗帘之类的软装。家具大多固定内置与建筑形成一体，述说着相同的风格。衣柜上下分区，书桌由窗台延伸而来，卧床朴素到只有床箱加床垫，而没有床架。在住宅下面一层，平面布局相当中规中矩，承重墙将空间分隔成一个个独立的房间，但在二层却采用一种前所未有的、创造性的灵活分隔，或为日常起居所用的子空间，或是作为开敞通透的娱乐空间。

施罗德住宅在作为一件艺术品的同时，也不失一幢住宅的良好功用。直至 1985 年去世，特鲁丝·施罗德·施雷德一直在此居住。如今，施罗德住宅既是一座建筑，也是一个曾经闪亮耀眼的艺术风格的标志。住宅矗立至今，而这一艺术风格却没有那么长久。1924 年，蒙德里安与范杜斯堡的失和——因其斗胆在画作中引入了对角线条——已经标志了这一艺术理想的终结。

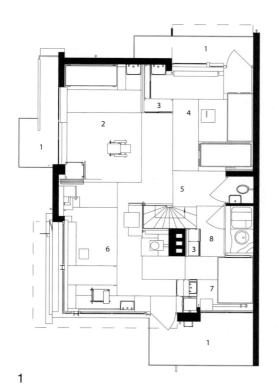

1

2

1　二层平面　　45

1）阳台
2）工作室／卧室
3）储藏室
4）工作室／卧室
5）大厅
6）客厅／餐厅
7）卧室
8）卫生间

2　A–A 剖面

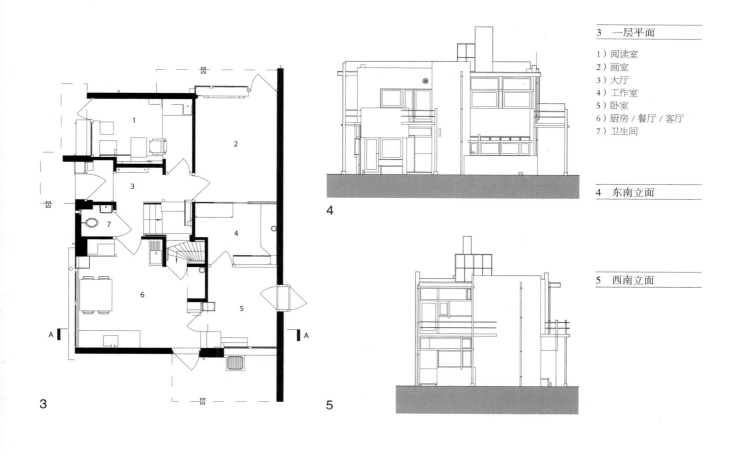

3

4

5

3　一层平面

1）阅读室
2）画室
3）大厅
4）工作室
5）卧室
6）厨房／餐厅／客厅
7）卫生间

4　东南立面

5　西南立面

0　1　2　3　4　5　　　　　　　10 m

拉罗什－让纳雷别墅（Villas La Roche-Jeanneret）

勒·柯布西耶（Le Corbusier，1887—1965）

法国欧特伊（Auteuil，France）；1925 年

　　1923 年，夏尔·爱德华·让纳雷（Charles Edouard Jeanneret），这个来自瑞士的古典乡村木屋设计师已经移居巴黎，改名为勒·柯布西耶，成为一个胸怀无限、雄心壮志的都市现代主义建筑师。他的新朋友，瑞士银行家拉乌尔·拉罗什（Raoul La Roche）是一位慷慨的资助者。罗氏收藏了许多现代主义绘画作品，其中就有勒·柯布西耶的作品，希望建一个画廊来陈列展示，却苦于无址建设。与此同时，勒·柯布西耶开始对巴黎郊外欧特伊（Autevil）的一处待建地块产生兴趣。经过一系列复杂的商谈和可行性研究，最终在欧特伊一条私人街道尽端棘手的不规则街角建造了两幢房子，一幢是拉罗什住宅；一幢是勒·柯布西耶的兄弟阿尔贝·让纳雷（Albert Jeanneret）与其新婚妻子洛蒂·拉夫（Lotti Raaf）的住宅。

　　标准化与可复制是勒·柯布西耶的中心概念。他所完成的单体设计即便不被看作是可大规模批量建设的原型，也至少是一个类型设计的实验。这或许可以解释为什么这两个住宅平面悬殊甚大，其沿街的北立面外观却是对称的，暗示着它们确实是一对。在南面，两栋房子均紧贴地块边缘而起，不给一楼花园留下任何空间，也排除了在背面墙上开窗的可能性。于是，上面两层被挖空形成一个二层高的中心庭院和共享的采光井，并充分利用平屋顶上的空间建成更大的花园。

　　还有一些细致的模块化内部空间，如占据让纳雷住宅顶层大部分面积的、由平面形状自然分成三个分区的起居室，在拉罗什住宅中却是内部空间极富动感的画廊部分。这一区域既被设计成艺术的沉思之地，也被设计为一个运动的空间——勒·柯布西耶最早的一个漫步建筑（promenades architecturales）。建筑之旅起程于正门入口处。甫入位于住宅一翼与画廊一翼相交的凹口部分的入口，迎面是高达三层的中庭。入口上方横跨一座"飞桥"，在左侧可见楼上的一个阳台。角落处一架楼梯将人们引上一个大休息平台。在此，可以透过一个内凹的阳台眺望街景。如果从这里跨上飞桥可达住宅的餐厅，而如果在此选择转身，便进入两层高的画廊。画廊由水平带形高窗采光。坡道自远端角落，沿左侧略凹的墙面渐渐升起。沿坡道上行，来到先前在中庭入口处看到的阳台。这一层还安排了书房，可以向下回望楼下的飞桥与入口。一路上，人们不仅可以欣赏美丽的绘画，也感受到各种空间变化带来的愉悦体验。

　　位于中央的一根圆柱支撑着画廊一翼，像飞桥一般抬离地面。圆柱不仅仅是单纯的结构部件，这个架空柱是空间解放的象征。此外，加上诸如自由空间、自由立面、带形窗和屋顶花园，"新建筑"的全部要素已然就位。

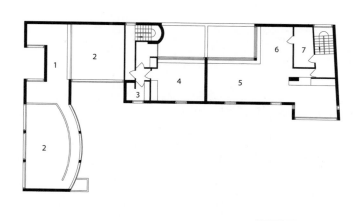

1

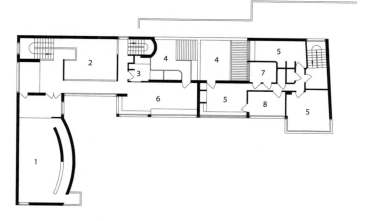

2

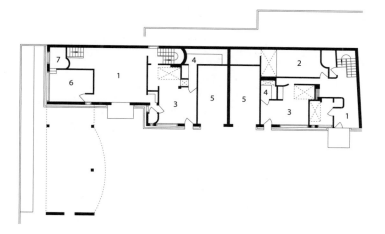

3

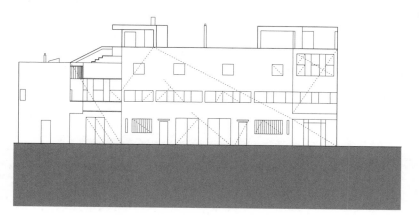

4

0 1 2 3 4 5　　　　10 m

新精神馆（Pavillon de l'Esprit Nouveau）

勒·柯布西耶（Le Corbusier，1887—1956）

法国巴黎（Paris，France）；1925 年

　　1925 年巴黎举办装饰艺术博览会（Exposition des Arts Décoratifs），人们建议勒·柯布西耶为展览设计一个"建筑师住宅"，但他本人反对说他的住宅是为所有人设计的。为了表明这一立场，勒·柯布西耶不仅设计了一栋住宅，而且可以说是设计了一整套新生活方式——包括所有尺度的人造物，从酒杯到三千万人居住的城市。

　　建筑本身就是一个简单的方盒子，这一形体挑衅似地矗立在其他大多数华丽肤浅的展品面前，此次展览被作为装饰艺术（Art Deco）的开端。尽管是作为标准的、郊区独立住宅来进行介绍推广，但建筑师最初的构思是将其作为一个可以大规模复制的公寓模块，并计划堆叠成 8 层高的所谓楼宇别墅（Immeubles Villas）。进而，这样的楼宇别墅作为基本单元构成更大尺度的建设项目——一座现代城市（Ville Contemporaine）。伏瓦生（Voisin）汽车与飞机制造公司答应支持这一独特的构想，在巴黎市中心的再开发计划中，采用这一形式建造 18 幢体量巨大的、十字形平面的摩天大楼。博览会上，现代城市的模型与设想，以及伏瓦生计划都作为这一住宅的延伸一同展出。整个展厅以当时勒·柯布西耶与阿马德·奥藏方（Amadée Ozenfant）合编的杂志命名。

　　这个简单的方盒子为参观者展示了经过颠覆性重塑的内部家居。起居室高两层，钢窗采光，灵感来自一个普通巴黎艺术家的画室；卧室，或者更准确地说是睡觉、盥洗和更衣的空间——被置于一个俯视起居室的平台上；而餐厅、厨房和服务用房则置于这个平台之下。在多层公寓方案中，通往该公寓住宅的入口设计为沿街的带顶棚的凹走廊，在这个展厅以及作为单体住宅推广的版本中保留了一贯性。然而，最令人耳目一新的是花园的设计，两层高的巨大的附属花房中，一棵大树从屋顶的圆洞中穿出枝繁叶茂的树冠。

　　新精神馆也许并非专为建筑师而备，但用勒·柯布西耶的话来说，也是为一个"当今有修养的人"所准备的。室内陈设也以简洁和雅致为要。多用途的储藏单元用以进行室内空间的分隔，墙壁上挂的也是纯粹主义的画作。椅子不是标准的托内（Thonet）曲木型，就是"俱乐部"用皮扶手椅。一个实验用烧瓶被用作花瓶，而餐具，包括酒杯，则选自最为简单、最为普通的类型。

　　由于延误，当这个展馆完工时博览会的公众参观期已过了大半，而且建筑也仅仅存在了 9 个月。另外，由于严重超出预算，使得勒·柯布西耶债务缠身。然而，就像由密斯·凡·德·罗设计的、同样是临时性存在的巴塞罗那博览会德国馆一样，新精神馆也成为建筑史上指引方向的灯塔。1977 年在意大利博洛尼亚（Bologna）重建了一个新精神馆的复制品，至今仍用作展示厅。

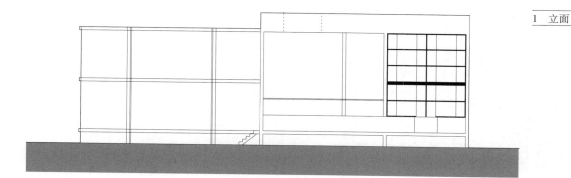

1 立面

1

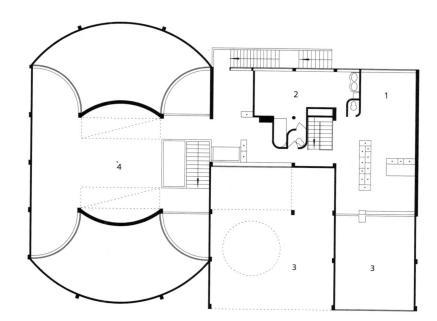

2 二层平面

1）卧室
2）更衣室
3）上空
4）展览区域

2

3 一层平面

1）起居室
2）餐厅
3）花园
4）服务用房
5）厨房
6）展览区域

3

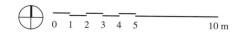

0 1 2 3 4 5   10 m

洛弗尔海滩住宅（Lovell Beach House）

鲁道夫·申德勒（Rudolph Schindler，1887—1953）

美国加利福尼亚州纽波特海滩（Newport Beach，California，USA）；1926

1914 年，当鲁道夫·申德勒离开家乡奥地利前往芝加哥的一所商业设计事务所履新时，26 岁的他已经是一个有着丰富经验的建筑师和工程师。他受业于奥特·瓦格纳（Otto Wagner，1841—1918）和阿道夫·路斯（Adolf Loos，1870—1933），满心期望能为弗兰克·劳埃德·赖特工作。《瓦斯穆特设计作品集》自 1910 年出版以来，就一直激励着欧洲的进步建筑师和建筑学专业的学生。经过多次请求，1918 年赖特终于给了他一个工作机会，并派他到洛杉矶监督巴恩斯德尔住宅（参见 40~41 页）的施工。工程结束后，申德勒留在了当地，开始独当一面。

这些传记式的细节透露出申德勒在现代建筑史上略为微妙的地位。尽管他在受业传承上无可挑剔，但曾被排除在现代主义的主流之外。不仅由于他处于遥远的、文化荒芜的西海岸，而且由于他与赖特之间的关系。1932 年亨利·罗素·希契科克（Henry Russell Hitchcock）和菲利普·约翰逊（Philip Johnson）在纽约举办著名的"国际风格"（International Style）展览时漏掉了他，令其颇为不悦。直到 20 世纪 60 年代，他的开拓性工作才开始得到建筑历史学家的认可。

洛弗尔海滩住宅正是申德勒声名得以恢复的基础。在这个作品中并不意外既可以看到路斯的影响，又能看到赖特的影子。"空间建筑"（space architecture）是申德勒在概括其建筑设计原则时选择的用词，似乎是对路斯"空间体量设计"（Raumplan）的呼应。在申德勒看来，是空间，而非结构或功能将新建筑与其他建筑区别开来，并赋予其

个性。然而出乎预料，这一住宅最瞩目的特征，却是 5 个钢筋混凝土门式框架构成的主体结构，这并非典型的申德勒风格。但实际上，与其说这些框架是构造要素，不如说其在抽象的、空间构成要素上的意义更大——与这些名义上的框架相交的是外墙面，而不是柱、梁等结构部件。在混凝土框架之间裸露的是地板、楼板、屋顶，这种框架加平台的基本结构就是洛弗尔海滩住宅的基本特征。用作围合的各元素，如轻质金属框出的大面积玻璃与墙体，都是次要的，在这里外部空间与内部空间变得同样重要。

除了车库和淋浴间，一层空间完全开敞，几乎可以说是海滩一直延伸到了室内，也因此底层被设计成孩子与大人的游戏休闲空间。二层为两层高的主起居室，可从三层的内廊俯看下来。内廊通往西侧[1]的数间卧室，每间卧室外均附露天凉亭，上罩木质悬挑顶棚。有些评论认为，申德勒对楼梯设计不在行，从此宅看恰似如此。两架楼梯均起自西面[2]标志着主入口的基座，一个甚陡，另一个缓缓升高，直到阳台，在巨大的顶棚下俯瞰大海。这架楼梯斜穿一个门式框架而过，明显有碍结构的统一完整。

设计的大胆与开创性毫无疑问，作为以享受加利福尼亚良好气候为目的的休闲住宅也很适宜。住宅的客户，菲利普·M. 洛弗尔（Philip M. Lovell），在今天会被人们称作"健康大师"。他也有幸一人拥有两幢现代建筑史上的经典杰作，因而与众不同。另一处是由申德勒的朋友，奥地利建筑师里夏德·诺伊特拉（Richard Neutra）设计的健康住宅（Health House）。

---

1 从平面图上看，卧室与主入口都在西侧，而非原著所写的北侧。此处已更正。
2 同上。

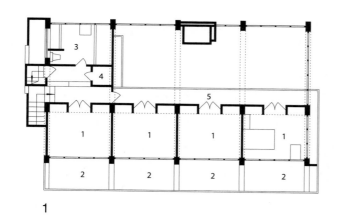

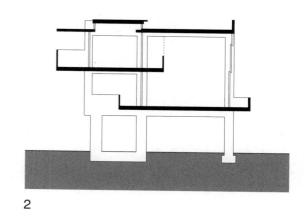

1

2

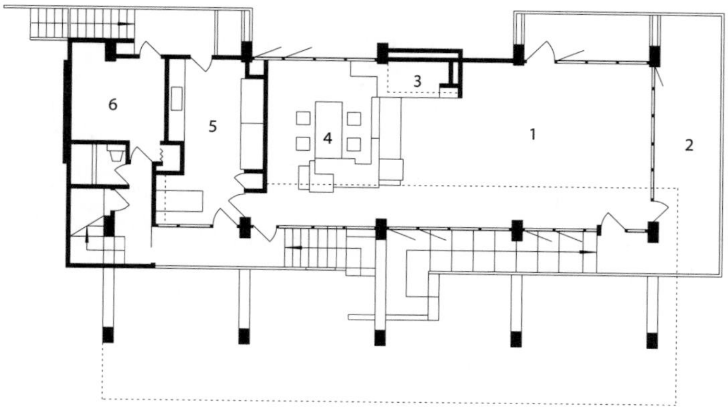

3

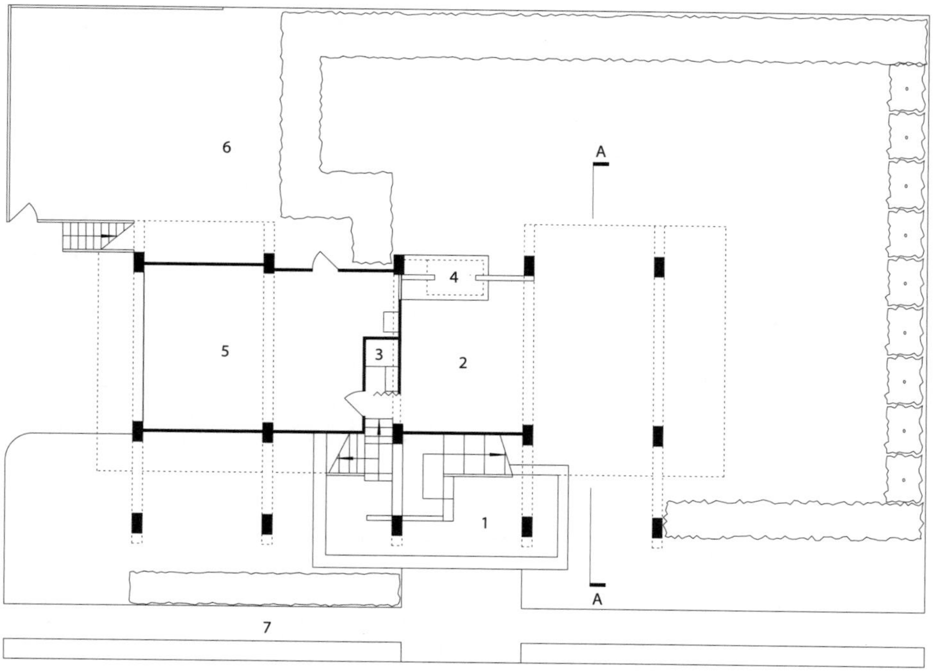

4

1 三层平面

1）卧室
2）凉亭
3）卫生间
4）衣被间
5）阳台

2 A-A 剖面

3 二层平面

1）起居室
2）阳台
3）壁炉
4）就餐区
5）厨房
6）服务房

4 一层平面

1）主入口
2）游戏沙滩
3）淋浴间
4）壁炉
5）车库
6）花园
7）硬质地面

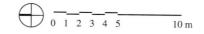

0 1 2 3 4 5   10 m

包豪斯员工住宅（Bauhaus Staff Houses）

瓦尔特·格罗皮乌斯（Walter Gropius，1883—1969）

德国德绍（Dessau，Germany）；1927 年

格罗皮乌斯于1925年设计的、位于德绍的包豪斯学校，可能是早期现代主义建筑中最为重要的一幢。它的方盒子外形、玻璃幕墙以及简洁、不对称的平面，都在坚定地宣扬新风格。包豪斯员工住宅距学校有一定距离，位于郊外的一条林间小道边，如同包豪斯学校的一组缩影，简洁、不对称，巨大的画室窗户如同玻璃幕墙。最初有 7 个员工住宅，一幢格罗皮乌斯本人的校长住宅，三幢双拼住宅为高级员工及其家属居住。建成伊始，那些带有社会主义思想的员工便传来反对声，他们认为这些住宅过于奢华。

校长住宅（于第二次世界大战中遭到轰炸不复存在）自然不会简朴寒酸。地下室有一套独立的管家住房，二层有访客居住的套房，此外还有一个巨大的画室。然而，住宅内部的房间布局简单明了，一个个房间如同盒子。没有柯布西耶式的坡道或挑空的两层高的空间，窗户尽管很大，但也只是墙上开出的一个个窗洞，而不是连续不断的带形窗。空间架构是三维立体的，而不是二维平面的。L 形的二层架在长方形的一层平面上，而一层平面又是架在平台或基座之上的。各层墙体有时重合，有时错开。例如住宅西侧墙面平整，而在南侧，二层的楼面直接向外挑出，超出一层平面的范围，覆盖了室外露台的西侧。

6 个员工住宅中也有 1 个毁于轰炸，其余 5 个住宅得以留存并得到全面的修缮复原。原本是出于经济成本考虑设计成双拼的形式，但两个住宅共用一堵隔墙所节约的成本也没多少。双拼住宅往往为镜像对称的两个住宅，因此建筑整体也是对称的。由此可能产生一种静止、古典的效果，对新风格来说显得相当别扭。格罗皮乌斯面对这个问题的解决方案高明而巧妙。每对住宅实际上由三个体块构成。中心体块包括一层的 2 间起居室和二层的 2 间画室，分属两户人家，由界墙分隔。在北面，二层悬挑出去，使得画室得以配上巨大的窗户。另外的两个体块除了窗户的布局外几乎完全一样，包括一层的厨房和餐厅，以及二层的卧室。为了避免双拼产生的对称性问题，两个体块被分置于中心体块对角线的两端，并且其中一个旋转90°，构成富有变化的立面和处处新意的形态：或后退，或悬挑，或内凹，或成为凸出的阳台。尽管外形超前，但住宅结构还是采用当时常规的方案，主要由混凝土砌块承重，均粉刷上漆处理。

除了格罗皮乌斯，原来的住户还有拉斯洛·莫霍伊·纳吉（Laszlo Moholy Nagy）、莱昂内尔·法宁格（Lyonel Feininger）、格奥尔格·穆赫（Georg Muche）、奥斯卡·施莱默（Oskar Schlemmer）、瓦西里·康定斯基（Wassily Kandinsky）和保罗·克利（Paul Klee）。每个住户以自己喜爱的风格装饰各自的住宅，并以此拍摄了一部影片，反映这种新建筑风格下的家居艺术。诸多活跃多变、富于创造力的精神聚居一处必定会出现不谐与争议，也少不了不欢而散的场景。住户的变换时有发生。也不是所有的住户都如艺术家一般简朴生活，当密斯·凡·德·罗1930年搬入校长住宅时，他与同居伴侣，室内设计师莉莉·赖希（Lilly Reich），便雇有不离白手套的管家。

1933 年，纳粹士兵以搜查武器和爆炸物为名闯入这些危险的布尔什维克建筑。然而早在此前就已经很清楚，追寻包豪斯的理想只能另觅它处了。

1 总平面

1）校长住宅
2）员工住宅

2 校长住宅二层平面

1）楼梯平台
2）客房
3）屋顶露台
4）画室
5）储藏室
6）保姆间
7）洗衣房
8）卫生间

3 校长住宅一层平面

1）门厅
2）起居室
3）餐厅
4）露台
5）卧室
6）厨房
7）服务备餐
8）食品备餐
9）卫生间

4 员工住宅二层平面

1）楼梯平台
2）画室
3）卧室
4）阳台
5）卫生间

5 员工住宅一层平面

1）门厅
2）起居室
3）餐厅
4）露台
5）厨房
6）储藏室

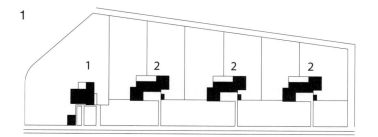

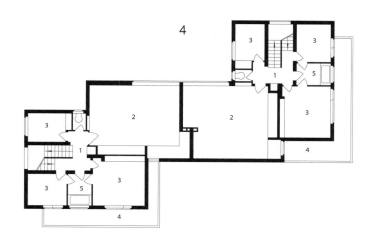

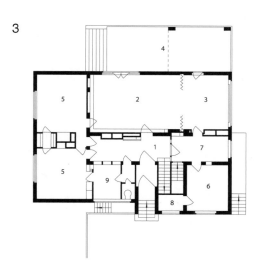

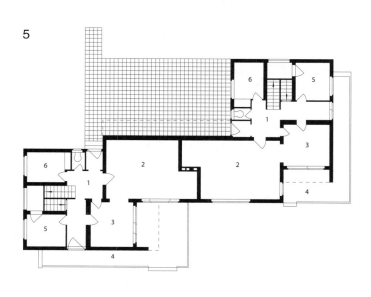

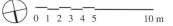

0 1 2 3 4 5   10 m

斯坦－德蒙齐别墅（Villa Stein-de Monzie）

勒·柯布西耶（Le Corbusier，1887—1965）

法国巴黎近郊（near Paris，France）；1927 年

科林·罗（Colin Rowe）在著名的《理想别墅中的数学》（"The Mathematics of the Ideal Villa"）一文中指出，斯坦-德蒙齐别墅与 1550—1560 年安德烈亚·帕拉第奥（Andrea Palladio）的福斯卡里别墅（Villa Foscari）具有同样的形体比例——建筑长度、进深和高度的比例均为 8 : 5.5 : 5，以及同样的结构布局——由立柱分隔的单、双跨的开间均以 ABABA 形式分布。我们无从可知勒·柯布西耶是否有意仿效帕拉第奥，但已知的事实倾向于支持这一可能性：他富有的客户加布丽埃勒·德蒙齐（Gabrielle de Monzie）与其美国朋友迈克尔（Michael）和萨拉·斯坦（Sarah Stein）曾在斯坦位于佛罗伦萨郊外的文艺复兴时期的别墅度假。尽管带有各种令人耳目一新的现代元素，斯坦-德蒙齐别墅从根本上说还是古典主义的建筑。

当然还可以各据所依归入其他门类。它还是"多米诺"（Domino）组合结构原则的一次应用，无梁整体楼板由细长的立柱支撑并向外悬挑。这个别墅是设计师在新精神馆（参见 48~49 页）所展示的公寓设计的一个豪华版本，附设两层高、有顶棚的露台。同时，它也是一个三维的纯粹主义画作，一组类型物（objets-types）构图于矩形立体画框内，只是以旋转楼梯、凸墙和椭圆形柱取代了瓶、碟和吉他。别墅平面甚为繁复，斯坦夫妇与德蒙齐夫人的套房分立，并设有完整的服务员工用房，但是精确细微的分区布局远不如结构与空间的控制手法重要。

从巴黎中心驾车 19 公里，透过车窗望去，作为现代主义生活的象征，斯坦-德蒙齐别墅在长狭的基地上，几立于无处可退的最后端。面向道路的建筑立面被着意刻画成文艺复兴风格。但是，除了主入口上形如吊桥的顶棚，以及其正上方看起来好像是由薄如片纸的墙体折叠裁剪而成的顶楼阳台之外，似乎均无所据。两条细长的带形窗横铺延展于整个建筑的宽度。毫无疑问，外墙采用的是轻型隔断，并不承重。

背面朝向花园的立面则随意、人性化。这里，移除了部分隔断外墙，显露出其后的开敞空间：屋顶花园设一个形如轮船烟囱的椭圆形房间（原为萨拉·斯坦位于顶层带观景平台的画室）；还有一个两层楼高的带顶棚露台，在二层伸入花园，并侧向斜下楼梯到地面，如同舷梯。三层的阳台可俯视露台，同时又被顶楼的花园所俯视。无怪乎此宅正式名为"层台"（Les Terrasses）。

与外部多层错落的空间相比，内部空间稍显逊色。位于二楼的主起居空间呈 Z 形，似在厨房和露台间蛇行穿过。曲线形体，如楼板上钢琴形的开口可以一瞥楼下入口门厅，而划出就餐空间曲线隔断看上去确属事后而补。毫无疑问，勒·柯布西耶视此为古典主义和谐主题的现代主义对位和弦。

目前该建筑犹存，但经大幅度的改建，转而用作公寓。

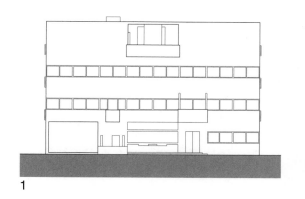

1

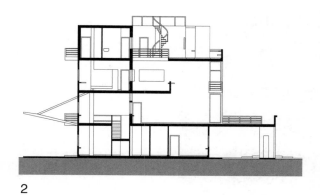

2

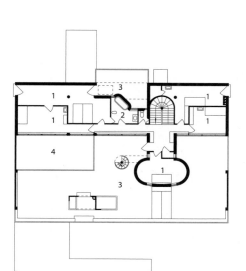

3

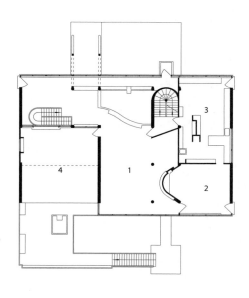

5

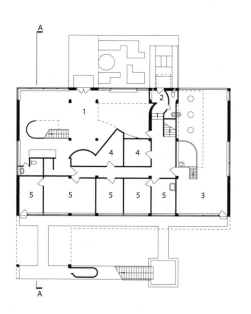

6

1　北立面

2　A-A 剖面

3　四层平面

1）卧室
2）卫生间
3）屋顶露台
4）中空

4　三层平面

1）卧室
2）更衣室
3）卫生间
4）屋顶露台
5）中空

5　二层平面

1）起居室
2）餐厅
3）厨房
4）露台

6　一层平面

1）进厅
2）服务入口
3）车库
4）储藏
5）服务员工房

0 1 2 3 4 5　　　10 m

魏森霍夫住宅（Weissenhof House）

勒·柯布西耶（Le Corbusier，1887—1965）

德国斯图加特（Stuttgart，Germany）；1927

在 1927 年斯图加特的魏森霍夫住宅建筑展览会上，勒·柯布西耶设计了两栋住宅：一栋独立住宅和一栋双拼别墅。这栋独立住宅是柯布西耶在 1919 年设计的雪铁龙住宅（Maison Citrohan）的基础上发展而来的，且唯一建成的作品，因而变得更有意义。雪铁龙住宅的命名与汽车制造商雪铁龙（Citroën）有关，它意味着住宅可以像汽车一样普及、标准化制造和大批量生产。

尽管雪铁龙住宅两层高的起居室被工业化生产的大玻璃照亮，使之增添了不少巴黎艺术家工作室的气质，但由于它朴素的白墙面、室外楼梯与平屋顶，使之更像是地中海地区的乡村住宅，而不是工业化机器生产的。在 1922 年秋季艺术沙龙（Salon d'Automne）上，雪铁龙住宅的第二版（雪铁龙 2 号住宅）就显得更加精致而充满现代感。整个住宅架在柱子上，底层架空意味着需要更稳定有力的混凝土框架结构，而楼梯占据空间中的主要位置。

由于在魏森霍夫住宅建筑展览会上，勒·柯布西耶的设计作品不可避免地要与包括格罗皮乌斯、马尔特·斯塔姆（Mart Stam）、J. J. P. 奥德以及密斯·凡·德·罗在内的一系列杰出的欧洲现代主义建筑大师一较高下，因而这个住宅概念相比它的原始版本更加精炼和整洁。魏森霍夫的这个独栋住宅是一栋真正意义上的盒子式建筑，柯布西耶将其架空在两列、每列五根的柱网上，而舍弃了雪铁龙 2 号住宅中有些拙劣的出挑平台。不过由于楼梯被放在柱网之外，建筑呈现出不对称的形态。楼梯的位置由主立面一个出挑的小阳台标识出来，这个小阳台还可以被视作主入口上方的雨棚。

正如与之关系密切的 1925 年的新精神馆（参见 48~49 页），魏森霍夫住宅将主卧室和女主人房安排在平台上，从平台能俯视两层高的起居室，或者说是"门厅"。不过平台的边线略有斜度，上下空间由一系列富有雕塑感的功能性体量联系，即壁炉、烟囱、嵌入平台栏杆中的写字桌，以及一个用于限定餐厅空间的、悬置起来的奇怪方盒子。

在住宅顶层有另外两间卧室。顶层一半封闭，另一半是屋顶花园，像室内房间一样通高的、开着带形窗洞的外墙围合。屋顶花园对应平面中楼梯的位置的部分设有顶棚。室外空间按室内空间设计的手法在萨伏伊别墅（参见 80~81 页）中再一次得到更大体量的运用。

这个设计中的一些元素成为日后勒·柯布西耶风格中不可缺少的元素。"新建筑五点"——自由平面、自由立面、底层架空、屋顶花园、横向长窗——第一次出现在魏森霍夫住宅建筑展的建筑商分发的小册子中。雪铁龙住宅的踪迹在 20 世纪 20 年代的大部分纯粹主义别墅中不断演绎，在不同建筑中可以看到以不同方式表现的矩形盒子，比如雅乌尔住宅（Maisons Jaoul，参见 132~133 页）和艾哈迈达巴德（Ahmedabad）的工厂主协会大楼（Millowner's Association building），甚至马赛公寓（Unité d'Habitation in Marseilles）中双层高的户型也是雪铁龙住宅的翻版。它不曾实现的，只有普及、标准化制造和大批量生产。

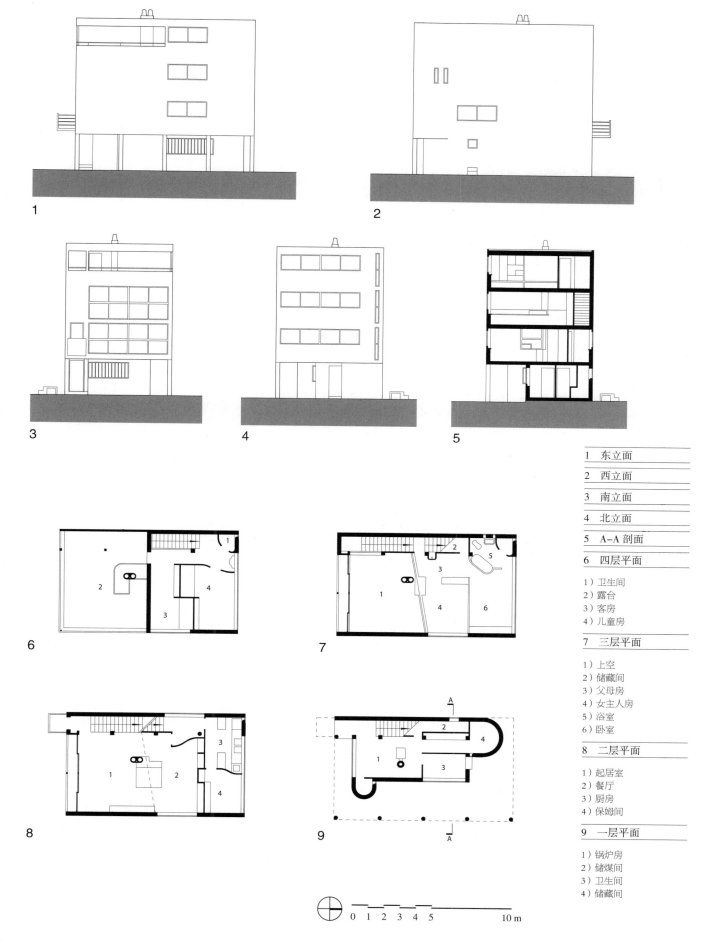

1　东立面

2　西立面

3　南立面

4　北立面

5　A–A 剖面

6　四层平面

1）卫生间
2）露台
3）客房
4）儿童房

7　三层平面

1）上空
2）储藏间
3）父母房
4）女主人房
5）浴室
6）卧室

8　二层平面

1）起居室
2）餐厅
3）厨房
4）保姆间

9　一层平面

1）锅炉房
2）储煤间
3）卫生间
4）储藏间

0 1 2 3 4 5　　　10 m

沃尔夫住宅（Wolf House）

路德维希·密斯·凡·德·罗（Ludwig Mies van de Rohe，1886—1969）

德国古宾，现波兰（Gubin，Germany；now Poland）；1927 年

20 世纪最知名的、最富影响力的建筑中有一些并未付诸实施。其中一例就是 1923 年密斯·凡·德·罗的乡间砖宅（Brick Country House）[1]，仅两张翻印而非原始手绘的图纸存世，一张平面图和一张透视图；而且两张图彼此间还有出入，那张透视图也许并不出自密斯。尽管如此，也丝毫不影响其标志性地位，尤其是平面设计，被视作早期现代主义空间设计的概念性突破。与一般的建筑平面图相比，它更接近一幅绘画作品，具体地说好似特奥·范杜斯堡的画作《俄罗斯舞蹈的韵律》（*Rhythm of a Russian Dance*）。独立的砖砌隔墙互呈直角，松散地分划出或融合、或重叠的一组空间。其中有三面墙被有意地加长，似是被某种离心力一直拉到画面外，甚至要延伸得更远。通过透视图可以看出其中一些墙体为两层高，平屋顶部分悬挑，而整个住宅被通天至地的玻璃幕墙全部包围。房间的概念似乎已被摒弃，空间以前所未有的形式自由流动。

沃尔夫住宅就是乡间砖宅在真实客户和真实地块的制约下，重新设计建造的。这个真实客户就是埃里克·沃尔夫（Erich Wolf），古宾一个富有的工厂主。他追求进步，是位现代艺术品的收藏家，但对他来说一幢不划分房间的住宅还是过于前卫了。于是，我们看到的是他们协调折中后的最终结果。这一时期的大型德国住宅通常配备一个餐厅、一个起居室兼客厅、一个音乐室和一个书房。沃尔夫住宅并不例外，可以满足这些要求，但在从一个房间"流"向另一个时并非以常规的方式，或在轴线上通过一个带有边框的开口——门，而是以非对称的方式通过踏步实现的。每一个空间都与其相邻的空间分享一个墙面，因此难以说清空间始于何处又终于何处。进而，室内空间流动而出，延伸到户外一片平整的露台之上，形同第五个房间。一个巨大的、搭在全高玻璃门上方的悬挑屋顶刻意模糊了餐厅和露台之间的边界。尽管流动空间的效果在这里仅是部分地实现，但毫无疑问，乡间砖宅一直在密斯的脑海里。

流动空间并非沃尔夫住宅仅有的主题，方形体量以不对称的方式叠合，构成部分三层、部分四层的动感形态。其中最大的一个实体形成住宅的基座，并向两侧延展占满了坡形地块的整个宽度。也可以将基座视为一个独立的景观元素，用以平整坡地，形成台地，但它同时也是住宅的一部分。基座砖砌的挡土墙继续向上延伸，便是外墙。建筑形体从露台外边界有两个曲尺形转折后退。起居室的屋面做成屋顶露台，而住宅形体的顶部是简洁的砖砌方形隔间，用作服务员工卧房。建筑入口立面简洁低调，大面积的砖墙垒砌精致而完美，仅靠几个小窗户以及转角主卧挑出的、兼作入口门廊的混凝土阳台，进行调节，略显松弛。

沃尔夫住宅已是现实版乡间砖宅的极致了。不幸的是，我们现在只有借助图纸和照片来理解欣赏它。第二次世界大战中，沃尔夫住宅被毁，目前仅存部分露台。

1　参见：[韩]俞炫准.现代主义：东西方文化的杂合[M].上海：同济大学出版社，2012：108.

1 三层平面

1

2 二层平面

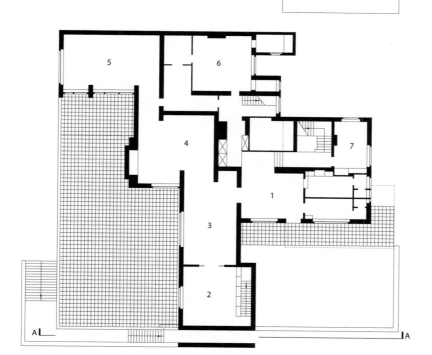

2

3 一层平面

1）入口兼楼梯进厅
2）书房
3）音乐室
4）起居室
5）餐厅
6）厨房
7）客厅

3

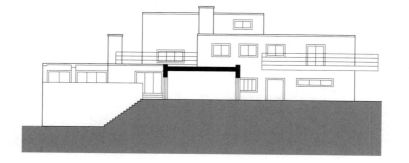

4 A-A 剖面

4

0 1 2 3 4 5   10 m

莫勒住宅（Moller House）

阿道夫·路斯（Adolf Loos，1870—1933）

奥地利维也纳（Vienna，Austria）；1928 年

建筑评论界用"空间体量设计"（Raumplan）描述阿道夫·路斯独特的空间构成方法。它出自路斯的第一个传记作者海因里希·库尔卡（Heinrich Kulka），所表达的是在三维体系里进行空间设计而不是在二维图纸上的操作。路斯素来不喜平面图，而常用模型来进行设计。这一方法可以使大小各异的房间拥有不同高度的天花板和地坪。路斯的住宅都是城市中紧凑的多层住宅，自由式的空间构成方法似乎难以奏效。住宅的房间都聚在一起，无法留空，或是以假墙掩盖层高和地坪的参差不齐。室内空间均清晰明确地划分为房间，但又不完全封闭。通常，小而低的空间位于大而高的空间之上，使原本均一明晰的内部空间变得复杂起来。

在莫勒住宅中，主起居区域被分为五个独立而又相互联系的空间：中央大厅、休息室、音乐室、餐厅和室外露台。餐厅和露台比大厅和音乐室高出四级台阶，而休息室更高，像是盛在一个方盒里，再悬挑出去，构成正门入口上方的顶棚。这个形如供龛的休息室面向大厅，采光来自水平长窗，可以一览内部空间和外面的街景。评论家比阿特丽斯·科洛米纳[1]于此读出性别意味。这是个适于家庭主妇读书、做针线的窗口（男主人的书房亦在同层旁边，但可以关闭门户），同时自己也成为风景的一部分，一如剧院的包厢。餐厅与音乐室之间的关系同样富于戏剧性，尽管这里只是日常使用的餐厅，而不是音乐表演的场所，

却被置于相对抬高的"舞台"之上。舞台的比拟通过两个空间连接处不设永久性的台阶而进一步强化。

整幢住宅没有一部单独能连接从底到顶全部五层空间的楼梯。仅在需要服务于"空间体量设计"的细部空间关系时，才设台阶。以自街道入口行至位于其上的会客室为例，即 8 个直角转弯和 3 段不连续的楼梯，其中之一还是带转角踏步的双跑楼梯。一路要通过三个不同的房间：一个带预制坐凳的窄小门厅、一个位于楼梯休息平台上的衣帽间和一个通往音乐室的开敞大厅。虽有一个类似传统意义上的楼梯由大厅通往上方的卧室层，但停在了距顶层和屋顶露台不远处，人们只能从一个小旋转楼梯走上去。

对称性是"空间体量设计"方法另一个重要的方面，但从未主导最终的布局。尽管莫勒住宅临街的立面完全对称，但表面之下的空间是全然不对称的。还应提及，尽管花园立面猛一看上去是不对称的，但凑近仔细观察后会发现它实际上是由两个完全对称的构图拼接形成的。对称性在路斯的笔下不仅仅具有平面构图的意义，而且已经成为定义并组织空间的工具。

莫勒住宅建于维也纳一处富庶的城郊，主人是一个纺织厂的厂主及其夫人。目前这里是以色列领事馆，不对外开放。

1　Beatriz（原著为 Beatrice）Colomina：建筑历史学家，1982 年自西班牙到美国哥伦比亚大学任教，1988 年起普林斯顿大学任教。著有 *Sexuality and Space*，Princeton Architectural Press，1992；*Privacy and Publicity*：*Modern Architecture as Mass Media*，The MIT Press，1996；*Domesticity at War*，The MIT Press，2007。

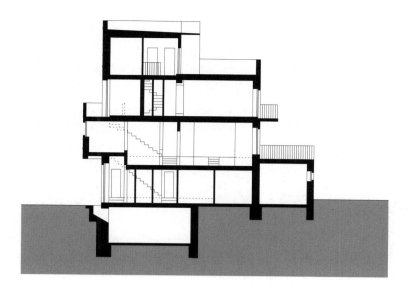

1

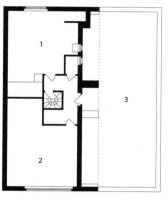

2

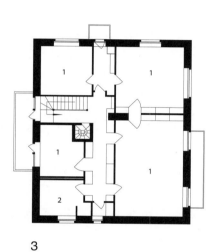

3

1）卧室
2）工作室
3）露台

3　三层平面

1）卧室
2）卫生间

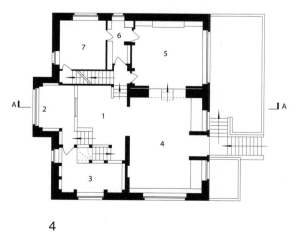

4

5

4　二层平面

1）前厅
2）休息室
3）书房
4）音乐室
5）餐厅
6）备餐间
7）厨房

5　一层平面

1）入口
2）衣帽间
3）卫生间
4）洗衣房
5）管理员房
6）服务员工房

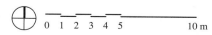

0 1 2 3 4 5　　　　10 m

朗格住宅（Lange House）

路德维希·密斯·凡·德·罗（Ludwig Mies van der Rohe，1886—1969）

德国克雷菲尔德（Krefeld，Germany）；1928 年

朗格住宅与其隔壁的埃斯特斯住宅（Esters House）同时建设，风格一致，可谓兄弟，但并非孪生。赫尔曼·朗格（Hermann Lange）与约瑟夫·埃斯特斯（Josef Esters）同为克雷菲尔德一家丝绸纺织厂的经理。朗格是这个合作项目的发起人，是德意志制造联盟（Deutche Werkbund）的成员，柏林国立美术馆（Berlin's National Gallery）的赞助者，也是现代艺术品的重要收藏者。因此他的住宅同时也是一个私人画廊。大面积受光良好的墙壁就成为这个住宅的基本需要，如此一来，像图根德哈特住宅（参见78~79 页）和巴塞罗那博览会德国馆那样激进的、开放和通透的空间自然不在设计师的考虑之列，尽管它们的设计时间相若。

与那些更为大胆的现代主义实践不同，朗格住宅包裹在笨重的、英式砌法垒砌的深红色砖作中；也许更形象的说法应该是，整个建筑是从一块巨大的砖作中刀劈斧削出来的。其厚重感如同纪念碑，但却不卓然孤立，高宽各异的立方体不对称排布，在别处深藏的钢架在这里四处显露，时而出现在悬臂挑檐上，时而是阳台的栏杆。花园一侧的砖墙上留有巨大的景观窗，而在面对道路、更具实用性的西北立面上，窗户连接成长条带窗。

住宅东北向的尽端为服务用房，在其地下室布置了车库和员工房，为局部的三层结构，除此之外，住宅的主体部分为两层。正门入口处，悬挑雨棚下是一扇普通的单开门；其后是一间小前厅，再进去就是整个建筑最大、也是最重要的房间——起居客厅。这里是主要的交通空间，一端联系楼梯间，其余方向则联系宽敞的餐厅和三个封闭式的小起居室（分别是音乐室、客厅和书房）。

在近来拍摄的起居客厅的照片上，展示了仅在远离周围墙壁的咖啡桌旁摆放四把扶手椅后的效果。很明显，这个巨大空间是为展示艺术作品而设计的，包括夏加尔[1]和基希纳[2]的画作、莱姆布鲁克[3]的雕塑和几个中世纪的圣母塑像。在几间小起居室内也曾经陈设艺术品，但在这些地方人们还可以透过几近全高的落地窗眺望花园露台的景致。

所在地块略向东南方倾斜，一道低矮的挡土墙环绕花园露台。露台和住宅的平面形成一个简单的长方形。看似完整的结构被曲尺形的住宅后墙分隔成左右两半。住宅端头由悬挑阳台覆盖的"假"房间进一步强调了这种室内外空间的交融。

与平面图类似，剖面图上也有多处凸出与凹进，使大多数二层卧室都得以通向屋顶露台。此层平面布置更强调功能，以走廊组织交通，6 个卧室带套内卫生间，使之看上去像旅馆。6 个卫生间中有 3 个从平面图上看是"暗"的，但其实开带形窗的走廊的屋顶降低了一些，为这 3 个卫生间外墙顶部让出一条窄窄的天窗带，供其采光通风。

朗格住宅和埃斯特斯住宅现状况良好，目前用作艺术展览，可谓恰如其分。

1　Marc Chagall，1887—1985：俄国超现实主义画家，1922 年定居法国，二战期间曾移居美国，代表作《我和村庄》《生日》《七个手指头的自画像》。
2　Ernst Ludwig Kirchner，1880—1938：德国表现主义画家，桥社的创立者之一，代表作《柏林街景》《市场与红塔》。
3　Wilhelm Lehmbruck，1881—1919：德国雕塑家。受自然主义与表现主义的影响，其雕塑作品以人体为主，代表作《站立的人》。

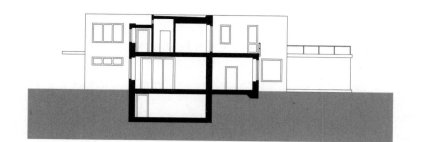

1

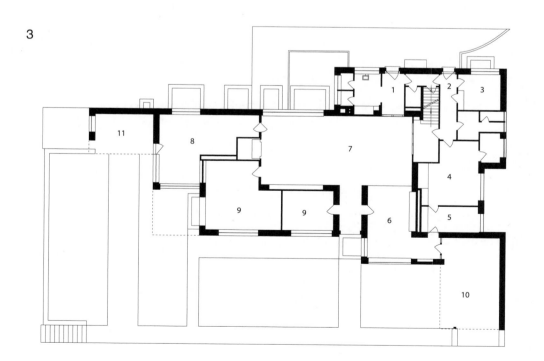

2

2　二层平面

1）员工卧室
2）卧室
3）卫生间
4）储藏室
5）洗衣房
6）露台

3

3　一层平面

1）正门入口
2）后勤入口
3）保姆房
4）厨房
5）备餐间
6）餐厅
7）起居室
8）书房
9）活动室
10）有顶露台

0 1 2 3 4 5 　　　10 m

维特根斯坦住宅（Wittgenstein House）

保罗·恩格尔曼（Paul Engelmann，1891—1965），路德维希·维特根斯坦（Ludwig Wittgenstein，1889—1951）

奥地利维也纳（Vienna，Austria）；1928 年

1925 年，玛格丽特·斯通伯勒（Margaret Stonborough），一个富有的继承人和艺术资助人，委托保罗·恩格尔曼为其在维也纳建造一所大规模住宅。作为阿道夫·路斯的学生，恩格尔曼决意设计一个路斯风格住宅，而在细节上作古典主义的处理。如果不是恩格尔曼阴差阳错地与玛格丽特的弟弟——哲学家路德维希·维特根斯坦谈及这个项目的话，或许它永远不会为建筑史所留意。

维特根斯坦是路斯的好友，并一直对建筑学怀有兴趣。当时身为小学教师的维特根斯坦已经完成《逻辑哲学论》（Tractatus Logico-Philosophicus）的写作，并因体罚学生刚被解雇。因此，他毫不迟疑，撸起袖子开始了与恩格尔曼的合作。但最终，两人的友谊不可避免地破裂。历史并未完全忽略这个由 20 世纪伟大哲学家设计的住宅，但的确是直到 20 世纪 60 年代面临拆除的危险时，建筑界才郑重其事地表示对其的关心。

当维特根斯坦夺权接手时，恩格尔曼的设计几近完成，最初完成的基本布局还是得以保留。一系列相互交叉的立方体，最高为三层，占据了这个维也纳的开阔地块；若没有此宅，这里会建设容积率很大的建筑。

维特根斯坦改变了原先的设计，以符合自己独特的建筑理论。这些设计变化并非都是改进和完善，也丢掉了恩格尔曼设计中的一些细部处理。例如，为了给他姐姐的私人房间留出空间，他在住宅后部引入了一个带玻璃坡顶的形体，类似碉堡，毫无美感；他还将恩格尔曼设计中低调、朴实的路斯风格的楼梯换成相当笨重、霸道、华丽的玻璃

楼梯间加升降机。尽管如此，他在某些细节上的变动还是精妙的。恩格尔曼设计的比例协调和对称布局的一层主要空间——大厅、音乐室、餐厅和图书室——被维特根斯坦精雕细琢至近乎痴迷的追求完美。人造石材铺就的地面上深灰色的接缝与门窗格栅严格对齐；为达到所需的严格对称，不惜加厚墙体；不允许用踢脚板、门窗套或蒙皮盖板，所有工序都必须完全精确。一楼以上，供孩子、工作人员和斯通伯勒先生使用的楼层却没有得到设计师的关注，设计显得松散随意得多。

此前，维特根斯坦曾在英国曼彻斯特接受过航空工程师训练，因而对所有机械和电器方面都特别留意。他设计了暖气片、通风口、照明开关、窗框和门把手，甚至还参与了设在玻璃楼梯间塔楼里，清晰可见的升降机的开发。房屋外部的开口位置都安装了置于地板槽内的金属百叶卷帘，由配重进行平衡并协助操控。近天花板的电灯精确地安装在房间的中心位置上，灯泡并不加罩。从整体效果上看，庄重严整，但也冰冷生硬，与舒适雍容的路斯风格的室内设计相去甚远。

此宅之古怪稀奇超出其杰作风范；然而，尽管其颇有缺失，又分属两人各自的思想，评论界还是不断研究论及，在一个伟大头脑的运行方式中循迹索影，甚至曾将其解读为活生生的、联系《逻辑哲学论》和《哲学研究》（Philosophical Investigations）[1] 的哲学桥梁。目前这里是保加利亚文化研究所（Bulgarian Cultural Institute）所在地。

---

[1] 《逻辑哲学论》和《哲学研究》分别是维特根斯坦早期和后期的哲学著作，反映了其前后期哲学思想的剧烈而重大的变化，故有此地所引的桥梁一说。其中《哲学研究》实为他去世后由学生整理出版的。

1
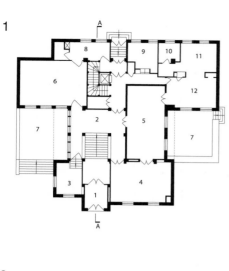

2
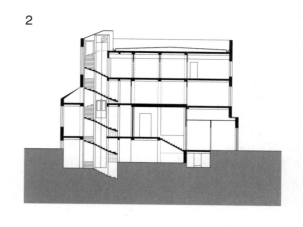

3

4

5

6

7

0 1 2 3 4 5   10 m

8
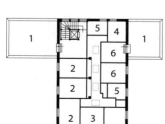

9

10

梅尔尼科夫住宅（Melnikov House）

康斯坦丁·梅尔尼科夫（Konstantin Melnikov，1890—1974）

俄罗斯莫斯科（Moscow，Russia）；1929 年

　　康斯坦丁·梅尔尼科夫为自己和家人设计建造的住宅位于莫斯科一条极为寻常的街道上，这条街道却因为这个稀奇古怪的建筑，变得有些特别了。它看上去不像是住宅，而更像是一座教堂或是天文台。建筑评论总认为这两个相交的圆柱体加上柱面上用作窗户的菱形空洞肯定有着神秘的含义，也有一些证据支持这个解读。作为 1925 年巴黎装饰艺术博览会苏联馆的设计师，梅尔尼科夫总有些奇思妙想——如他对睡眠和睡眠空间的认识。梅尔尼科夫住宅卧室的地面上，用光滑的硬质石膏砌筑了三个外形如同坟墓的"卧椁"——父母和孩子的卧床，对称布局，彼此间仅以短小的固定屏风稍加区隔。怎么看都像是科幻电影里的场景——这大概就是宇宙飞船上航天员休眠仓的样子。出于卫生考虑，住宅中没有其他内置家具，衣物全部储存在一楼的公共更衣间内。

　　但是，从另一个角度来看，梅尔尼科夫住宅又是完全合情合理的。梅尔尼科夫得到建设许可仅仅是因为莫斯科当局希望将其作为一个未来有可能推广的住宅原型。它的外形也是在对其主要建筑材料——承重砖的结构受力特点进行合理分析后才得出的。圆柱是非常稳定的形体，无需外加扶壁，而菱形窗也是垒砌砖墙墙体开口的一个自然选择，用两侧砖叠涩起拱，而不需要用过梁。于是乎，这里的实墙仅用方砖和水泥砂浆，就此变成"斜向栅格"。方砖完整不加砍切，灰泥勾缝和水泥抹面形成自然的墙面。柱壁开孔的圆柱体远远不是拍脑袋想出来装装门面的幌子，而实乃降低成本、方便施工的考量，应用广泛。楼板结构的新颖创新也不遑多让，如果以普通的梁架或托梁做

法来完成直径达 9 米的楼板，代价巨大。于是梅尔尼科夫设计出一种以薄木板为主材的蛋箱式框架结构，再以不同方向的企口板在地板与天花之间加强支撑。

　　住宅空间处理在剖面和平面上亦有创新。位于二楼的起居室高两层，由临街的巨大玻璃幕墙采光，照明良好；然而位于圆柱对面同层的低矮卧室则仅靠菱形窗口采光；相形之下，对比强烈。卧室之上的画室也是两层楼高，却采用了三排菱形窗。画室中有悬空的走廊，连接位于起居室上方的露台。站在走廊上可以俯望画室，而站在画室中又恰好可以反身俯望起居室，巧妙地平衡了连续和分隔的空间。

　　垂直交通问题似乎有些滞绊，没有彻底解决。一架螺旋楼梯连接起居室和画室所在的二层和三层，继续向下伸出一跑直梯，通往一层不在中心位置上的进厅；继续向上伸出一段比梯子大不了多少的楼梯引向顶层的走廊和露台。这一设计的逻辑，可以在梅尔尼科夫于住宅竣工时所设计的两个工人住宅中寻得端倪。梅尔尼科夫住宅将圆柱与螺旋楼梯相结合的权宜处理，在那两个工人住宅的设计中业已成为一种固定的组合，反复出现。

　　遗憾的是这两个工人住宅设计从未有机会实现，这一设计体系也未能大规模实施。梅尔尼科夫住宅建成 10 年后，因失宠未见于此时坚定的社会主义、现实主义建筑路线，作为现代主义建筑师，梅尔尼科夫被迫只能靠作画勉强糊口。20 世纪 50 年代时，他的境况得到部分改善。直至 1974 年去世，他一直居住在自己设计的这幢住宅内。

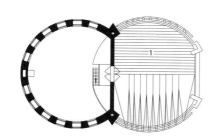

1

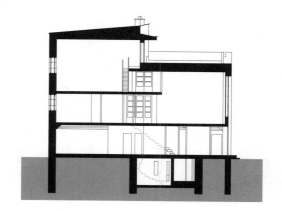

2

1 屋顶平面

1）露台

2 A-A 剖面

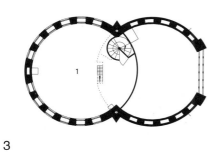

3

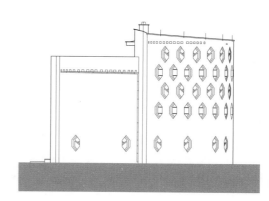

4

3 三层平面

1）画室

4 东立面

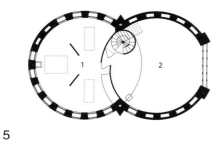

5

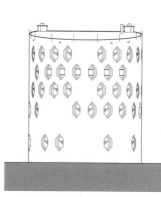

6

5 二层平面

1）卧室
2）起居室

6 北立面

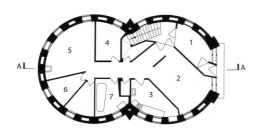

7

8

7 一层平面

1）门厅
2）餐厅
3）厨房
4）设备间
5）更衣间
6）休闲活动室
7）卫生间

8 南立面

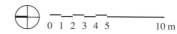

0 1 2 3 4 5   10 m

洛弗尔健康住宅（Lovell Health House）

里夏德·诺伊特拉（Richard Neutra，1892—1970）

美国加利福尼亚州洛杉矶（Los Angeles，California，USA）；1927—1929 年

　　健康家居是 20 世纪 20 年代现代主义的一个重要主题。新颖的白色建筑荟萃了新鲜空气和灿烂的阳光。这里是释放压力，解放身心的空间。菲利普·洛弗尔（Philip Lovell）是健康家居生活中的"大祭司"。这个来自纽约的内科医生在加州推广健身体操、素食主义和裸体日光浴，并因而大发其财。其妻利娅（Leah）开了一家进步主义教育实验幼儿园。洛弗尔在《洛杉矶时报》上开辟保健、美容专栏，偶尔也有些健康住宅秘诀之类的文章。到了他自己家要在好莱坞山建一座新的大宅子时，免不了要把自己的这些点子亮出来。此前，洛弗尔已经委托鲁道夫·申德勒（Rudolph Schindler）为他们在纽波特海滩（Newport Beach）建一处住宅（即洛弗尔海滩住宅，参见 50~51 页）。眼前这个项目转而委托了另一位奥地利移民，申德勒的朋友和曾经的合作者，里夏德·诺伊特拉。

　　最后建成的住宅可以媲美欧洲现代前卫先锋的顶尖之作。就以勒·柯布西耶的别墅来说，其简约外观，开敞的平面布局出自看上去杂乱无章的现浇混凝土和普通的方砖砌墙。这幢健康住宅则是由工厂精密制造的钢结构构件在施工现场组装起来的。整体为轻质框架，周圈密布立柱，同时简作标准钢窗中立窗棂；地板和屋顶以格构桁架支撑。20 年后，类似的结构组件在埃姆斯住宅（Eames House，参见 106~107 页）上再次运用。实际上，建筑所用墙体是将混凝土喷涂在金属网上而成——同一时期，勒·柯布西耶也在试验这种做法。

　　住宅外部形体与其施工技术一样先进且超前。对于 1928 年而言，最新颖的便是"负"几何构形。自西南方向

望去，简单的矩形平屋顶勾勒出这个插入山脚的三层方盒子建筑的外形轮廓。部分外墙从建筑外缘后退，自然使其上的楼板、屋檐缺少支撑。结构上却并不是通过悬挑楼板实现的，而是把它们悬吊在屋檐挑梁之下。建筑一层有一处深深的内凹，容纳了一个露台和半个游泳池，而此处的支撑结构则成为一个精美的柱廊。白色混凝土冲出盒子，一头扎入山脚，形成一道曲线挡土墙，将住宅与隔壁利娅的幼儿园连接起来。

　　正门入口设在顶层，同层还有卧室。户外睡眠是洛弗尔的健康秘诀中的一个重点，因此每个卧房均附有带纱窗的凉亭，而且每个凉亭都有长长的景观窗，以眺望南面的洛杉矶市区和北面格里菲思公园（Griffiths Park）的山野景致。一部宽大的楼梯将人们引至下层，进入一个细长狭窄的起居空间。就餐和藏书区域在主起居室的两侧，起居室里土里土气的壁炉成为这里的视线焦点，似是来自诺伊特拉的一位老师——弗兰克·劳埃德·赖特的影响，但与周围类似诊所，甚至是研究机构式的气氛看上去不协调。开敞的楼梯间占据一片南向的高大空间，面对全高的玻璃幕墙，已经成为 20 世纪上镜最多的现代主义室内设计之一。

　　住宅完工时，洛弗尔在其报纸专栏上大张旗鼓，颇以为傲，引得参观人流纷至沓来。尽管其"异想天开"和"奇形怪状"吓跑了不少人，但本地建筑师从中多有获益，加利福尼亚的现代主义事业又向前推进了一大步。

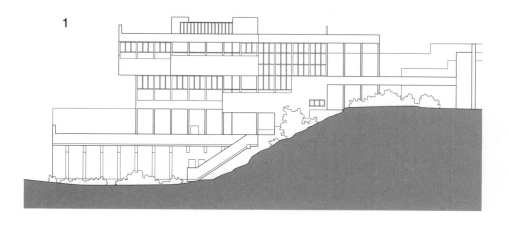

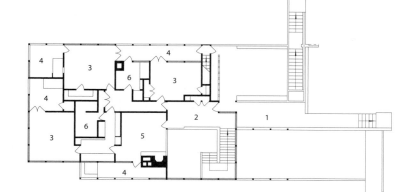

2 入口层平面

1）入口平台
2）入口
3）卧室
4）凉亭
5）书房
6）卫生间

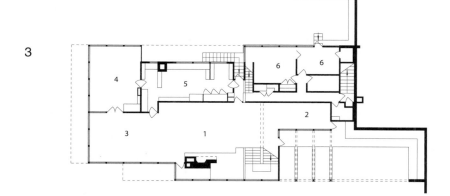

3 二层平面

1）起居室
2）图书室
3）餐厅
4）外廊
5）厨房
6）客房

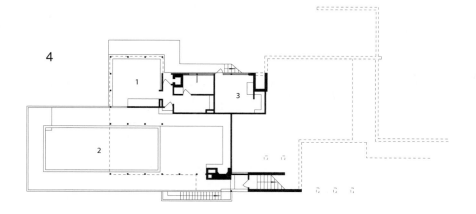

0 1 2 3 4 5　　　　10 m

E1027

艾琳·格雷（Eileen Gray，1878—1976）

法国罗克布吕讷 - 卡普马丹（Roquebrune-Cap Martin，France）；1924—1929 年

　　"E1027"是艾琳·格雷为她自己和建筑评论家让·巴多维奇（Jean Badovici）而建——也因而得名于此。"E"为艾琳的首字母，让的首字母"J"在字母表中的序数为"10"，而"2"和"7"分别来是"巴多维奇"和"格雷"的首字母在字母表中的序数。无疑，如此命名是想让它听起来像是汽车或飞机等工业制成品的产品编号，而事实上这个"产品"在设计师的不断监督之下，历时 3 年才得以完工。格雷谨慎谦和，在现代主义的推动过程中虽有些犹疑不定，但依然是最早参与的先驱者之一。她受到勒·柯布西耶的影响，但远没有到五体投地、不加思索的程度。住宅是居住的机器一说对她还属另类异端。她设计的原则是人的需要，而不是削足适履去服从某个抽象体系。

　　出生于爱尔兰-苏格兰家庭，格雷最初是在巴黎从事家具和纺织品设计工作。其设计的钢制座椅和几何图案的地毯已经反映出她的建筑设计倾向，她最终从事建筑设计也自然是顺理成章的事。她年轻时曾在法国南部游历，后来又回到那里去为本项目选址。从传统实用的角度看，一块壁立陡峭、乱石散布而仅靠唯一窄径出入的地块可以说是棘手得不能再棘手，尴尬得不能再尴尬了，但作为一个现代主义别墅的布景来说，这一切可谓绝配。

　　住宅规模相对较小，但布局开阔，从室内房间到室外露台，空间流动自由舒展。一个宽敞的多功能起居室占据长方形混凝土盒子空间。目光穿过全高玻璃窗，越过宽大的观景阳台，迎面而来的便是大海。盒子借底层架空柱的支撑抬离地面，但借地块的自然坡度，可以从陆地一侧经过门廊直接进入住宅。阳台仿佛舰船的甲板，周围设钢管栏杆，并在一端设混凝土扶梯，可下至底层露台。

　　在建筑物东端，平面布置变得复杂起来，厨房、卫生间和书房兼卧室与起居室同层，而客房与服务员工房则位于其下。有一螺旋楼梯连接一层和二层，并向上通往水平屋顶。格雷自言，此平面设计的目标是要让每个居者全然自由独立。"必须保证有独居的感受，如有期望，甚至可以做到完全的独居。"以此猜度住宅在多大程度上反映出她与巴多维茨的关系，未免有些陷于臆测，但似乎也解释了为何公共的空间，如楼梯、厨房都被最小化，而每一个卧室都配备了专门的露台。

　　房屋的设计显然是出自家具设计师之手。艾琳·格雷看起来还没有将建筑设计与家具设计真正区分开来，即在当时称之为"露营"风格。衣橱中分格可以存放各种不同衣物；床头与墙体成一个整体；独立的橱柜作为屏风，分隔室内空间。整体效果上看，组织效率甚佳，不失舒适周到。

　　伴随 E1027 的是个让人深感别扭的故事，而这也牵涉勒·柯布西耶。1938 年，格雷早已搬离 E1027，巴多维奇容许勒·柯布西耶以 8 幅巨大的壁画装饰住宅，这位"艺术家"解释说其中一幅表现了巴多维奇、格雷和他们未出世的孩子。格雷认为这是明目张胆的破坏行径。后来勒·柯布西耶为自己在高处兴建了一座小屋，可以俯瞰 E1027，后者的私密性无从谈起。他自谓对 E1027 和格雷其他的工作敬慕有加，但看来这种敬慕有些五味杂陈。1965 年，正是在临近这所住宅的海面游泳时，勒·柯布西耶心脏病发作离世；格雷则于 1976 年去世。目前，住宅原貌已经修复。

1　A–A 剖面　　　2　南立面

3　二层平面　　　4　B–B 剖面

1) 主入口
2) 起居室
3) 衣橱
4) 淋浴间
5) 凹室
6) 餐厅
7) 露台
8) 酒吧
9) 卧室
10) 卫生间
11) 后勤维护入口
12) 冬季厨房
13) 夏季厨房

5　一层平面

1) 客房
2) 服务员工房
3) 暖气设备间
4) 工作室
5) 有顶露台
6) 库房

6　西立面

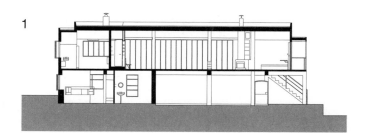

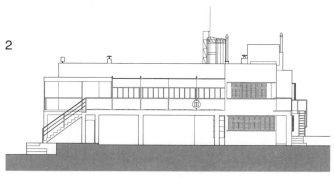

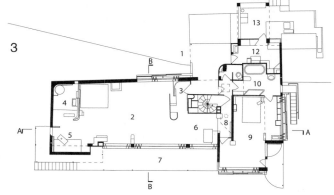

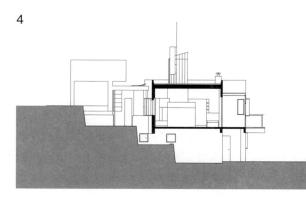

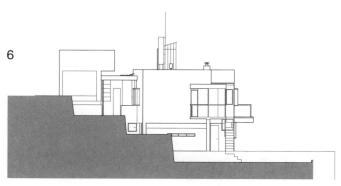

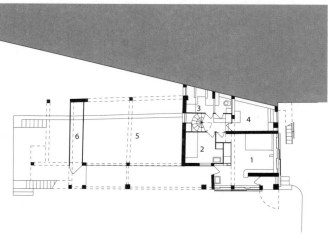

0 1 2 3 4 5　　　10 m

山顶住宅（High and Over）

埃米亚斯·康奈尔（Amyas Connell，1901—1980）

英国白金汉郡阿默舍姆（Amersham，Buckinghamshire，UK）；1930 年

1923 年，埃米亚斯·康奈尔借在轮船上做司炉的机会，一路艰辛工作，从故乡新西兰来到英国。三年之后，他的境遇已大为不同，令人刮目相看。他赢得罗马英国学院（British School）的奖学金，时任校长为伯纳德·阿什莫尔（Bernard Ashmole）。1929 年，年仅 35 岁的阿什莫尔受命为伦敦大学学院（University College London，UCL）古典考古学（Classical Archaeology）教授。于是他决定在距大学学院附近的阿默舍姆小镇为其与家人建造一座乡间住宅，并选择康奈尔作为建筑师。

就阿什莫尔和康奈尔的商谈情形而言，有理由相信建成的住宅为古典风格，至少设计会更尊循传统，以居住舒适为要。但实际不然。对于阿默舍姆当地人而言，特别是对当地规划部门来说，山顶住宅不啻平地惊雷：一个单调呆板、白色平顶、毫无装饰的 Y 形平面方盒子。它是英国最早的、真正意义上的现代主义住宅之一。

设计深受勒·柯布西耶影响。康奈尔和同样来自新西兰的伙伴巴兹尔·沃德（Basil Ward，他们后来联合开业）参观了 1925 年的巴黎装饰艺术博览会，并被新精神馆（参见 48~49 页）深深打动。尽管这个小小的展馆可能鼓励了他们弃旧（传统）而迎新（简约抽象风格），但从各方面来说都与眼前的山顶住宅相差甚远。阿默舍姆住宅与其说是为大规模推广而做的住宅原型设计，不如说更像意大利文艺复兴时期的别墅。庄重开阔的庭院园林将整体平面一直推至整个山巅。这种搭配很少见——正式的和非正式的、对称的和非对称的，好像是尽管已经铁了心要现代主义风格，但又无意解放形体，让形式从功能中自然流出。三条

侧翼从六边形的核心出发，向外放射构成基本平面构图，并以十分笨拙的方式进行改造，以满足日常家庭生活所需。在住宅的一层，起居室、餐厅、书房三分格局，看起来还蛮合理，但为了便于服务餐厅区域，只得将厨房扩展，加盖一个一层高的备餐室，再在一侧添上一条长走廊。

二层的主卧室和客房各居一翼，另外一翼留作服务员工间时却无处可置其卫生间，最后只得尴尬地放在正门入口上方，一个显眼的位置。顶层则罔顾其对称性，儿童房与一间夜间保育室占据了员工房上的一翼，六边形中央核心区域为一个大大的日间育儿室；另外两翼均为露台，上方悬挑优雅轻盈的混凝土制顶棚。

然而，内部空间的主题还是在六边形核心区域展开。除连通侧翼的三边，六边形的另三边中，两个设为正门入口和园林入口。第三个则向外大幅推出，可容纳一部楼梯；楼梯间设两层高的全玻璃幕墙，将光线引入住宅的中心区域。二层核心区楼面留有圆形开孔，形成一个两层的中庭空间，也恰好创造出欣赏灯光喷泉的绝佳视角。住宅为钢筋混凝土框架结构与彩砖填充墙。窗户大多数为柯布西耶式的水平带形窗，但也偶有垂直风格出现，如主卧室内就是最为传统的凸窗。

最终，这所住宅的现代主义特性并未得到完全充分的发挥，也许因为它骨子里还是一所古典住宅吧。

1 二层平面　　　2 三层平面　　　3 一层平面　　　4 总平面图

1）卧室　　　　　1）日间育儿室　　　1）起居室
2）更衣室　　　　2）夜间保育室　　　2）书房
3）卫生间　　　　3）儿童房　　　　　3）餐厅
　　　　　　　　　　　　　　　　　　　4）厨房
　　　　　　　　　　　　　　　　　　　5）备餐室

1

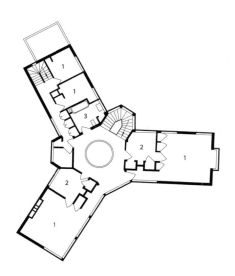

2

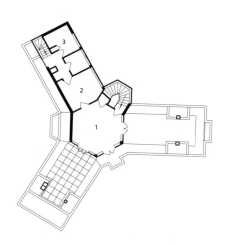

3

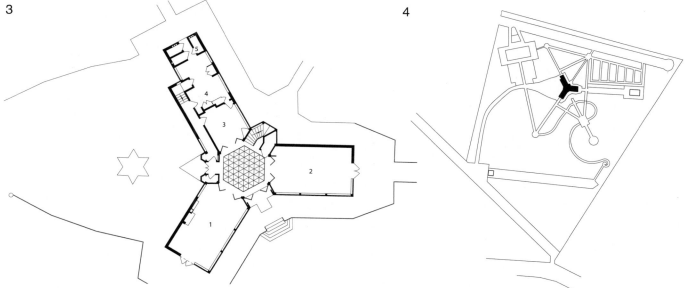

4

0 1 2 3 4 5　　　　10 m

米勒住宅（Müller House）

阿道夫·路斯（Adolf Loos，1870—1933）

捷克共和国布拉格（Prague，Czech Republic）；1930 年

按照肯尼思·弗兰姆普敦（Kenneth Frampton）的说法，米勒住宅代表着"路斯空间体量设计（Raumplan）的最高境界"。米勒住宅坐落在布拉格郊外的一个富人居住区——此区当年如此，数十年后的今日，风水回转再复如此。基地是一块倾斜坡地，处在周圈的单体住宅群中，显得狭小而局促。建筑外观异常的简洁低调——灰泥到顶的方盒子，间或有小窗——但内凹的入口门廊，两侧以洞石铺地，已在暗示住宅内部的华丽多彩，定有乾坤。进门后，一个短廊通往进厅，面积虽小，但比例对称，且完全合乎古典传统。在进厅顶端墙后，有一跑短短的楼梯，沿阶上行到一个略为正式的休息平台，这里就是整个设计的关键临界空间。

由此再向前，便是精致、高敞的长方形起居室，平面长宽比为 2∶1，恰好为两个正方形拼成。路斯于对称性之钟爱，在室内红砖壁炉的位置、对面与之呼应的一体式沙发、纵向外墙上的三列顽窗，以及成对的天花灯具上尽显无遗。

然而，对称性在此并非教条。进入的位置已然偏离对称中心轴线（但与左手边窗户平齐），而进入时穿过的这边"墙体"本身也是非对称构成。墙体"虚"（开口开洞）多于"实"（墙体），而蓝白条纹云母大理石的包裹也使其不止于一面墙的意义。同时，尽管其"虚""实"已经将墙面自然分为等长的三个区域，但每一段都各自不同。前文所谓临界空间的休息平台右方，踏步向上直接进入全开敞的餐厅。而通过云母大理石墙最右侧三分之一长度的开口，恰能从餐厅俯看起居室。

由于空间所需超出建筑主要的方盒体量，餐厅墙面外推，凸出建筑主体，而这部分屋顶恰好成为其上二楼卧室的外阳台。在前述临界转折空间左方，另一部楼梯通往女主人房。这间内饰柠檬木板的小书房中，又再行部分抬高，另成一个更小的起居阁楼。可以透过一个形似中世纪英国庄园透光窥洞样的花窗，俯临起居室。以上整个的起居空间可以视作一个水平迴转向上的螺旋体。女主人房边的书房亦为男主人房，衬以硬气的桃花心木板，在面砖装饰的壁炉两侧各配现代风格的书桌和真皮长沙发椅。相比之下，卧室安排则简单明了得多。通过位于建筑平面中心位置、顶棚采光的开敞楼梯间，向上可及卧室。路斯在此设计了所有预制的家具陈设，包括衣橱、梳妆台和床头柜。

住宅的主人是一个富有的建筑承包商及一妻一女，因而住宅内仆人多于主人。一个完全分立的服务用楼梯与旁边的提升机一起，自地下室的设备间向上，经起居层与卧室层，一直可达顶层原先设计的员工房。而实际上，其中的一个房间被装饰成日式和室，与宽大、平整屋顶上的游泳池连在一起，为主人所用。

2000 年，此宅经过精心修复，有些炫目，但显然来自路斯原作的亮黄色窗也一道恢复了。目前米勒住宅已经对公众开放。

1　三层平面
1）卧室
2）屋顶平台

2　二层平面
1）卧室
2）更衣室
3）浴室
4）厕所

3　西立面

4　一层上部平面
1）起居室
2）餐厅
3）备餐室
4）厨房
5）女主人房
6）书房
7）进厅方向

5　A-A 剖面

6　一层下部平面
1）入口
2）厕所
3）储藏室
4）锅炉房
5）厨房
6）员工房
7）车库

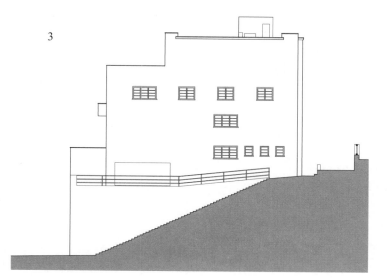

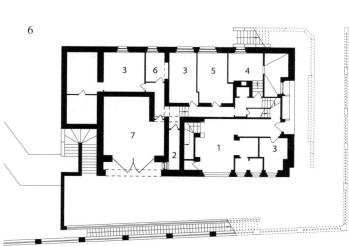

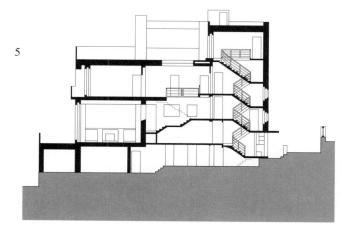

0 1 2 3 4 5　　10 m

阿姆鲁彭霍尔恩街住宅（Houses at Am Rupenhorn）

汉斯·卢克哈特（Hans Luckhardt，1890—1954）

德国柏林夏洛滕堡（Charlottenburg，Berlin，Germany）；1930 年

在早期的职业生涯中，瓦西里（Wassili Luckhardt）和汉斯·卢克哈特兄弟属于布鲁诺·陶特（Bruno Taut）领导的乌托邦式艺术团体——玻璃链[1]。他们共同的理想被诗人保罗·舍尔巴尔特（Paul Scheerbart）描述为：建起统合各门艺术的全新玻璃建筑，以改变现代欧洲城市的面貌，一如天主教堂之于中世纪的欧洲。瓦西里在 20 世纪 20 年代早期的住宅建筑和公共建筑设计中，多弯角、透明与表现主义的外形。但在 20 年代中期，看起来两兄弟经历的转变或许可以用逆宗教化来描述，开始寻求理性和建设性的方式，而非以形而上和神秘主义的方式看待未来。到 1925 年，他们在柏林的达勒姆区（Dahlem）完成了一个完全抽象的、盒子式的联排住宅，成为"新客观"（Neue Sachlichkeit）艺术运动的中坚。达勒姆联排住宅为传统的砖砌住宅，其后不久，卢克哈特兄弟便开始尝试轻钢框架结构。

两幢轻钢框架住宅位于柏林夏夏洛滕堡的阿姆鲁彭霍尔恩街上，与勒·柯布西耶较早的别墅相匹敌，清楚地传递出新现代主义的审美观。两幢住宅均为白色、平直的矩形盒子，一幢平行于道路，一幢与道路垂直相交；是同一主题的不同变奏，可以一并考察。它们让人联想起 1927 年勒·柯布西耶在魏森霍夫住宅展（Weissenhof Siedlung）设计建造的雪铁龙住宅（Maison Citrohan）的后续版本。但它们与地块——一片由路旁上升至林边的山间坡地，联系得更为紧密。

处理山坡地块的一种方式就是运用柯布西耶式的底层架空柱，这样就牺牲了从起居室直接步出室外地面的可能；

另一个替代方案是下挖，嵌入地面，将会使白色盒子的完整外观打折扣。最终，建筑师解决这个问题的办法是建一座室外平台，从山坡高处水平向前伸出，作为建筑物的人工地坪。住宅的所有服务功能区，如厨房、车库、司机房和储藏室全部置于该地坪以下，而位于地坪上的一层几乎全部空间作为一间巨大的起居室。卧室层位于起居室楼上，再向上的水平屋顶设计为屋顶花园。花园内凉棚高举，袭自勒·柯布西耶的飞檐浮动，犹如一个室外的房间。除了方位、朝向不同之外，这两幢住宅还另有差异。北面一幢更显精致，正门入口上方设竖向沟槽，一组小阳台由此伸出；房屋北侧由曲线挡土墙支撑围护，形成更低的第二平台。两幢住宅均为轻钢框架结构，柱网布局完全相同，沿盒子纵向将其分为两个不等的部分：一为起居区、一为服务与交通区。

这两幢住宅的施工基础在当时已经非常先进。施工过程中的照片反映出由于采用干式施工方法，现场相当整洁。建筑外墙采用内衬软木隔热层的预制混凝土板，外被钢丝网，上漆防水涂层。预制混凝土板还搭在钢梁之上，用作楼面板。门窗边框亦为钢制。

从空间角度看，两幢住宅均简单明了，逻辑清晰而理性；没有丝毫类似勒·柯布西耶设计中的雕塑性和富于动感的特征。然而这两个项目绝非仅仅是施工技术先进。以北面那幢住宅的主起居室空间为例，其空间设计极为精致：分立的两根立柱限定了书房隔间，近乎古典式的灯槽照明、独立采暖散热器和面向露台的超大尺寸通高玻璃移门，都是其极为鲜明的特征。

---

1 Glass Chain：1919 年 11 月至 1920 年 12 月期间，由布鲁诺·陶特发起的、以德国表现主义建筑师为主的艺术团体。

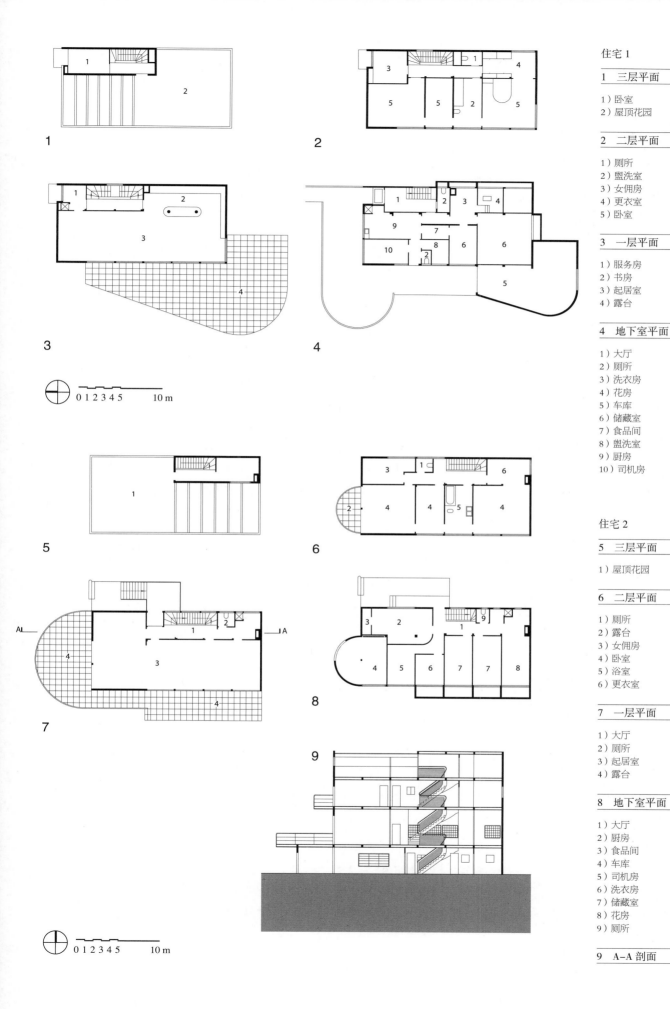

住宅 1

1 三层平面

1）卧室
2）屋顶花园

2 二层平面

1）厕所
2）盥洗室
3）女佣房
4）更衣室
5）卧室

3 一层平面

1）服务房
2）书房
3）起居室
4）露台

4 地下室平面

1）大厅
2）厕所
3）洗衣房
4）花房
5）车库
6）储藏室
7）食品间
8）盥洗室
9）厨房
10）司机房

住宅 2

5 三层平面

1）屋顶花园

6 二层平面

1）厕所
2）露台
3）女佣房
4）卧室
5）浴室
6）更衣室

7 一层平面

1）大厅
2）厕所
3）起居室
4）露台

8 地下室平面

1）大厅
2）厨房
3）食品间
4）车库
5）司机房
6）洗衣房
7）储藏室
8）花房
9）厕所

9 A–A 剖面

图根德哈特住宅（Tugendhat House）

路德维希·密斯·凡·德·罗（Ludwig Mies van der Rohe，1886—1969）

捷克共和国布尔诺（Brno，Czech Republic）；1928—1930 年

1931 年，建筑评论家罗格·金斯布格尔（Roger Ginsburger）这样评价图根德哈特住宅："人的生命远远不是盯着玛瑙石墙和名贵木板就够了的。"他属于几个不喜欢图根德哈特住宅的人之一，在他们看来这个建筑更像是家具展览会，而不是住宅。其庞大的单层起居区缺乏静谧和私人的空间，甚至连可以挂画的墙壁也没有。但是格蕾特·图根德哈特（Grete Tugendhat）与其丈夫弗里茨（Fritz）对此并不同意。作为一个知识分子，她是哲学家马丁·海德格尔（Martin Heidegger）的早期追随者之一，深爱这幢住宅的简洁低调，以及骨子里的严肃张力。"我一直以来就希望有一座现代主义住宅，"她这样说道，"希望有一个空间开敞宽大和形体简单明了的住宅。"

从平面和剖面看，住宅内部甚为复杂：建筑坐落在面南的陡坡之上，高三层，主入口位于最顶层。但住宅的核心是位于中间层的主起居室，其他部分皆为其从属。起居室内部平整，白色油毡地板与白色抹灰天花上下呼应，整齐划一，没有任何高低起伏变化。住宅南面和东面以笔直的玻璃幕墙划分室内外空间，或者说以穿过幕墙映入室内的视野为界更为合适——透过南面幕墙，对面山丘上施皮尔贝格城堡（Spielberg Castle）的花园景色形成长长的景观带；靠近东面幕墙，是一个狭长的冬季花园内的盆栽。于是，这间起居室不是以画为装饰，以装饰为特征，而是完全以自然为装饰，以自然来界定空间特征。起居室北面和西面的围护结构要复杂得多，各种立面缩进或是外挑，宽松随意地分隔为不同的使用空间：入口门厅、书房、工作室和一个放置三角钢琴的空间。

在起居室中间位置，两件非常之物更为明确地将空间进一步分隔：一个半圆形木质隔断围在餐桌旁，另一个实心大理石屏风将余下的空间一分为二。这就是让金斯布格尔不快的所谓玛瑙石墙和名贵木板。这两件陈设上的重彩图案表面，或许是透过窗口能看到的活的自然的石化具象。在几乎是同时期设计的巴塞罗那博览会德国馆中，也有类似物件；也包括正方形网格布局的镀铬十字形立柱。结构上采用钢框架，但大部分框架都包裹在粉灰泥墙之中。

南面玻璃幕墙中有宽 5 米的两段可在电机驱动下完全下降沉入地面，其形成的开口恰好与室内的木隔断和石屏风相平齐。如此一来，平面效果上的"灵活"空间，到了其空间现场则被立柱、屏风、家具陈设和窗框窗棂细致地分成不同的区域，各个区域分别形成对称的组团。南面墙上最西端的门开向户外平整的休憩露台，露台下接一跑宽敞的楼梯，通往花园。

住宅初建之时，这个楼梯之下正好有一棵高大的柳树，几乎正对着餐厅。虽然目前这棵柳树已经不在了，但在密斯设计的平面图上还是可以看到它，无疑它是建筑师设计的一部分，是整个空间布局生动而自然的关键点。目前，图根德哈特住宅作为历史建筑和博物馆受到保护。

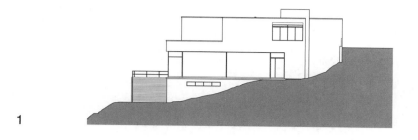

1   东立面

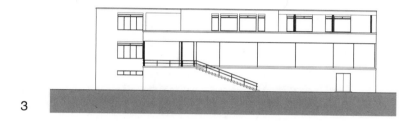

2   北立面

3   南立面

4   三层平面

1）车库
2）储藏室
3）浴室
4）司机房
5）厕所
6）入口
7）卧室

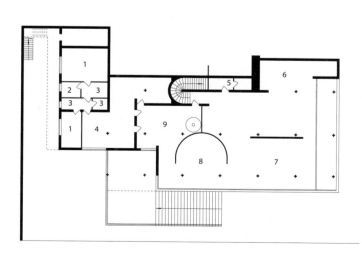

5   二层平面

1）员工房
2）浴室
3）储藏室
4）厨房
5）厕所
6）书房
7）起居区
8）就餐区
9）服务配餐

0 1 2 3 4 5   10 m

萨伏伊别墅（Villa Savoye）

勒·柯布西耶（Le Corbusier，1887—1965）

法国普瓦西（Poissy，France）；1931 年

　　最好的总在最后——对于纯粹主义者来说，最好的别墅指的就是萨伏伊别墅。在此前十余个设计项目中，勒·柯布西耶尝试并改进了诸多创造革新。它们都在萨伏伊一一亮相，登台展示，包括他所谓的"新建筑五点"——底层架空柱、屋顶花园、自由平面、自由立面、横向长窗，以及人行坡道和车行回廊。这些在大师随处可见的凭心所至、驾轻就熟、尽情发挥之下，浑然一体。而此后，他将开拓新的视野，完成新的使命。

　　这一项目的客户富有而思想开放，所选地块开阔没有什么天然局限，这对一件杰作的创作来说都是上上之选。对于勒·柯布西耶来说，这是第一次设计四面开阔、大型独立式别墅的机会。基本的形体与空间布局十分简单：一个平面几乎为正方形的、低平的方盒子，四周都是横向长窗，由底层架空柱抬离地面。盒子的尺度决定于两个预定因素：人行坡道的最大坡度和最小车行回转半径。如同纯粹主义的绘画中的静物，人行坡道和车行回廊必须包含在盒子所做的这个"画框"内。这个限制使设计产生了新的问题，建筑规模将因此超出预算所允许的范围（这对勒·柯布西耶来说倒是家常便饭）。削减在所难免。原设计中三层的主卧套房只保留了遮蔽屋顶日光露台的曲线隔墙，它使整个建筑犹如水中轮船。

　　在最终得以建成的住宅中，最为引人注意的就是室内全部围合、可供客户实际使用的空间极少。除去一层的车库和员工房，所有居住空间加起来不过一个会客厅、三间卧室、一间女主人房、两个卫生间和一个厨房。这些全部位于同一楼面，即房屋主层上。该层楼面上剩余的大部分为露台——设计成一间无顶的房间，以及女主人房的延伸

部分。女主人房有顶，面向露台全开放。

　　正是将空间组织揉合在一起的娴熟技巧使得这个设计如此引人入胜。坡道占据重要位置，是整个住宅的关键线索。住宅入口进厅处为简洁的预制（金属格栅）玻璃门，人行坡道便由此开始。经两折坡道上行来到住宅主层；步出露台，再上行两折坡道到达日光露台。作为坡道辅助的螺旋楼梯，尽管形体美观，但仅为员工使用，或是作为备用快速通道。欣赏住宅空间的"正途"应该是经由这缓慢、连续上升、带有仪式性过程的人行坡道。许多令人心怡的细节使这一过程增色不少。入口门厅的对角线图案地砖，分隔并联结会客厅和露台的全玻璃隔墙，萨伏伊夫人浴室内瓷砖贴面的休闲躺椅，以及形如轮船烟囱的楼梯间围合。顶层日光露台的隔墙，也是坡道行程尽端山墙上不镶玻璃的巨大窗口，如同画框，遥迎塞纳河谷景色。

　　尽管多番努力削减开支，承包商最终开出的造价依然两倍于最初估算。同时，住宅出现的难以尽数的瑕疵，也使业主在完工后投诉经年。目前，其修缮之后的情形较20世纪30年代时大为改观，并已成为全世界建筑师的朝圣之地。

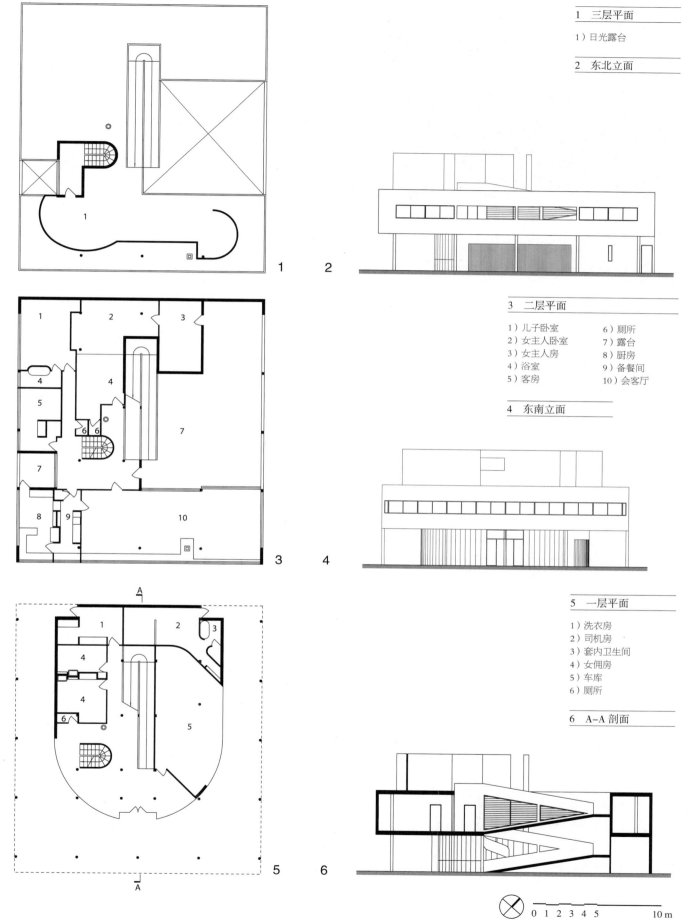

81

1 三层平面
1）日光露台

2 东北立面

3 二层平面

1）儿子卧室　　6）厕所
2）女主人卧室　7）露台
3）女主人房　　8）厨房
4）浴室　　　　9）备餐间
5）客房　　　　10）会客厅

4 东南立面

5 一层平面

1）洗衣房
2）司机房
3）套内卫生间
4）女佣房
5）车库
6）厕所

6 A-A 剖面

0 1 2 3 4 5　　　　10 m

铝制住宅（Aluminaire House）

阿尔弗雷德·劳伦斯·科彻（Alfred Lawrence Kocher, 1885—1969），阿尔伯特·弗雷（Albert Frey, 1903—1998）

美国纽约塞奥西特（普莱恩维尤）（Syosset, Plainview, New York, USA）；1930—1931 年

设计一个低造价、标准化、不打折扣的现代主义住宅以适用于大规模建设是 20 世纪中叶美国许多雄心勃勃的建筑师的梦想。但大多数项目都止步于原型设计阶段，仅有为数不多的一些，如康拉德·瓦克斯曼（Konrad Wachsmann）的预制包装住宅（Packaged House）和巴克敏斯特·富勒（Buckminster Fuller）的威奇托住宅（Wichita House，参见 104~105 页），凭其设计的原创性和设计者的知名度得以进入建筑史。作为此类最早的范例之一，铝制住宅目前的声名有被低估之嫌。

铝制住宅首次以全尺寸模型亮相于 1931 年 4 月在大中央宫殿（Grand Central Palace）举办的纽约建筑联盟 50 周年纪念展（50th Anniversary Exhibition of the New York Architectural League）中。近代评论认为，在这一次着实沉闷的展览中，它是唯一的亮点。

此次展览过后，建筑师华莱士·哈里森（Wallace Harrison）买下这个住宅自用。经展览现场拆解后，建筑在他长岛的基地上重新立起。第二年，也就是 1932 年，亨利·罗素·希契科克（Henry Russell Hitchcock）和菲利普·约翰逊（Philip Johnson）在划时代的、纽约现代艺术博物馆（Museum of Modern Art，MoMA）国际风格展中以照片和图纸方式对铝制住宅进行了展示。这是此次展览中仅有的两座美国住宅之一，另一个是里夏德·诺伊特拉的洛弗尔健康住宅（参见 68~69 页）。

但它真的是美国制造吗？设计师之一的阿尔伯特·弗雷为瑞士移民，1928—1939 年间在巴黎勒·柯布西耶手下工作，并为萨伏伊别墅（参见 80~81 页）绘制了全套施工图。了解到这一点，就可以轻易看出铝制住宅的某些灵感来源。

六根立柱作为唯一的垂直支撑，强烈类同多米诺住宅的概念；一层前端开放，六根立柱中的两根呈现出底层部分架空；部分带顶棚的屋顶花园；无承重墙体以及除跃层起居室一面为全玻璃幕墙外，其他均为横向水平窗。所有这些特征都引自勒·柯布西耶纯粹主义建筑的戏码。

弗雷的合作者，劳伦斯·科彻来自加利福尼亚，受过建筑学教育，但同时也是教师兼记者。他当时是《建筑实录》（Architectural Record）杂志的常务主编，杂志中很自然地重点推介了铝制住宅。在一篇关于城郊地区住宅总平面设计的文章中，他用一系列轴测图展示了铝制住宅在各种不同布局安排下的组团效果。这些图不经意之间就会被错认为是勒·柯布西耶 1929 年在佩萨克（Pessac）完成的居住小区开发。

然而，在非常重要的一点上，铝制住宅并非柯布西耶风格。正如其名，建筑材料主要为金属，而非混凝土。结构框架为铝和轻型钢，而外墙为木质框架上铺保温板，再覆波纹铝板。当时，铝材还是是一种比较新颖的材料，而以金属材料建造房屋——就像汽车一样——的想法使其外观颇具超现代的未来感。这对吸引公众关注，或许还有吸引批量生产所需要的投资，都是十分必要的。设计师断定，如果将其成千上万地复制生产，将十分经济。当然，这一想法从没有实现过，铝制住宅一直就只是一个单件作品原型。时至今日，它经过精心修缮复原，依然在纽约理工学院（New York Institute of Technology）的中艾斯利普（Central Islip）校区屹立着。

1 三层平面	2 二层平面	3 一层平面	4 西立面	5 东立面
1）起居室	1）起居室	1）车库	6 南立面	7 A-A 剖面
2）书房	2）餐厅	2）门厅		
3）草坪	3）卧室	3）储藏室		
4）露台	4）厨房	4）锅炉房		
	5）健身房	5）门廊		
	6）卫生间			

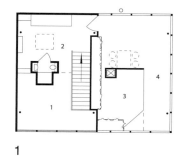

1

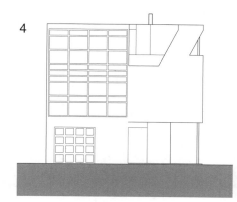

4

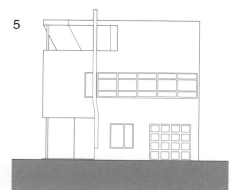

5

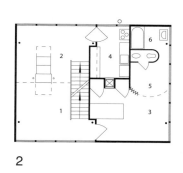

2

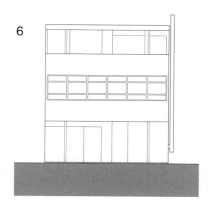

6

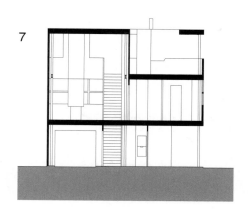

7

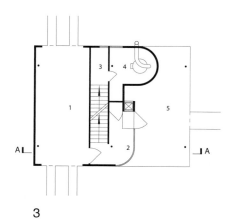

3

0 1 2 3 4 5　　　　10 m

施明克住宅（Schminke House）

汉斯·夏隆（Hans Scharoun，1893—1972）

德国勒包（Löbau，Germany）；1932—1933 年

　　汉斯·夏隆认为，建筑的形体和空间应当源自客户设计的要求和所处地块环境的特点。从一定意义上来说，这是 20 世纪 20—30 年代德国现代主义者所持的观点。而此刻，现代主义运动正开始分流，一路以路德维希·密斯·凡·德·罗为代表，致力于抽象性和通用性——形体与功能之间的松散搭配，以及建筑物对所占地块的主导支配地位；另一路以夏隆与其导师雨果·哈林（Hugo Häring）为代表，视建筑物为有机体，通过自身的演化来满足功能需求，适应并融入外在物理环境。在职业生涯的第一阶段临近尾声之际，夏隆设计的施明克住宅代表了"有机的"现代主义发展的重要阶段。

　　住宅地块位于勒包城郊，客户的一个面条加工厂隔壁。北面是加工厂反方向，开阔没有遮蔽。地势斜向地块东侧边界的一条略偏离正南北向的公路。地块的状况是设计的先决条件。北向没有遮蔽的景观形成一个两难困境。住宅立面究竟是应该向阳（亦即面向加工厂），还是应该朝向景观呢？夏隆最终决定主起居应当既拥有日照，也拥有景观。这就意味着要设计一个颀长而狭窄的形体，南北两面均开窗，因而住宅与东侧边界成角度放置，这也使得夏隆得以采用他最为钟爱的设计手法之一：在平面上引入非直角——本例中是 26°。

　　正是这个斜角，使整个建筑富于动感。住宅的东西两端均呈斜角，而更为重要的是，自两层高的入口进厅径直向上的主楼梯间也是呈此角度。楼梯间如此形态，好似热情相迎，指向通往起居室的一个宽敞的方形门洞。起居室的南向窗户彼此相连，形成一个相对狭窄的横向水平窗带，让室内阳光充裕而不恣肆。在住宅的北面，因为没有过强

的日照辐射带给人的不适，采用了全高玻璃幕墙。向外望去，由室外露台一直向前，景色延伸出很远。在建筑物东端，起居室平面向左转出斜角，成为一间玻璃日光室，而在南面留一小型温室或称冬季花园。日光室四周遍围悬挑于坡地之上的露台。在上面二层，主卧周围也围以同样宽敞的露台，由一根钢柱支撑的巨型悬挑屋顶遮蔽其上。与主楼梯呈同样角度的三跑踏步将两个露台和坡地上的花园彼此连接。

　　夏隆的童年时光是在繁忙的不来梅港（Bremerhaven）度过的。这或许可以解释为什么施明克住宅看上去如此像一艘轮船。以露台为甲板，室外楼梯及其扶手为舷梯，圆形抹角看上去好像是钢板直接成型或经切削而来。在进厅侧墙上甚至可以发现一个圆形舷窗。二战以后在夏隆的后期工作中，航海主题的印记变得不那么突出了，但有机的设计方法变得更为强势大胆。到了 20 世纪 60 年代早期，两路现代主义流派已经变为截然不同的风格。最能体现这两者鲜明对比的就是柏林并肩而立的两幢建筑：密斯的国立美术馆（National Gallery）和夏隆的爱乐音乐厅（Philharmonie）。

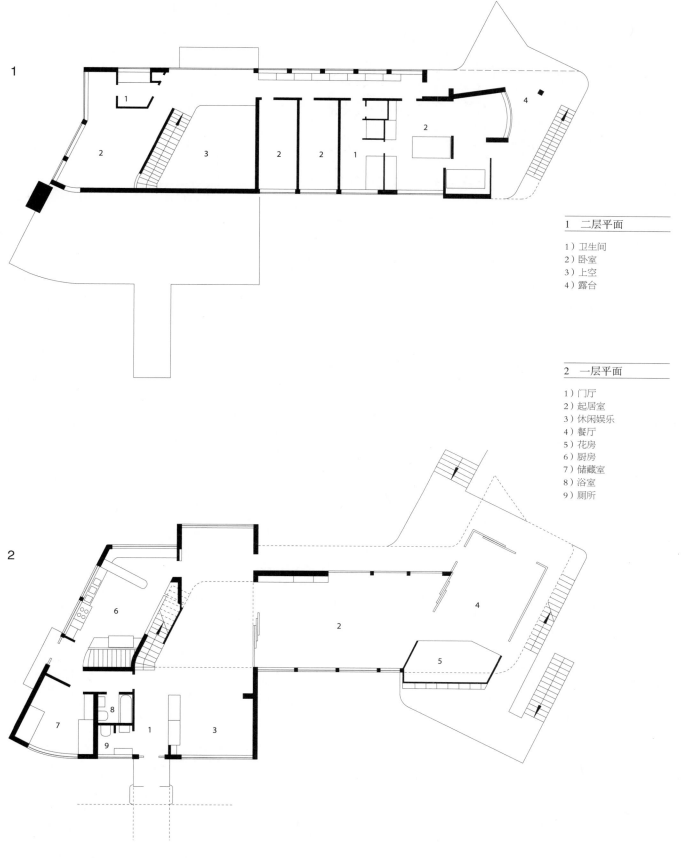

1 二层平面

1）卫生间
2）卧室
3）上空
4）露台

2 一层平面

1）门厅
2）起居室
3）休闲娱乐
4）餐厅
5）花房
6）厨房
7）储藏室
8）浴室
9）厕所

0 1 2 3 4 5   10 m

向日葵住宅（Villa Girasole）

埃托雷·法焦利（Ettore Fagiuoli，1884—1961）

意大利马尔切利塞（Marcellise，Italy）；1935 年

"Girasole" 在意大利语中的意思是 "向日葵"，向日葵住宅正如向日葵一般，直对太阳，并始终追随它在天空中的轨迹。这幢别墅的主人和创造者是安杰洛·因韦尔尼奇（Angelo Invernizzi），一个土木及舰船工程师。他发迹于热那亚港（Genoa），决心为自己在维罗纳（Verona）以北的出生地建一座乡间住宅。

直至今日，马尔切利塞谷依然是一个安宁静谧之地。四处是葡萄园、橄榄树丛和橡木林，间以柏木林带。建一座向日葵住宅的浪漫念头与周边环境完美吻合。然而，要使梦想成真，因韦尔尼奇与同伴们必须借助另一个领域的技术——重型工程和交通机械，几十年前未来主义者曾为之欢呼雀跃的世界。现实中的向日葵住宅比起花朵来，更像是桥式起重机或平转式开启桥。

住宅分为两个部分。较低部分位于山脚处，呈三层鼓形。就自身而言，是个相当大的的房子，有几个房间都未明确使用功能，还有一个大型观景台眺望山谷。建筑为钢筋混凝土结构，灰泥粉刷立面，略带古典的 "20 世纪运动"[1] 的风格。然而其主要作用，还是作为底座支撑上面的住宅，如果打个比方，这就像一块蛋糕放在蛋糕架上。四分仪状的平台上承载了两层的 L 形住宅，然后整体安装在运行于圆形轨道上的 15 个轮式转向架上。位于外周轨道上的两个转向架安装了电动机，其驱动力足以推动整个住宅在 9 个小时内运行一周。转动机构中最令人叫绝的部分是住宅围绕其转动的立轴，或称转动支点。它并非固定在 "蛋糕架" 上，而是随 "蛋糕" 一起转动。转轴在圆柱形外观之下，内部实为一部露明井的螺旋楼梯以及一部提升机（电梯）。位于其下甚远的一个地下室房间内，潜伏着一个巨大的滚珠轴承作为中心旋转用。

令人颇感意外的是住宅和立轴均为先进的钢筋混凝土空腹框架结构，而不是钢结构。在建筑物顶部，中空的立轴部分高高地伸出住宅屋顶，其上冠以一个看上去和灯塔所用透镜一模一样的灯具。

从建筑风格上讲，转动部分的住宅与其静态基座相差甚远。其外包铝板，看不见一点古典主义装饰细部。阳台自角落处悬挑出去；凉棚化身球门立柱，将屋顶露台上的空间分隔入框；而窗户外均护有电控百叶帘。

住宅内部的平面布局简单明了，几乎就是普通到泯然大众。房间大多朝向内，面对移动的露台，而交通空间和服务房间均位于 L 形的外侧。从空间上看，与螺旋楼梯上兴奋攀登，追寻顶部投下的光亮相比，室内家居部分实在是循规蹈矩，波澜不兴。

时至今日，向日葵住宅的想法或许已经不再领风气之先，与其说它是混凝土的诗篇，不如说是一个工程师的玩具。尽管如此，其繁复细致的设计依然是一件可怕的工作。建筑师埃托雷·法焦利确保这个建筑不仅绝无仅有、巧夺天工，而且十分优雅美观。住宅目前失修，并停转经日；而当地大学已对其产生兴趣，有计划将其恢复原貌。

---

1 Novecento 是 1922 年由安塞尔莫·布奇（Anselmo Bucci，1887—1955）、莱奥纳尔多·杜德雷维尔（Leonardo Dudreville，1885—1975）、阿基莱·富尼（Achille Funi，1890—1972）、吉安·E. 马莱尔巴（Gian Emilio Malerba，1880—1926）、皮耶罗·马鲁西格（Piero Marussig，1879—1937）、乌巴尔多·奥皮（Ubaldo Oppi，1889—1942）、马里奥·西罗尼（Mario Sironi，1885—1961）等七位艺术家发起的艺术运动，从古典文化，尤其是文艺复兴与新古典主义中汲取灵感，以具象的语言重返古典秩序，重塑意大利在欧洲的首要地位。原著为 "Novocento"，疑为拼写错误。

1　下层平面

1）门厅
2）卫生间
3）起居室
4）书房
5）储藏室
6）厨房
7）会议室

2　上层平面　　3　东—西剖面

1）卧室
2）卫生间
3）阳台
4）休息平台

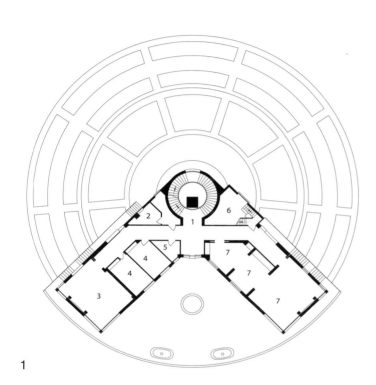

1

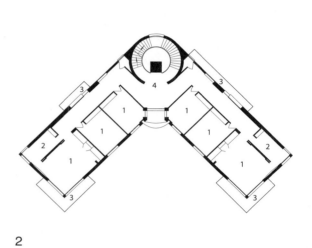

2

3

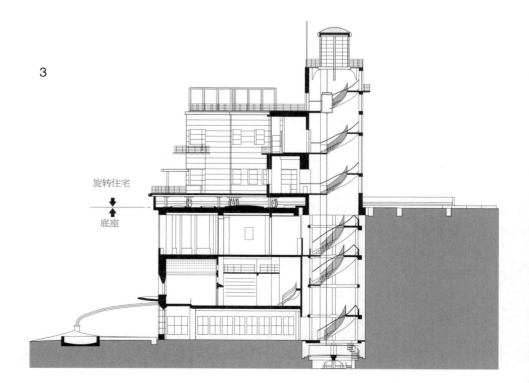

旋转住宅
底座

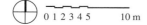

0 1 2 3 4 5　　10 m

太阳之家（Sun House）

埃德温·马克斯韦尔·弗赖伊（Edwin Maxwell Fry，1899—1987）

英国伦敦汉普斯特德（Hampstead，London，UK；1935年）

　　太阳之家是伦敦最早的、真正意义上的现代主义住宅之一。马克斯韦尔·弗赖伊是由其好友韦尔斯·科茨（Wells Coates）介绍而开始接触这一新建筑风格的。他在1932年为著名的现代建筑研究（Modern Architecture Research，MARS）的成立提供了协助。在太阳之家施工期间，他以地主之谊接纳的合作者正是瓦尔特·格罗皮乌斯。时值格氏移民美国前，短期客居于伦敦。

　　勒·柯布西耶的纯粹主义别墅对弗赖伊的影响显而易见，但弗赖伊的建筑设计也绝非业余玩票。科班出身的他1924年毕业自利物浦大学（Livepool University），随后为多个建筑事务所工作过，其中包括南部铁路公司的建筑部门；他也运用各种新型施工技术，完成了几个低预算公共住宅的方案设计。这些专业实践经验都运用在太阳之家项目上，在平面和剖面上许多灵巧的细部设计谋划上得以发挥。

　　该地块为由北向南的陡坡，远眺伦敦城，景致优美。弗赖伊设计的第一步就是将起居空间抬高到住宅主层，配以占据整个建筑正面宽度的水平方向全景窗和长阳台。[1]车库、花房和一个小入口进厅置于斜坡下，而一道粉刷成暗淡灰色的挡土墙退后，位于支撑阳台的纤细钢制立柱后方；其效果使钢柱如同底层架空柱。二楼卧室南向同样为横向水平长窗，而平屋顶一如柯布西耶的金科玉律，处理为屋顶花园。

　　住宅的细部处理使其品质尽显无遗。举例来说，由入口进厅通向住宅主层的楼梯，其最高的6级踏步转向左，

恰好将来访者直接引至起居室门口；而前往厨房和女佣间所在的员工区则需在反方向上再上2级台阶。与此同时，厨房又与餐厅，进而又通过楼梯与起居室相连——位置恰好在来访者的身后。因此，餐厅比起居室高出2级台阶，在这个开放布局的空间里创造出一个完美的自然过渡。起居室阳台并非单纯为了观景而在建筑之外搭设，而是一个功能空间。其东端延伸扩大为一个方形室外房间。上方由单根立柱支撑起薄薄的混凝土雨棚，必要时遮雨，亦可为厨房蔽日。起居室后方角落处设一宽敞的大凸窗，可从容就座，在北面平缓变化的光线下，宜阅读，宜女红。其上二层，主卧室周围辅以由三个配间构成的小复合空间，一个放置衣橱的小厅，一侧通往卫生间，另一侧通往带顶棚的阳台，俯瞰其下的起居室阳台。屋顶花园决非敷衍应景，摆摆样子了事。这是一个堪称舒适的庭院，不受风雨侵袭，还能通过一台升降机从两层楼之下的厨房获取餐食。

　　在风格形式上，这或许还是一件早期作品，尽管如此，它依然是一个大师级能工巧匠的成熟设计。第二次世界大战后，马克斯韦尔携同为建筑师的夫人简·德鲁（Jane Drew），在西非设计了许多教育设施，在热带气候地区的建筑设计上，别有专攻。1951年，他们被任命为旁遮普邦新首府昌迪加尔（Chandigarh）的高级建筑师；勒·柯布西耶主持昌迪加尔的城市规划正是出自他们的推荐。

1　原著为"…providing it with a panoramic winsow and a balcony（of）the whole whidth of the house." 疑为漏印"of"。

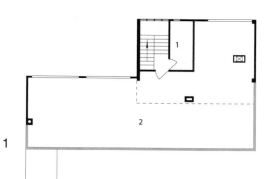

1　屋顶平面

1）水箱
2）屋顶露台

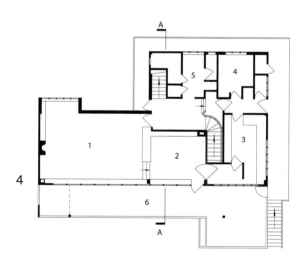

2　二层平面

1）卧室
2）更衣室
3）卫生间
4）缝纫室
5）暗房
6）阳台

3　总平面

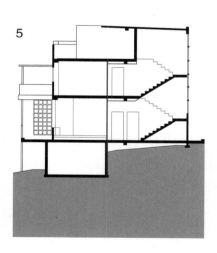

4　一层平面

1）起居室
2）餐厅
3）厨房
4）女佣房
5）衣帽间
6）露台

5　A–A 剖面

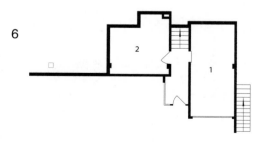

6　底层下部平面

1）车库
2）锅炉房

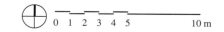

0 1 2 3 4 5　　　10 m

雅各布斯住宅（Jacobs House）

弗兰克·劳埃德·赖特（Frank Lloyd Wright，1867—1959）

美国威斯康辛州麦迪逊（Madison，Wisconsin，USA）；1936 年

　　自 20 世纪 30 年代晚期开始，弗兰克·劳埃德·赖特在职业生涯的最后阶段共设计建设了 26 座独立式、造价相对低廉的住宅，自称为"美国风住宅"（Usonian House）。这一命名的缘起已经模糊不可考，但对赖特来说，"美国风"犹如某个乌托邦，是其理想中的美国，家家户户都居住在独立式城郊住宅中，家家户户都拥有自己的汽车。这听起来和真实的美国相去不远，但"美国风"是由赖特设计的一个美国。雅各布斯住宅是"美国风"中最为出类拔萃的，也最为清晰地阐述出赖特对小型住宅建设问题的解决之道。

　　典型的美国城郊住宅是一个两层高的立方体盒子，通常是传统的殖民地式或是"鳕鱼角风格"[1]，位于地块中央位置，使花园一分为二，也令两侧的空间无可利用。而雅各布斯住宅却与之不同：L 形，单层，房屋只占据地块一个角落，还是背向街道的，使得所保留的花园成为一个整体。内部设计也同样是前所未有的首创。此前 10 年，在大萧条时期之前，像雅各布斯这样的专业人员（他当时是记者）可能还雇有女佣，因而厨房一般会隐蔽置于视野之外的地方。但是到了 1938 年，厨房已经变为住宅中最重要的人员——女主人，这里即雅各布斯夫人的领地。这样一来，厨房占据了布局的制高点，位于平面的重心位置，在起居室和卧室中间。作为早先带有某种仪式性意味的场所，餐厅曾是家庭生活和娱乐的焦点所在，而在这里它已经不再独立，相应功能纳入宽松闲适的起居室空间内。赖特总是本能地将空间整合而不是分隔，使其可以在整个住宅内自由流动，仅靠结实的砖砌壁炉将整体浮动的空间加以"锚固"。

　　住宅的三维形体同样具有革命性：它不是在标准住宅的基础上，改造式地缝缝补补，而是就整个建筑体系的革命。尺度控制模数为水平方向 0.6 米 ×1.2 米（2 英尺 ×4 英尺）间隔，垂直方向 0.33 米（13 英寸）间隔形成的空间网格（这里明显师承日本建筑传统）。整个住宅内有三种隔墙——砖墙、全高木框架玻璃门，以及由软硬木条间隔钉在复合板两面形成的一种特殊的"三明治"结构隔墙。水平屋顶分上下两个高度，两个屋顶之间为垂直的连续采光天窗。地面为承压清水混凝土板，取消通常设置的地下室。循环热水采暖，管道预埋入地面楼板——这是另一项革新。它不是一个工业意义上的建筑体系，赖特从未设想过以工厂制造方式大规模生产美国风住宅。但是，将模数网格与一系列标准建造的细部相结合，节省了设计所耗费的时间，同时实现了赖特所谓的"预制加工"和"现场加工"之间的经济平衡。

　　美国风住宅只是相对小型和比较实惠，其客户并非工厂工人，而是了解拥有一套弗兰克·劳埃德·赖特设计的住宅所包含社会价值和经济价值的中产阶级。尽管如此，赖特是 20 世纪为数不多的、对大众品味产生过直接影响的建筑大师之一。他的设计经常刊于家居和妇女杂志。二战之后，美国风的许多特征，诸如开放式布局、内建壁橱、花园平台和停车位已成为美国城郊文化的特有标志。

1　Cape Cod 也称科德角风格。源于 17 世纪的新英格兰，多是一层或一层半的框架结构，对称设计，入口在中心位置，多扇窗户分布两侧；屋顶陡峭且呈三角形，有大烟囱，很少装饰。设计的重点是承受风雨，抵御严寒天气。科德角是英国清教徒在马萨诸塞的登陆点。

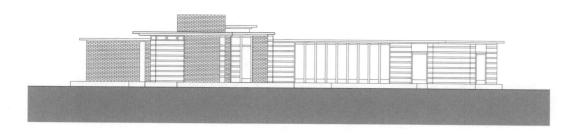

1 西立面

2 A-A 剖面

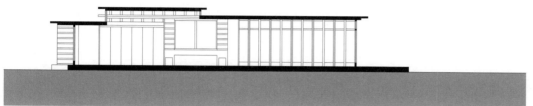

3 一层平面

1）起居室
2）厨房
3）就餐区
4）卧室
5）卫生间
6）停车位

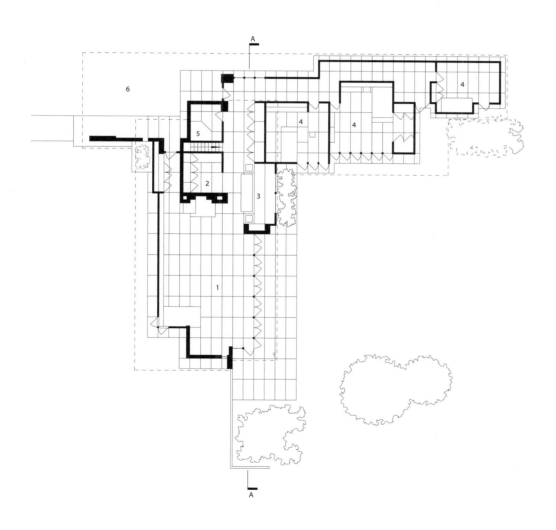

0 1 2 3 4 5   10 m

流水别墅（Fallingwater）

弗兰克·劳埃德·赖特（Frank Lloyd Wright，1867—1959）

美国宾夕法尼亚州熊跑溪（Bear Run，Pennsylvania，USA）；1935—1937年

　　弗兰克·劳埃德·赖特所有的设计过程都是在头脑中思考完成的，绘图只是他对完成想像的内容加以确认。因此，在1935年9月的某一天，当赖特得知客户——埃德加·J.考夫曼（Edgar J. Kaufmann）数小时内将造访自己的塔里埃森（Taliesin）工作室，并希望看到已经长期延误的流水别墅的草图设计时，尽管连一张图纸也没有，但他并不十分焦虑。他在图板前坐定，毫不迟疑，一气呵成一张复合平面图、一张剖面图和一张立面图，而且包含了所有细节，彼此衔接，毫无遗漏。考夫曼抵达后一看到设计图，深为震撼，当即折服。自那一天起，无论是可怕的技术困境，还是吵到不可开交，以及巨额超支，考夫曼对工程一直一心一意。终其一生，流水别墅对他一直激励犹如神启。

　　熊跑溪是西宾夕法尼亚高山密林中的一条山涧。考夫曼与妻子的周末时光习惯于在溪上瀑布附近，一处风景如画的地方度过。当他们问及赖特，希望用一个设计来替代目前的预制木屋时，赖特建议新宅就栖身在他们平时垂钓、游泳处的巨石之上。起先，这个提议似乎是不攻自破的。住宅建于此，风景将改变，而其存在的理由也肯定毁了。但是赖特却信心十足地要给自然景色锦上添花。他的办法是悬挑，加上他先前回避的建筑材料——钢筋混凝土。这会是一个宽敞的大房子，但空间展开之处不是在溪流岸边，而是横凌瀑布之上。结构上，住宅的平台如同摇曳水流之上的杜鹃花，又像天然的檐状菌得道成仙于此，令见者瞠目。固定支撑起它们的是如同溪岸自然延伸的墙体和当地开采的毛石。

　　最终高歌奏凯，这一意象成功实现。结果不仅不是破坏一个风景佳处，相反，别墅将其提升为一个人与自然共生的和谐景象。若换一副场景，巨大平台将显得突兀而旁若无人，在此间却显得自然且不可或缺，好像是一族新来乍到的生物为自己搭屋建窝本应如此。空间组织上循规蹈矩，分寸合宜——一个开敞连续的大起居空间和四个宽敞的卧室。然而相对交叠错落、有机组合的混凝土平台和将它们牢牢固定并悬挑出去的山石来说，房间在此已经位于从属的地位。有的地方房间是自石岩凿刻而出的，有的地方干脆就是平台再加以尽可能少的钢框玻璃幕墙围合而成的。细部富有创意却不显卖弄，这是由于它们已经与整体意象融为一体。一跑台阶自起居室楼板处的房门下行，悬浮溪水之上；三棵树的树干直穿出西露台楼板；壁炉边一整块未经砍削的巨石自石板铺就的楼面破洞而出，如同正是别墅所建址的那块山岩。最后这处细节是考夫曼自己提议的，而这一回，他的建筑师全心全意地双手赞成。

　　然而，建造以及居住在一个建筑经典杰作中，在经济上和心理上的代价都是巨大的。别墅完工后经年，考夫曼绷紧神经，小心翼翼地关注着结构的变形与沉降。工程师上门检测已经成了家常便饭，同样，他们千篇一律地建议用立柱支撑悬挑部分。这自然会破坏建筑的整个意象。考夫曼从来没有就此退让过，别墅也大致以当初设计成的样子一直屹立至今日。目前流水别墅处在西宾夕法尼亚自然保护局[1]的维护监管之下。

1　Western Pennsylvania Conservancy，WPC：成立于1932年的一家私人非营利组织，总部设于匹兹堡，掌管12个州立公园，维护23.5万英亩（9.5万公顷）的土地及植被、逾130个花园、19个绿化工程和1 500英里（2 400公里）长的水系。1963年考夫曼将流水别墅委托给WPC维护。

1 三层平面

1）卧室
2）露台
3）书房

2 立面

3 二层平面

1）露台
2）入口
3）卧室

4 A–A 剖面

5 一层平面

1）起居室
2）露台

6 总平面

客房楼体（后加）与主楼
通过一个半圆形游廊相连

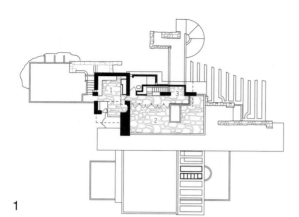

1

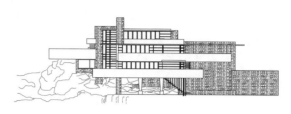

2

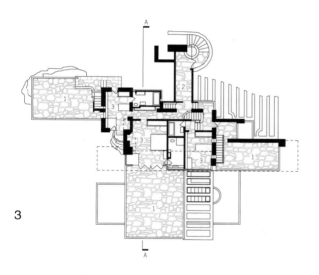

3

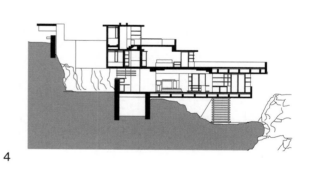

4

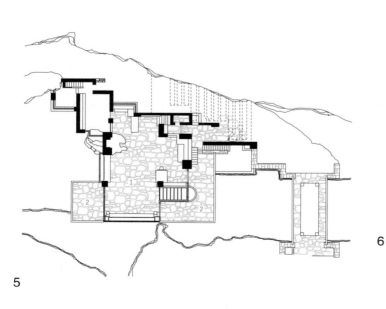

5

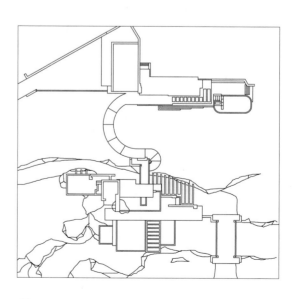

6

0 1 2 3 4 5   10 m

迈蕾别墅（Villa Mairea）

阿尔瓦·阿尔托（Alvar Aalto，1898—1976）

芬兰诺尔马库（Noormarkku，Finland）；1938—1939 年

阿尔瓦·阿尔托经常这样说起他的这件作品，"它全都来自绘画。"画家可以完全自由地创造形体和空间（或者说形体和空间感受），不受结构和功能要求的限制。阿尔托的建筑作品充满对这种自由的渴望与向往，竭力避免任何将其纳入"一定之规"的可能。

迈蕾别墅就如同一幅立体主义的拼贴画，将本来各有含义与关联的对象自由随意并置在一起。立柱如树，木质板墙让人回想起芬兰的旧时农宅，扶手栏杆则来源于日本的庙宇。

甚至于迈蕾别墅的设计过程也不成系统。当阿尔托认为原先的设计还不到位，需要重新推敲的时候，现场早已按原先的设计展开施工了。他那言听计从的客户，哈里（Harry）和迈蕾·古利克森（Maire Gullichsen），之前特别鼓励他大胆试验，不计成败，因此对重新设计一事并不反对。

但是，阿尔托选择了保持原设计的建筑外观轮廓，重构平面布局；而不是完全将原设计推倒重来。新的布局尽管不成体系，但有足够的逻辑关系：L 形外观，宅分两翼，一翼为主人家居，另一翼为员工服务——由一个次级进厅和一个就餐区域分隔两翼。餐厅的屋顶顺势延伸入花园，最终连接游泳池边的一个传统桑拿房，后者也是庭院中的主要特征。

对于主人家居一翼的简要分析，足以说明这个丰富设计的主要特点。在一层，是一个以不同的手法分隔的巨大空间，以满足不同的使用需要。在一条蛇形蜿蜒的分界线两侧，是以不同的地面处理区分的两个区域，其中一个是以角落处考究的壁炉为视觉焦点的起居区域，一个是弹琴娱乐的区域。娱乐区可以看到入口车道和到达的来宾。另一个角落，看上去似乎随意摆放的书架形成了书房；书房对面由粉刷砖墙将这个角落围砌出花房。大多自然的形体和材料，变化繁复，以不落"单一"的口实。而住宅最外轮廓却是正方形的，甚至有合规中矩的柱网格局，但几乎所有的柱式都不一样。大部分为钢制圆柱，却也有一根为混凝土柱。钢柱可能是单柱，也可能是双柱或三柱式，但在结构上却找不到作如此区分的明显理由。

整体性在上层楼面更是挥发殆尽。外墙完全无视下层的正方形外缘轮廓，将大片的水平屋顶留为开放式露台。在二楼一角，迈蕾·古利克森的外被木板、有机平面的工作室自其下正方形建筑外缘悬挑而出，不得不用两根立柱来支撑，一单一双。在室内，立柱同常规一样，自下方地板处升起，但其具体位置却与平面布局毫无关联。例如其一就兀立在主卧的中央。

可能阿尔托所谓画家般的自由自在在某种意义上说是典型的芬兰式——意味着湖泊深林处的住宅，而不是城市和工厂的住宅——然而，激发他灵感的画作都是现代绘画；尽管该建筑足以引发民族自豪感，它也是国际性运动的一部分。迈蕾别墅的建成，让现代主义建筑此后再也无法固步自封于结构和功能这么简单了。

1　西南立面　　　　2　东南立面　　　　3　二层平面　　　　4　A–A 剖面　　　　5　一层平面

3
1）工作室
2）迈蕾卧室
3）带壁炉的上层大厅
4）哈里卧室
5）露台
6）儿童活动室
7）儿童卧室
8）客房

5
1）游泳池
2）桑拿房
3）冬季花房
4）起居室
5）书房
6）餐厅
7）进厅
8）正门入口
9）员工房
10）办公室
11）厨房

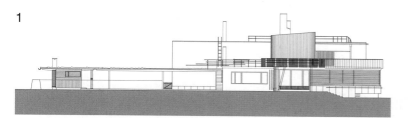

1

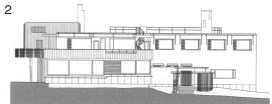

2

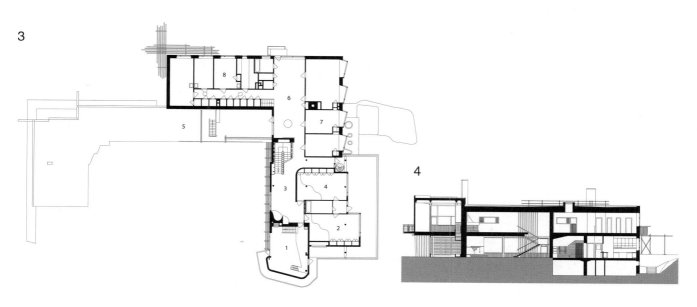

3

4

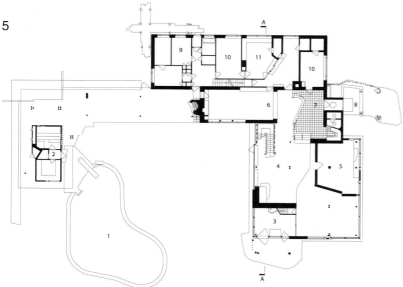

5

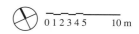

0 1 2 3 4 5　　10 m

威洛路住宅（Willow Road）

艾尔诺·戈德芬格（Ernö Goldfinger，1902—1987）

英国伦敦（London，UK）；1939 年

　　尽管设计者是一位在巴黎接受建筑学教育的匈牙利建筑师，但这三座 1939 年完工的、位于伦敦城北部威洛路上的住宅，却以某种方式成为英国特色住宅的典范。艾尔诺·戈德芬格做学生时就非常激进大胆，曾经拒绝沉闷的布扎体系（巴黎美术学院）的教师，加入钢筋混凝土结构的先驱——奥古斯特·佩雷（Auguste Perret，1874—1954）的工作室。但当他 20 世纪 30 年代访问伦敦时，却为乔治风格（Georgian）沿街建筑的砖作工艺和精致比例所倾倒。因此，威洛路住宅自然而然地将钢筋混凝土和砖结合在一起了。戈德芬格从不是个热衷"火柴盒"式的现代主义者。结构、材料和比例关系是他关注的着眼点，而且在他的职业生涯中保持始终。1933 年，他与厄休拉·布莱克韦尔（Ursula Blackwell）成婚。新娘家族其时已经以克罗斯与布莱克韦尔牌（Crosse & Blackwell）罐装汤起家。威洛路住宅正是这对新人的住宅，它既是厄休拉的一项好的投资，也是戈德芬格初来乍到这一地区的标志建筑。

　　戈德芬格住宅左右两座略小的住宅为之侧翼，一座售出，另一座招租。然而从外观上看，给人的印象却是它们同属于一个建筑。住宅高三层，北面位于二楼的横向水平带窗正对着汉普斯特德公园（Hampstead Heath）。立面外观几乎是古典的，严格的对称，以底层圆柱将其上的砖墙支撑起来。尽管二楼精致的窗口尺寸够大，建筑物给人的印象依然更像是开洞为窗的砖造建筑，而不是以一种轻质材料作表面，实际上住宅立面背后的结构从头到脚都是钢筋混凝土。

　　入得室内，对称性立即被全然摒弃。位于两座车库中间的进厅通往并不处在中心位置上的螺旋楼梯。在几乎没有多余交通回旋余地，完成如此讲求经济性的布局来说，是极端困难的。在二层狭小的楼梯平台上集中了三个房间的进门，正前方是餐厅和工作室，后方再向上三级台阶是起居室。这几个房间各自独立，但其分隔墙尽可收起，形成一个带错层的整体空间。可以肯定，阿道夫·路斯的空间体量设计概念对这种布局有直接的影响。车库和进厅的天花板高度被压低，使得餐厅、书房等所在的住宅的主要楼层有更加宽裕的空间高度。光线充足的起居室，外墙为由天花到地板、由左至右的全玻璃移动门，门外是悬挑阳台。最顶层的北向卧室设小方窗，而南向全部为育婴室和保姆间所占据，并由折叠隔断将一个大空间分为三间。平屋顶使内部卫生间得以顶部采光，螺旋楼梯上方也设有一个巨大的采光天窗。住宅所在地块向南，离开公路的方向有较为陡峭的斜坡。通过剖面图可以看出，这一点恰好被利用来将设备服务房安排在后部的地下室层，也就是室外花园那一层。在最初的设计中，厨房安排在一楼后部，并通过一部小型升降机服务其他各楼层。

　　整个住宅的细部设计简约而精美。每个门把手和灯座都经过仔细推敲，且大部分为戈德芬格自行设计的家具。它们与空间结合完美，相得益彰。目前，此处住宅与各种陈设，包括其中重要的现代主义艺术作品，都属于国家信托基金会 [1]，对公众开放。

1　National Trust：致力于维护特定地理区域的文化或环境的组织，其保护对象随地区的不同而略有差异。一般为以私人捐助的方式运营的非营利组织，也有接受本国政府的经济支持。第一个国家信托基金会成立于 1895 年，为的是保护英格兰、威尔士和北爱尔兰的历史遗迹与自然环境。

1　三层平面	2　二层平面	3　一层平面	4　地下室层平面	5　A–A 剖面
1）卧室	1）餐厅	1）车库	1）花房	
2）卫生间	2）起居室	2）餐厅	2）温室	
3）育婴室	3）工作室	3）厨房	3）作坊	
	4）卧室	4）女佣房	4）锅炉间	
	5）卫生间		5）燃料间	
			6）储藏间	
			7）厕所	

1

2

3

戈德芬格住宅

4

5

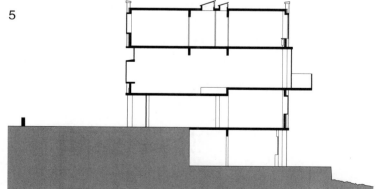

0 1 2 3 4 5　　　　10 m

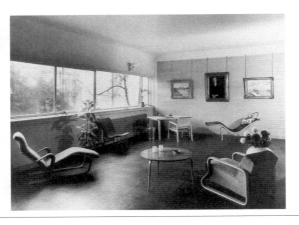

牛顿路住宅（Newton Road）

德尼斯·拉斯登（Denys Lasdun，1914—2001）

英国伦敦（London，UK）；1939 年

令德尼斯·拉斯登家喻户晓的是他设计的位于伦敦南岸地区（South Bank）的国家剧院（National Theatre）。公众对其的爱之深与恨之切可谓等量齐观，威尔士亲王查尔斯曾将其比喻成一座核电站。然而，其特有的层层错落的外形，连带数层楼面上向外开敞的大平台——让剧院的观众得以纵览泰晤士河的开阔景致，都是很有感染力的原创设计原型。

自 20 世纪 50 年代以来，拉斯登创造出带有其自身风格的现代主义，并尝试了各种变化，以适用在一系列不同类型的建筑上（包括富有家庭和贫困家庭的住宅）。然而在第二次世界大战以前，他通过翻造第一代现代主义大师的作品来磨练自己的技艺，特别是勒·柯布西耶，拉斯登在巴黎对其作品做了第一手的钻研。以他 1935 年的课程项目为例，这个拉斯登设计的"殖民与海外自治领地学院"（Academy of Colonial and Dominion Scholars）显然是勒·柯布西耶为巴黎国际大学城所作的瑞士馆（Pavillon Suisse）的翻版。

在当时的现代主义版图上，英国依然是个化外之地，绝少本国的实践者。拉斯登是在韦尔斯·科茨（Wells Coates）设计位于伦敦北部汉普斯特德的劳恩路（Lawn Road）公寓的加拿大建筑师手下工作时，接到了自己第一个重要的独立设计任务——为画家 F. J. 康韦（F.J.Conway）在帕丁顿（Paddington）的牛顿路上设计一座住宅兼工作画室。康韦希望的是一座现代主义住宅，于是拉斯登的第一反应就是再次翻版勒·柯布西耶。1926 年建于巴黎的库克别墅（Villa Cook）成为范本，住宅高四层，平面略呈方形，实侧墙，屋顶设花园。拉斯登的版本显得更为直率和

严肃——可能是应对戒心重重的当地规划部门，也可能由于这个初出茅庐的 23 岁建筑师对现代主义的真义还未全然参透。

牛顿路住宅的正立面与库克别墅的几乎一模一样，两条横向水平带窗，一个顶层凉廊，一层后退让出一根位于立面正中的单柱，或称其为底层架空柱。两者的不同在于此处立面经过整理简化，黄褐色面砖在水平带窗之间和其下方的铺贴显得更为沉稳、庄重。库克别墅中自由的平面布局、偏离中心位置的楼梯间、曲线隔墙和一侧双层高的起居室，到了牛顿路住宅变成了四四方方和基本对称的布局。入口设在立面中央，位于单柱后，进厅正对其后的楼梯。二层的大起居室内，占整个面宽的纯现代主义的水平带窗与一座经过翻新的华丽巴洛克风格壁炉并行。而就是如此超现实意味的组合也有柯布西耶的萧规在前——位于巴黎的、1929 年建成的贝斯特吉（Beistegui）公寓的屋顶花园。位于三层前部的两个卧室由它们之间的一个带窗联系。在三层楼面的一角设有一个小楼梯，通往位于阁楼的工作室兼画室。画室内北面为高高的长窗，南侧接日光露台，通过巨大的窗洞俯临马路。

牛顿路住宅与左右邻舍相比，后退许多，位于地块的后部。因而这个地块上的开放空间大多为半公共的、屋前的景观庭院所占据。主起居空间与地面景观无甚联系。屋后本可做私人花园的后部建起一个一层高的住宅延伸段，员工房置于其中。这个住宅的某些特点，如起居室安排在住宅主层、砖砌住宅侧墙，让人联想起传统的伦敦联排住宅。牛顿路住宅既是勒·柯布西耶作品的翻版复制，也是英国现代主义迈出的第一步。

1　A–A 剖面

2　总平面

3　四层平面

1）工作画室
2）露台
3）水箱

4　三层平面

1）厕所
2）浴间
3）卧室
4）备餐间
5）衣被橱

5　二层平面

1）起居室兼餐厅
2）书房

6　一层平面

1）车库
2）员工房
3）厨房
4）备餐间
5）佣人工作间
6）进厅
7）衣帽间
8）浴室
9）厕所

7　地下室平面

0 1 2 3 4 5　　　10 m

马拉帕尔泰住宅（Casa Malaparte）

阿达尔贝托·利贝拉（Adalberto Libera，1903—1963）；库尔齐奥·马拉帕尔泰（Curzio Malaparte，1898—1957）

意大利卡普里（Capri，Italy）；1936—1940 年

"此宅如吾"，库尔齐奥·马拉帕尔泰如此描述他那地处山石嶙峋海浪四溅的卡普里海岛上孤巢一般的住宅。很明显，他把自己看成一个神话人物，一个诗人，或者说一个国王。事实上，他是个记者和政治活动家。不过他也的确是个人物，第二次世界大战之前的法西斯和第二次世界大战之后的反法西斯力量都把他关在监狱里。

马拉帕尔泰自然不是一个圣徒，看起来建造这个住宅的资金中，至少一部分是他自记者慈善基金中以欺诈手段冒领而来的。卡普里当局本禁止在此地块上进行任何建设，但他先以很便宜的价钱买下这块地，再动用政治关系松动了禁令。

尺度和简洁是这个建筑打动人的秘密所在。它看上去就是个光光的盒子，宛如从其下的山岩上自然生长起来的，又如城堡，统帅海岸一线。设计上常被归于罗马理性主义建筑师阿达尔贝托·利贝拉，而利贝拉的设计草案仅仅是个起点，是马拉帕尔泰自己与他的建造商阿道夫·阿米特拉诺（Adolfo Amitrano）一道，经过四年的边造边改的建设，最终完成了我们今天看到的建筑形象。

马拉帕尔泰住宅最令人难忘的特征——沿陆地一侧上升直至屋顶露台的楔状阶梯——似乎直接引自利帕里岛（Lipari）圣母领报（Annunziata）教堂门前的台阶（1934年马拉帕尔泰就是关押在这个岛上的监狱里）。施工期间，住宅的正门入口一度设计成经由阶梯中部的一个开口到达，如同罗马剧场中的大通道。作此安排是考虑到其在形式和功能上的效果都很好，但最终还是放弃了，可能的原因是在暴雨天气里，这个正门有可能会被雨水淹没。

然而将此通道封闭起来却造成了平面布局上的灾难性后果。正门入口移位至一层边侧的位置，而室内楼梯被挤压到一个尴尬的角落里。看来基本可以肯定，如果可能，马拉帕尔泰还是更喜欢对称布局，就像他位于建筑物另一端、带有双卫生间和 T 形走廊的个人套间。大通道的弃用同时也破坏了主起居空间和屋顶露台之间的关系。在建成的住宅内，如果要由它们中的任一处移往另一处，路线迂回曲折近乎不可能——需要经过向下的 16 级台阶再经过向上的 48 级台阶。但是，对马拉帕尔泰而言，建筑的形象（也就是他的形象）远比高效的布局重要得多。露台上的唯一屏障，也是唯一区别于寻常露台的特征——防风墙，或称"桅帆"，也是经过了数番调整，才确定其最终如满帆一般优雅飘逸的形态。内部空间大多为四四方方的小房间，仅有体量庞大、近乎室外庭院的主起居室例外。其地面铺设有如罗马街道，而家具陈设犹如古典遗物——包括一幅佩里克莱·法齐尼（Pericle Fazzini）所作大型浮雕《舞蹈》（Danza）。巨大的落地窗如画框一般，映出那不勒斯（Naples）海湾的波澜壮阔。

这一住宅首次引起公众的注意是在 1963 年，也就是马拉帕尔泰死后的第 6 年；当时让 - 吕克·戈达尔（Jean-Luc Godard）在此拍摄了由碧姬·芭铎（Brigitte Bardot）主演的电影《轻蔑》（Le Mépris）。

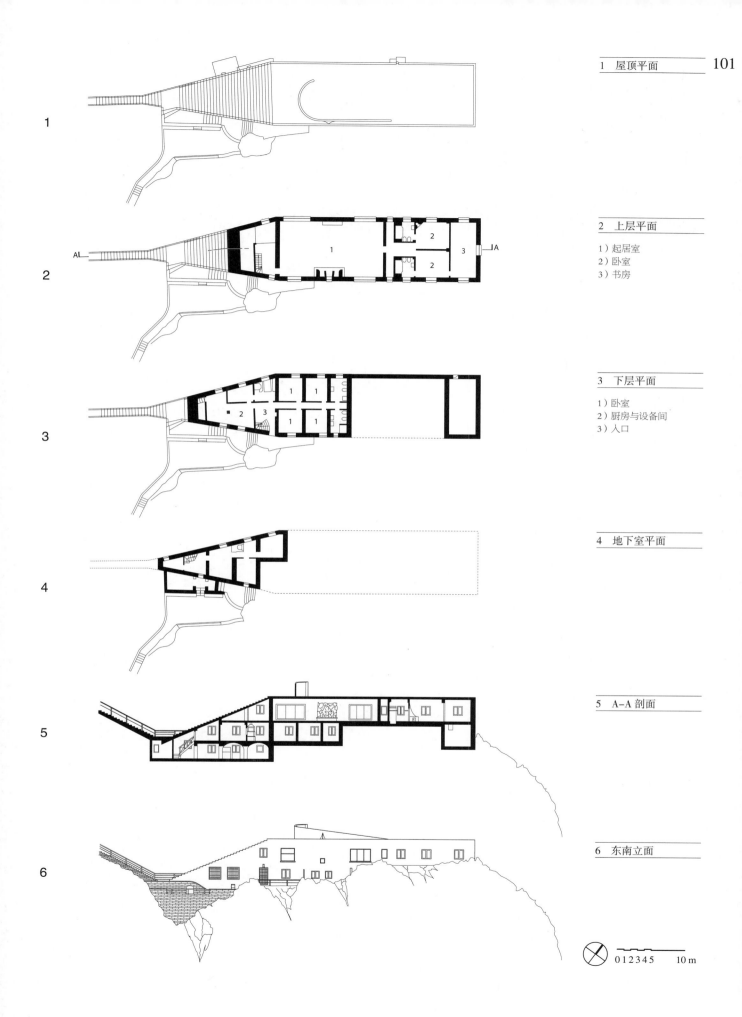

1 屋顶平面

2 上层平面

1）起居室
2）卧室
3）书房

3 下层平面

1）卧室
2）厨房与设备间
3）入口

4 地下室平面

5 A—A 剖面

6 东南立面

0 1 2 3 4 5　　10 m

张伯伦住宅（Chamberlain Cottage）

马赛尔·布罗伊尔（Marcel Breuer，1902—1981）

美国马萨诸塞州韦兰（Wayland，Massachusetts，USA）；1940 年

对于老夫老妻来说，这个用来度周末的小房子尽管形式简洁、体形小巧，但在建筑和结构上都算得上繁复了。与勒·柯布西耶的白色立方体住宅一样，起居生活全部安置在一个典型的现代主义盒子中，自地面抬高，并于一侧悬挑出 2.5 米（8 英尺）。两者的不同在于外墙不是白色，也没有底层架空柱，而是有毛石砌成的半地下室。它没有采用带形窗，只是像普通美国住宅一样，在花旗松板条墙上开设标准钢窗。如此一来，国际风格融合了当地的材料与建设传统后略显柔和。

布罗伊尔对当时，今天依然是，美国住宅标准做法的轻捷木骨架结构十分着迷。这种做法是用轻质木条板拼接成间隔很小的木立柱框架，再外覆墙板。框架条板通常立于条形基础或地下室墙体上，曾在包豪斯负责木工车间的布罗伊尔认为，可以做得更坚固一些。内部增加一道对角线方向的支撑板，它们可以作为层高梁，跨过很宽的开洞，也可以从支撑点悬挑足够远的距离。这就是张伯伦住宅 2.5 米悬挑的秘密所在。建筑中没有隐蔽的钢或混凝土框架，只是地下室的两根立柱上设纵向梁，以缩短楼板的跨度。在西立面上可以看到，木板条包裹的墙面有一处略微向下凹，就是这根纵向梁的端头。

建筑室内，纵向梁将这个盒子划分为一宽一窄两个区域，天花与之对应。厨房、卫生间和更衣室位于狭长的窄幅区域，起居室及餐厅、卧室则占据了宽幅区域。室内空间最突出的还是中央独立的石砌壁炉和烟囱，好像从地下室破土而出。布罗伊尔喜爱天然石材。这大概源自其在英国的时光。正如他的同事瓦尔特·格罗皮乌斯，布罗伊尔在由德国移居美国的过程中，曾在英国逗留了约一年。他

当时与 F.R.S. 约克（F.R.S.Yorke）合作，参与了一个家具展示厅的设计，采用的正是平板玻璃幕墙和科茨沃尔德石（Cotswold stone）砌墙。

在建筑的北边，立方盒子的屋面和楼板延伸出去，由一个木制"球门"框支撑，侧面以防虫纱窗围合，形成一个宽敞的后廊。自花园经由短坡道可进入后廊，而其下有足够空间储存木料。

曾有人认为，密斯·凡·德·罗所作范斯沃斯住宅（参见 112~113 页）的灵感正是来自这一优雅的悬挑结构，并通过钢结构表达出来。综合起来，张伯伦住宅融合了三种不同的结构体系：地下室的承重墙结构、起居空间立方盒子的轻捷木骨架结构，以及后廊的梁柱结构。布罗伊尔认为它是自己漫长的职业生涯中所设计的近百座住宅中最漂亮的。

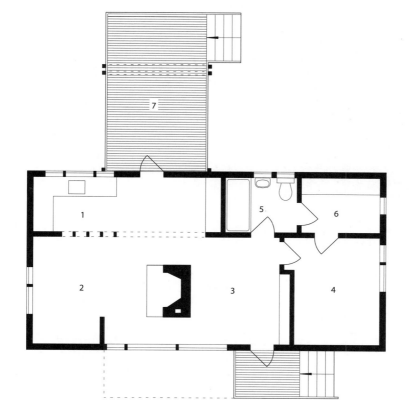

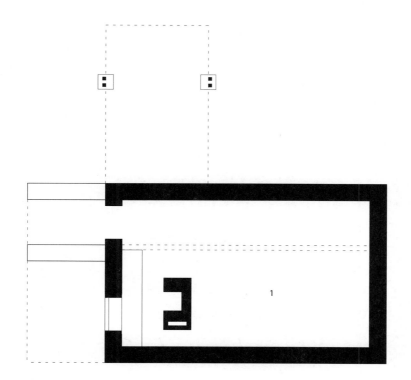

1）厨房
2）起居室
3）餐厅
4）卧室
5）卫生间
6）更衣室
7）后廊

2 地下室平面

1）工作间

0 1 2 3 4 5 10 m

威奇托住宅（Wichita House）

理查德·巴克敏斯特·富勒（Richard Buckminster Fuller，1895—1983）

美国堪萨斯州威奇托（Wichita，Kansas，USA）；1947 年

1944 年，第二次世界大战结束在即，美国飞机制造厂的工人感到即将面临裁员，纷纷开始寻找新的工作机会，以至于手头的工作都无法完成。如果能够劝说工人相信，战后工厂将转型生产和平时期所需的民用产品，那么完成眼前的工作还有希望。另外，如果未来生产的民用产品是这些住在拖车上的工人朝思暮想的住房，那么留下来继续工作的诱惑力就更强了。

又有谁比未来主义者、发明家理查德·巴克敏斯特·富勒更有说服力，能激发起工人们的热情呢？富勒已经在 1928 年将其节能住宅（Dymaxion House）[1]，一个悬张在中心桅杆上的六角形金属住宅，注册了专利；并在 1936 年为菲尔普斯·道奇公司（Phelps Dodge Corporation）设计完成了预制整体节能卫浴（Dymaxion Bathroom）。尽管这些发明还没有投入大规模生产，但自 1940 年起，数以千计的由农业储料仓改造而成的节能布防单元（Dymaxion Deployment Unit）用作军队的雷达站。眼看战后住房短缺无可避免，把这三种设计融合成一种可以规模化制造的住房，缓解即将来临的紧张局面，可谓适逢其时。

在堪萨斯州威奇托，比奇飞机制造厂（Beech Aircraft）的一角留给了富勒，用以完成其最终被称为"威奇托住宅"的设计。宣传造势的意义一点不亚于实际生产，于是富勒开办讲座，向员工及其家人介绍这个可以保证他们未来前途的奇妙新住宅。圆形的平面、流线形的外形，以减少风阻与热损失。

在富勒的脑海中，威奇托住宅与其说是住宅，不如说是一部空中高速行驶的车辆。调节室内空气流动的屋顶通风扇宛如一根巨大的风向标。所有的机电设备，包括两个预制整体节能卫浴，都集中在中央核心区域内。其余部分像分蛋糕一样隔成 5 个扇形区域——起居室、两个卧室、厨房和进厅——宽大的径向分隔与可旋转的储藏空间相结合。结构上的革命性不遑多让，设计上可承载 120 人体重的钢制楼板由应力钢丝和承压钢圈形成的组合体悬张在唯一的中心柱上，如同自行车的车轮。外墙用制造比奇飞机的材料——闪亮的杜拉铝（Duralumin），其上覆一条树脂玻璃（Plexiglass）固定窗带用以采光。整套住宅所有部件可以装在一辆卡车上，并由 6 个工人在一天之内完成建造。

最初的两个原型住宅获得好评，订单稳步增长。但当需要一大笔投资改造工厂装备时，尽管富勒住宅公司的同事们一致主张向前推进，富勒自己却突然裹足不前，让项目下马了。

住宅的努力戛然而止，这一设计也完成了它的使命，工人们不再急于离开工厂。其中的一个原型住宅已被复原，目前在密歇根州迪尔伯恩（Dearborn）的亨利·福特博物馆（Henry Ford Museum）内向公众展示。

---

1 Dymaxion 由"动态"（dynamic）、"最大"（maximum）和"张力"（tension）三个词复合而成。

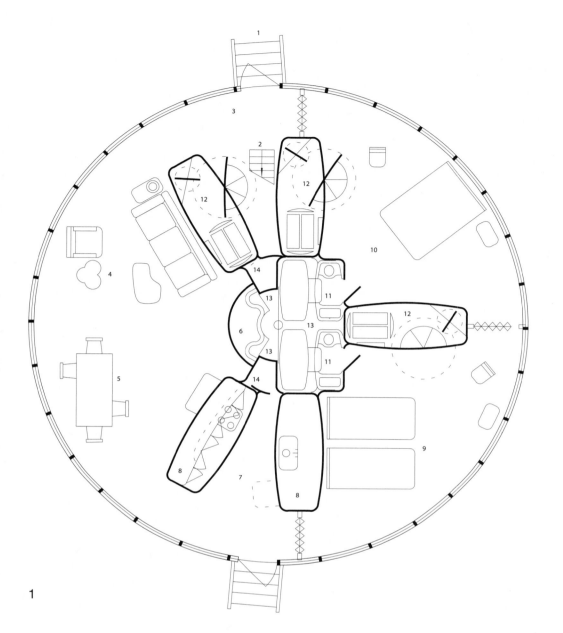

1）前入口
2）通向露台（可选配置）的折梯
3）进厅
4）起居室
5）进餐区域
6）不锈钢制壁炉
7）厨房
8）厨用储藏
9）卧室
10）主卧
11）预制整体节能卫生间
12）用户定制储藏室、衣橱与衣架
13）通风管道
14）设备间

1

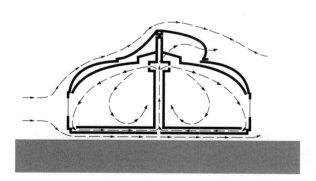

2

2　气流示意图

0　　1　　2　　3　　4　　5　　　　　　　10 m

埃姆斯住宅（Eames House）

查尔斯·埃姆斯（Charles Eames，1907—1978），蕾·埃姆斯（Ray Eames，1912—1988）

美国加利福尼亚州洛杉矶（Los Angeles，California，USA）；1949 年

20 世纪 40 年代后期，《艺术与建筑》（Arts and Architecture）杂志赞助建造了一系列著名的加利福尼亚样板住宅。埃姆斯住宅是其中的一个，最初被称为案例研究住宅 8 号（Case Study House No.8）。

在纽约参观密斯·凡·德·罗的作品展时，查尔斯·埃姆斯意外发现自己的设计竟与密斯的一座桥形住宅方案相似；而且设计已经进行到相当深入的阶段了。在回到圣莫尼卡（Santa Monica），经与同为艺术家的妻子蕾商量，他们毅然决定将所有已有的设计推倒重来。结果，这个住宅最终成为 20 世纪最具影响力的住宅之一。原有的密斯式方案庄严稳重，横穿地块，而新的设计则谦逊许多，甚至有些温婉，置身于一排桉树之后，背靠一道土坝。然而，绝不要以为它传统无奇。钢材、玻璃和彩板的使用闲适自然，但此材此用却是开天辟地的。

两个两层的方盒子，一为居住，一为工作，隔小庭院相望。住房和工作室的外端均挑空，建立起变换的韵律，而庭院则成为第三个两层挑空的空间结合点。

整体构图由一层楼高的连续挡土墙连接，将建筑与山脚合为一体。其余部分为钢结构框架，再嵌入钢框门窗和各种轻质板材，注定不会是纪念碑式的效果。

如果在另一个设计师的手里（比如密斯·凡·德·罗），很可能会用其严峻、教条的手法来完成这个设计，强调地块的对称与整齐，强调其结构连接得当与规矩用材。与之相反，在现在的设计中，各种关系的协调合情合理，随处可见，不一而足。实心板与透光板的使用并不源于抽象的概念，而是为了在室内创出一种精致变化的光影效果。此处显而易见日本风格的影响。另外，毫不遮掩廉价的格

构梁、槽型钢板平台等工业制品，但同时也使用了大量温暖的自然材料，如工作室内的木块地板以及起居室内的大面积原木墙板。平面布局看上去似乎设计得有些过于随意。例如，主卧室占据二层室内平台，而后者向其下的起居室完全开敞。然而这些平面图上看似唐突在实际现实的空间中丝毫不显牵强。

由于埃姆斯住宅闻名遐迩，各种传言秘闻接踵而至。有的说新设计精巧绝伦，居然将为先前设计订购的钢制构件重新使用；有的说其造价远低于标准木结构住宅；还有的说整个施工只花了几天工夫。所有这些都非事实。流传最广的传言是说其建筑材料为标准件，直接在工厂目录上订购——这并非完全空穴来风。例如大多数的窗户都是标准的 1 米宽。在建筑学和建筑设计上，讲求的是思想和概念的创造性起源，而非具体的历史史实。因此一直以来，埃姆斯住宅在对预制建筑的可能性有兴趣的设计者心目中，都是激励与启迪。

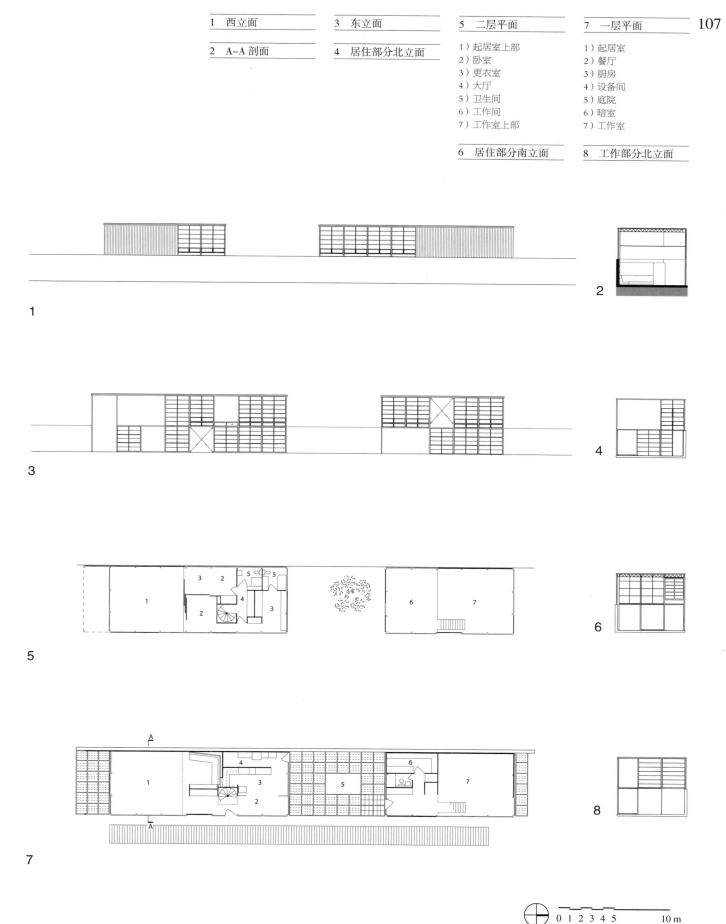

0 1 2 3 4 5   10 m

约翰逊住宅（Johnson House）

菲利普·约翰逊（Philip Johnson，1906—2005）

美国康涅狄格州新迦南（New Canaan，Connecticut，USA）；1949年

约翰逊住宅常常被拿来与密斯·凡·德·罗的范斯沃斯住宅（参见112~113页）相比较。菲利普·约翰逊是密斯的朋友和崇拜者，自然熟悉范斯沃斯的设计，但实际上他的住宅完成在先。

除去显而易见的类似之处，两座住宅在概念上有着根本不同。范斯沃斯的构图由浮动的平面形成，而约翰逊住宅是一个地面上的方盒子。约翰逊住宅的最明显特点不是周遭包裹的玻璃墙面，而是那个占据中心位置，从砖铺地面升起、直穿屋顶的圆柱形砖砌卫生间。厚重的垂直形体成为整个地块的标志物，将注意力向外引导至周边景观上。从这方面看，弗兰克·劳埃德·赖特的印记更甚于密斯。约翰逊自己描述其为营地——篝火与防潮地垫——从中惬意欣赏自然。

如果说这里是营地，那么也是极具文明气息的营地。1949年以前，约翰逊已经是建筑界有影响的人物，居间协助举办了1932年的纽约国际风格（International Style）展。然而，他是一个富家子弟，年纪一把才刚刚从哈佛建筑学院毕业。因此，这个住宅既要表现他作为专业建筑师处女作的不同凡响，也必须体现出它是一座合其品位的豪宅。"营地"装饰的是知名的艺术品，包括巨大金属画框里的普桑（Nicolas Poussin）的画作——《福基翁的葬礼》（*Funeral of Phocion*），还有密斯的经典巴塞罗那椅（Barcelona Chair）以及用于分隔空间的典雅的胡桃木储藏柜。

可能更为重要的是装备了地暖的人字纹图案砖铺"防潮地垫"，以及足以遮挡新英格兰风雪的玻璃墙。在范斯沃斯住宅，结构部分是绝对重头，H型钢替代了经典的立柱，而约翰逊住宅里钢柱只是固定玻璃墙的框架中的一个组成部分。细部有密斯式的简洁，但并不表现结构。四扇平开门布置在每面墙的中间位置，让风可以穿堂而过。据说，即使在最热的夏天也能让这座没有空调的住宅保持凉爽。

从一定意义上说，这座玻璃房子只能算是半座住宅，因为客房安排在另一个实体砖墙砌成的建筑中，风格完全对立。虽然两个建筑同时建设，但看上去属于两个完全不同的时代。室内如同贝壳一般浅浅的穹顶与拱券和细高的立柱相融合。设计者承认此处受到约翰·索恩（John Soane）伦敦住宅早餐室设计的启发。看起来很难想象还有什么比这更不像密斯的了，而现在回头看，这又让约翰逊后来所完成的后现代主义（Postmodernist）作品，如纽约的AT&T大楼显得不那么突兀难解。尽管这样说多少有些事后诸葛亮。

客房楼将玻璃主宅简化为一个亭子，就如同风景如画的英国园林中的一座古典庙宇。身处如此陡的坡顶，以至于有人称其为微缩版雅典卫城里的帕提农神庙。诸如此类的考据约翰逊都大方地承认。后来，约翰逊买下这一地块周边的土地，将其从2公顷扩大到16公顷，并建造其他数个建筑物，一些是功能性的，如1980年建成的工作室；还有一些纯粹是观赏性的，比如山坡脚下临湖的错视画廊（trompe l'oeil dwarf's palace）。

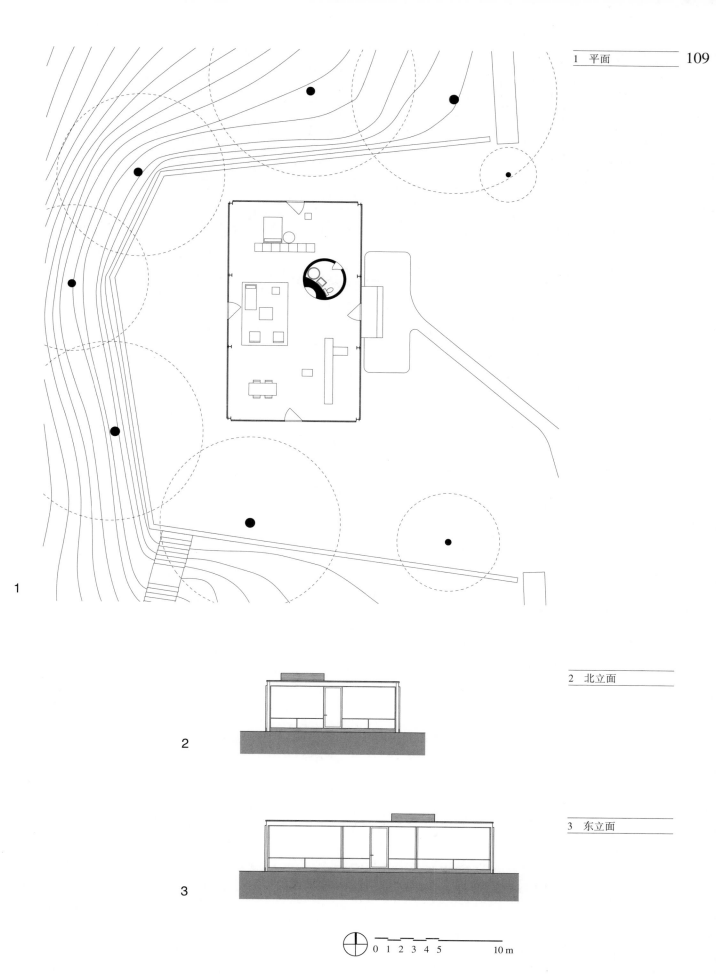

1

2

3

0 1 2 3 4 5   10 m

罗丝·赛德勒住宅（Rose Seidler House）

哈里·赛德勒（Harry Seidler，1923—2006）

澳大利亚新南威尔士图拉姆拉（Turramurra，New South Wales，Australia）；1950 年

1951 年，罗丝·赛德勒住宅被授予约翰·萨尔曼爵士勋章（Sir John Sulman Medal）以表彰其杰出的建筑成就，它标志着以包豪斯现代主义为基础的建筑发展已被澳大利亚接受。

从任何角度看，罗丝·赛德勒住宅都是一件舶来品。哈里·赛德勒本人刚到澳大利亚不久。他 1923 年生于维也纳，随后辗转英国和加拿大，最后进入哈佛大学，师从瓦尔特·格罗皮乌斯学习建筑。1945 年毕业后，他在马赛尔·布罗伊尔（Marcel Breuer）的纽约办公室工作。在那里他参加了数个住宅的设计工作，包括张伯伦住宅（Chamberlain Cottage，参见 102~103 页）和布罗伊尔位于康涅狄格新迦南（New Canaan）的自宅。哈里成为包豪斯的信徒，当他最终与父母在澳大利亚团聚时，为他们建造了这座布罗伊尔风格的住宅，几乎完全拷贝了他在纽约时与 R. D. 汤普森（R. D. Thompson）一起设计的住宅。罗丝·赛德勒住宅位于悉尼近郊的图拉姆拉，它是一座澳大利亚建筑，仅仅因其坐落于澳大利亚的土地上。

一个典型的布罗伊尔的方盒子，基础立于地面笔直向上。平面 U 形布局，卧室位于一翼，而起居室占据另一翼，居中连接两翼的是多功能家庭活动室和一个开敞的露台。名为露台而其与整个盒子的关系如此紧密，看起来更像是一个房间。

尽管这是一个重复使用的设计，其最动人处之一便是建筑与地块的合宜无间。北向陡坡上，山石砌成的挡土墙深入山体，稳如巨锚保护着平整的场地；郁郁葱葱的山谷，一望无际。建筑主体，这个一层楼高的盒子，横置于地块

上。车库、工作室和一个小进厅置于盒子之下。走入进厅，简洁的直跑楼梯通向盒子的中部；旁边，开敞的采光井恰好位于木制露台的后面。再向前，是另一个典型的布罗伊尔的设计：房间中间独立的石砌壁炉和烟囱，分隔起居和就餐空间。从家庭活动室和厨房向左，就可以步出建筑，重新踏上山坡，继续向上。

赛德勒的基本建筑语言习自布罗伊尔，同样学到的还有其导师的失着。新迦南的布罗伊尔住宅因为对木制框架墙体的结构性能过于乐观，几乎带来灾难性的失败。罗丝·赛德勒住宅同样使用了木框架墙体，但将其置于坚实的钢筋混凝土台基之上，由混凝土墙和钢制圆柱支撑。混凝土梁向外伸出，支撑着露台。长长的木制坡道由露台延伸至前院。盒子的立面构图并未刻意雕饰，而是完全由其中的空间决定，全高的玻璃幕墙与实体墙面相结合，间或点缀普通窗体。建筑师自己创作了一幅田园写意、色彩斑斓的壁画，覆盖露台"间"的墙壁。

在完成这座名留建筑史的欧美风格住宅后，哈里·赛德勒后来成为澳大利亚最重要的建筑师之一，设计了澳大利亚最为著名的几栋摩天大楼。

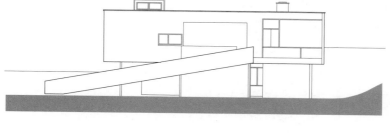

1　北立面

1

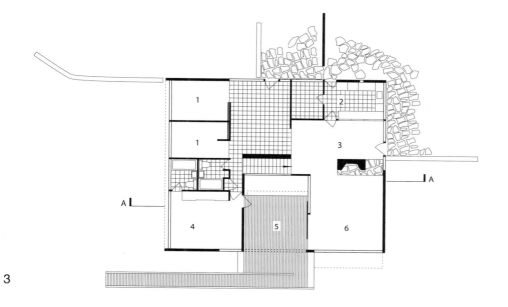

2　A-A 剖面

2

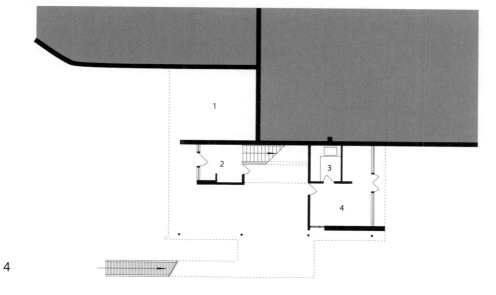

3　二层平面

1）卧室
2）厨房
3）餐厅
4）主卧室
5）露台
6）起居室

3

4　一层平面

1）车库
2）入口
3）暗室
4）工作室

4

0 1 2 3 4 5　　　10 m

范斯沃斯住宅（Farnsworth House）

路德维希·密斯·凡·德·罗（Ludwig Mies van der Rohe，1886—1969）

美国伊利诺伊州普莱诺（Plano，Illinois，USA）；1945—1951 年

　　几乎可以肯定，密斯·凡·德·罗和他的客户——伊迪丝·范斯沃斯博士（Dr Edith Farnsworth）之间的确有过浪漫恋情。他们常常一道造访工地，而轶事不胫而走。据说曾有一次密斯要伊迪丝站到还没完工的门廊里让他"好好看看"。她爬上去，摆好姿势，展开笑脸。"好极了，"密斯说，"我就想看看比例是不是合适。"相比之下，这个设计更像是为他而做的，而不是为她。这成为他完成一座自己心目中理想建筑的良机——建筑无可挑剔，风格集其大成。所有的条件都有了：临河的大面积地块，平整广阔，树木成林；要求简单扼要，没有条条框框；加上一位单身富有的客户，他可以从容欺负。

　　范斯沃斯住宅标志着密斯设计上一个重要时期的结束。在这一时期，他对现代主义所有构图变化的可能性进行了试验。时至今日，探索已经完成，他又重新回归起点，回归新古典主义的肃穆庄严。密斯此后的所有作品都可以视为范斯沃斯主题的变奏。巴塞罗那博览会德国馆与图根德哈特住宅（参见 78~79 页）设计中平移的对称性和华丽的用材，都被弃置一旁；钢结构框架的经典圭臬地位全由今日始。建筑地面与屋面是一模一样的、平整的长方形，显而易见固定在四对普通 H 型钢柱间，而不是置于柱顶。两端出挑，地面架空 1.5 米（5 英尺）以防止可能的积水。在地面与屋面上下两个平面之间，近 2/3 的空间由连续的玻璃幕墙围合，边框尽可能地缩至最小，只在一端留下一个开敞的门廊。其旁是第三个同一比例的矩形平面，位置较低，成为入口平台。场地与平台以及平台与门廊之间均是三五步宽敞的踏步。住宅内部，一个独立的屋中之屋作为服务区，包括一个厨房、两个卫生间和一个设备间。除此以外，再无固定的墙面。

　　这段简要的描述足以概括整个住宅，再多的描述不过是细节的精雕细琢。例如，构图上明显的非对称性——地板与玻璃幕墙之间，或是住宅主体与平台之间。结果，细观之下呈现出以柱体为轴的复杂层叠的对称性，并围绕其产生出各种变化。

　　从细节层面上看，可以注意到以最细的钢条制成的窗棂将巨大的玻璃幕墙划分成雅致的正方形；每一块地板，无论内外，都由相同的白色洞石铺就；以及中央服务区的实木墙板恰好止于天花板之下，保证了起居空间的完整性。

　　从密斯的角度看，这的确是一件近乎完美的作品，然而其不仅远超预算，还很不实用。在冬季，埋设在地板下的地暖无法避免冷凝四溢。在夏季，酷热令人难以忍受，门廊在蚊虫袭扰下几乎毫无用处，而安装防蚊纱窗又会破坏建筑整体的通透效果，是个不可能的选项。最终，伊迪丝·范斯沃斯认定自己被耍了，拒绝付账。密斯将她告上法庭，这个项目以洒泪告终。

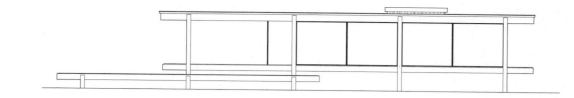

1　南立面

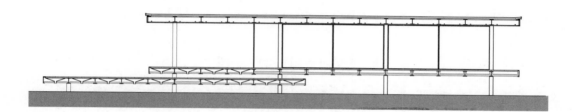

2　A–A 剖面

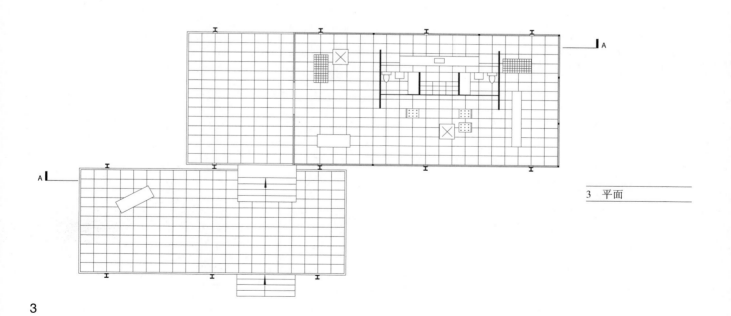

3　平面

0 1 2 3 4 5　　　　　10 m

莉娜·博·巴尔迪住宅（Lina Bo Bardi House）

莉娜·博·巴尔迪（1914—1992）

巴西莫鲁姆比，近圣保罗（Morumbi，near São Paulo，Brazil）；1950—1951 年

1939 年从罗马建筑学院（Rome School of Architecture）毕业后，25 岁的莉娜·博前往文化氛围更为开放的米兰，为建筑师、设计师吉奥·蓬蒂（Gio Ponti）工作。尽管战事正兴，她并未受到影响，开始崭露头角，在建筑设计、家具和工业设计方面积累了宝贵的经验。同期，她也开始为各种杂志撰文配图，并在 1944 年担任 *Domus* 杂志社的副主任。1946 年，她与彼得罗·马里亚·巴尔迪[1]，一位艺术品收藏家兼记者结婚。彼得罗在战前支持理性主义建筑师，如朱塞佩·泰拉尼（Giuseppe Terragni）和阿达尔贝托·利贝拉（Adalberto Libera），并和欧洲各地的现代主义者有着广泛的联系。1946 年，巴尔迪夫妇移居巴西里约热内卢。后来彼得罗受邀主持建立一座博物馆，他们又搬到了圣保罗。

莉娜·博·巴尔迪为夫妻二人设计的这幢住宅，坐落于当时还残留的大西洋沿岸森林（Mata Atlantica）地区——这里原本是环绕圣保罗的热带雨林，目前已是圣保罗富裕的近郊，被称作"莫鲁姆比"。从早期的照片上看，这个山腰间的住宅高出树梢，如同灯塔俯视旷野一般。自那以后，一片人工建设的雨林在住宅周围成长，将建筑物遮蔽起来。邻居们称其为"玻璃住宅"，不可避免地让人将其于同时期世界各地建造的"玻璃住宅"进行比较：约翰逊住宅（参见 108~109 页）和范斯沃斯住宅（参见 112~113 页）。密斯·凡·德·罗或许对莉娜有很大的影响，但勒·柯布西耶可能是最初的灵感来源。博·巴尔迪非常敬佩勒·柯布西耶和卢西奥·科斯塔（Lucio Costa）共同完成的位于

里约热内卢的巴西教育部大楼，赞其"蓝白相间，宛如一艘驶向天际的巨轮"。

住宅主体是夹在两块钢筋混凝土板之间的、水平展开的空间，其中间以修长的圆柱作为支撑。围合的玻璃幕墙以及与天花板齐平的下承梁结构，均令人联想到勒·柯布西耶的多米诺住宅。立柱也毫无疑问地支撑起住宅，使地面景观在建筑之下流动而过。然而，勒·柯布西耶在纯粹主义时期坚持不变的屋顶花园此处变为非常平缓的坡顶。住宅入口是通过一个钢制扶手楼梯，接至檐下的一个空洞。室内起居空间几乎完全开敞，仅围合了一个既像庭院又像采光井的空间，这里生长的树木将住宅的中心与住宅下的花园连通起来。住宅周边环绕着无边无际的森林，住宅内部按功能分区——餐厅、图书室和一个环绕中央独立壁炉的小起居空间——透过玻璃幕墙的户外森林景观又将它们整合在一起。理论上说，虽然玻璃幕墙可以水平方向移动，但由于其外并无露台或阳台让人进一步接近自然景观，所以基本上只是个观景台。

起居空间只占住宅半壁，另一半位于起居室北面，落在山顶上。卧室成排，面对一个窄小的院子，院子的另一侧是服务员工居住区的实墙。只有厨房横置于这两个区域之间，为佣人和女主人共用。厨房内装备了一排设计精巧的厨具，以减轻下厨的劳动强度。但要是有人因此认为博·巴尔迪仅仅设计民用建筑，那应该再去看看她后期的设计作品，特别是 1968 年完成的圣保罗艺术博物馆（São Paulo Art Museum）内那个非同凡响的飞桥设计。

---

1 Pietro Maria Bardi，1900—1999：意大利作家、策展人、收藏家，巴西圣保罗艺术博物馆创办者。

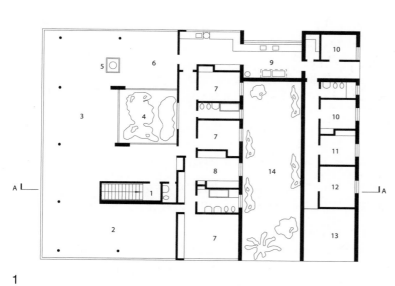

1

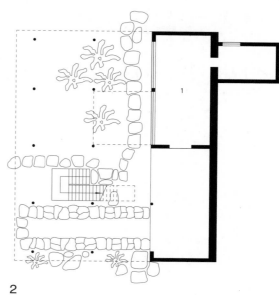

2

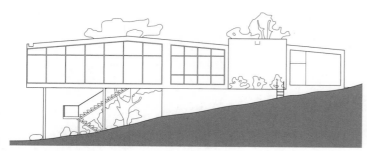

3

4

0 1 2 3 4 5　　　10 m

乌加尔德住宅（Casa Ugalde）

何塞·安东尼奥·科德尔奇（José Antonio Coderch，1902—1981）

西班牙卡尔德斯德斯特拉克（Caldes d'Estrac，Spain）；1952 年

何塞·安东尼奥·科德尔奇是 R 组（Grup R），一个第二次世界大战后在巴塞罗那成立的进步建筑师团体的领军人物。毫无疑问他是个现代主义者，也出席过国际建协会议（Congrès Internationaux d'Architecture Moderne，CIAM），但他远不是那些战前现代主义先驱们无条件的追随者。他对本土化与加泰罗尼亚景观的兴趣之大，让其对严格遵从理性主义或是功能主义并不感冒。在体现本土化而非国际化，尊重当地文化传统与特质上，乌加尔德住宅堪称现代主义中的绝佳范例。

欧斯塔基奥·乌加尔德（Eustaquio Ugalde）是一名工程师，喜欢一处距巴塞罗那约 30 公里的地块，靠近卡尔德斯德斯特拉克村，位于山顶，可以俯瞰大海。他请建筑师朋友来设计住宅。于是，地块上的山石、松林，特别是其俯临地中海的景色成为设计的出发点。它不是一个被置于山顶的住宅，而是一个从山岩中生长出来的住宅。

蛇纹石（Serpentine stone）砌筑的挡土墙沿地块边界延伸，围合出一个草履虫形状的平台，上覆赤陶地砖；东端为游泳池。如果这是一个传统的布拉瓦海岸（Costa Brava）度假别墅，那这个平台上会是一个四平八稳的，可能还是坡顶的住宅。但是在这里，一方面，住宅的外形活跃灵动，似乎虽身限界内而心犹不甘。住宅南侧是一个非直角的四边形盒子，位于平台边缘之外的低处，作为客房。客房由石墙支撑，其下为车库。住宅北侧是另一个四边形盒子，即主卧室，位于高处的山坡上。西面，服务员工区在一个狭窄的工作庭院和主入口步道之间顺势展开。室内与室外相互交错，令人意外连连。平台铺地延续至主起居空间，这里大面积的玻璃窗与玻璃门使其看起来如同平台的一部分。而在另一方面，主卧室以下的空间和一旁的院子虽然由玻璃围合，架顶成屋是自然而然的事情，却被特意留白，归为户外。

整体上看，住宅为两层，但地坪高度各处不一。其剖面如平面一样，令人费解，几乎楼上的每一个房间都处在不同的高度上。室内外楼梯均为白色水磨石，室内主楼梯由起居室升至一人高处的木制休息平台，平台固定在悬于天花板下的框架上。休息平台与其上方的人工吊顶在起居室另一侧围合出一个小起居空间。阿尔托的迈蕾别墅（Villa Mairea，参见 94~95 页）对科德尔奇的影响毋庸置疑，住宅的上、下层之间并没有严格界限。起居室的平屋顶和连接客房与住宅主体部分的窄边顶棚均为赤陶砖铺装，且无屋顶围栏，从而成为另一层平台。

在这个由混凝土和毛石组成的松散构图中，唯一贯穿始终的主题就是让建筑成为观景台的思路。南向的景观经过仔细裁剪，精巧地置于或纵或横的画面内。与此同时，借助有玻璃或无玻璃的墙面开口，制造出一个地中海风光的美丽画廊。见过乌加尔德住宅，应当不惊讶于科德尔奇作为摄影师的斐然成就。

1　三层平面[1]

1）主卧室
2）卧室
3）书房

2　A–A 剖面

3　B–B 剖面

4　二层平面

1）主卧室
2）服务员工区
3）起居室
4）客房

5　C–C 剖面

6　D–D 剖面

7　一层平面

1）平台
2）游泳池
3）客房
4）小院

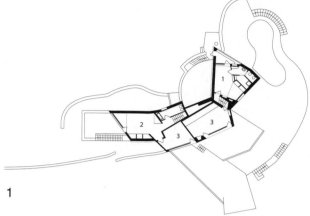

1

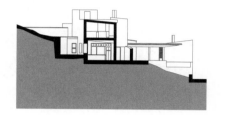

2

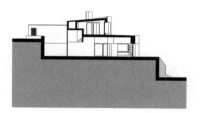

3

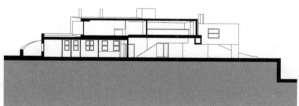

5

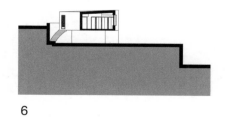

6

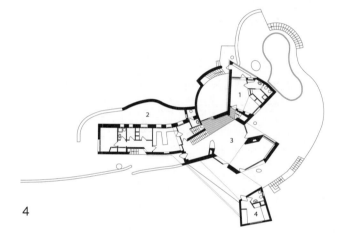

4

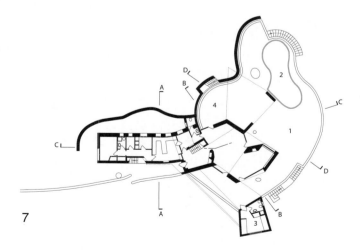

7

1　住宅为两层，但因地坪高度各处不一，故从地坪划分，又可分为三层。

012345　10 m

伍重住宅（Utzon House）

约恩·伍重（Jørn Utzon，1918—2008）

丹麦海勒拜克（Hellebaek，Denmark）；1952 年

20 世纪 50 年代早期，现代主义影响至丹麦，此时约恩·伍重已是好整以暇。第二次世界大战期间，他在赫尔辛基为阿尔瓦·阿尔托工作；1949 年，他获奖学金得以前往美国，造访弗兰克·劳埃德·赖特和密斯·凡·德·罗；他还到墨西哥和摩洛哥学习非西方建筑传统。1951 年，32 岁的伍重已婚并育有三子。家庭需要住房，而他作建筑设计的收入并不稳定，这决定了住宅造价必须低廉。伍重在靠近赫尔辛格（Helsingor）附近林地中找到一处很大的地块，并申请了政府低息贷款——条件之一就是居住面积不得超过 130 平方米。他决定与相熟的本地建造商签订正式合同，实现自己的设计。其最终成为丹麦历史上最早的、真正现代主义的开放式布局住宅之一。

单层平顶，壁炉与厨房置于中央核心区的平面布局，伍重住宅清晰地袭自赖特的美国风住宅（Usonian House），如 1936 年的雅各布斯住宅（Jacobs House，参见 90~91 页），但又有本质差异。北立面为一面实墙，仅在入口处内凹，长长的车道止于横跨于车库与此砖墙间的凉棚。

这是一个单面住宅，其概念之纯粹不容毫厘之失；因而无开窗的卧室只能依靠屋顶采光。赖特是决然不会如此教条的。宽大的长方形起居区南面为玻璃幕墙；厨房位于起居区东南角上，在中央砖砌壁炉和烟囱后方。如此开放式布局其时正在美国近郊住宅里兴起，而在丹麦还是大胆的创新。然而布局的开放度是在小心控制之下的。壁炉大致划分出不同的起居空间——景观区、就餐区、壁炉边的闲适区——藏于烟囱砖体内的一道推拉门，在需要时可以隔出厨房的操作间。

当时，意识到预制建筑潜能的进步建筑师对比例模数的兴趣与日俱增。赖特的美国风住宅设计基于 0.6 米 ×1.2 米（2 英尺 ×4 英尺）的平面网格，基于古代"木割"（Kiwari）模数体系建造的日本传统住宅也引发伍重莫大的兴趣。在伍重住宅里，是毫不起眼的"砖"确定了内部与外部的模数。所有建筑尺寸均为 120 毫米（丹麦砖加上灰浆宽度的尺寸）的倍数，地砖、砖铺地面和木制步道均为格状。伍重喜欢或纵或横、完整无缺的平面，不喜欢门窗破坏建筑的完整性。因此住宅内门都是全高到顶，外覆与其他非承重部分隔墙一样的纵向面板。隔墙与天花之间留出的一道暗缝预示着室内隔墙有变动的可能。

此住宅的另一个重要特点必须提及。于南面看去，宛如立于坚实砖台上的轻质木框架；或者用掉书袋的说法讲，这是朴素地基上的超级精巧结构。这一由中国传统建筑激发的思想将成为伍重后来众多作品的中心主题，不仅仅是在那个让他名留青史的建筑——悉尼歌剧院（Sydney Opera House）中。

1）入口
2）起居室
3）厨房
4）卫生间
5）卧室
6）书房
7）车库
8）平台

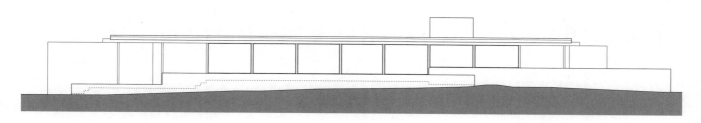

1

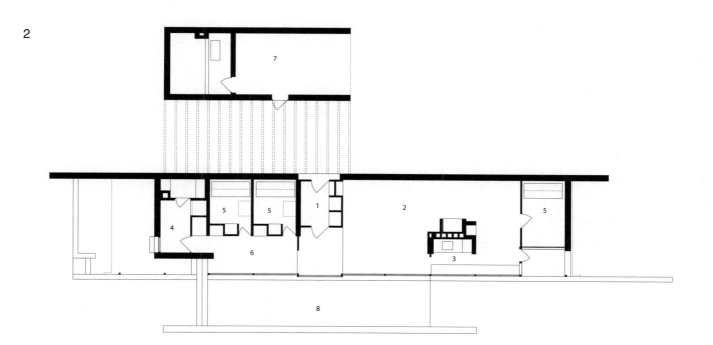

2

0 1 2 3 4 5   10 m

案例研究住宅 16 号（Case Study House No.16）

克雷格·埃尔伍德（Craig Ellwood，1922—1992）

美国加利福尼亚州贝莱尔（Bel Air，California，USA）；1953 年

作为设计师，克雷格·埃尔伍德与竞争对手相比有一个巨大的优势：他从未就读于建筑学院。起先，他的抱负是要成为好莱坞的演员，而当过一段时间的模特后他又漂到金融业，而后是市场营销，最终投身建筑业。所有这些经历对他的建筑师事业都有所助益。20 世纪 40 年代后期，他在兰波特、科弗和萨尔兹曼（Lamport Cofer Salzman，LCS）承包公司做估价师。这家公司建造了数座由《艺术与建筑》（*Art and Architecture*）杂志资助的案例研究住宅，包括埃姆斯住宅（Eames House，参见 106~107 页）和该杂志主编约翰·恩特恩萨（John Entenza）的住宅。埃尔伍德正是利用这一关系，离开 LCS，开始独立进行住宅设计。

1951 年，约翰·恩特恩萨让埃尔伍德为第二阶段的案例研究项目提供一个设计。为此埃尔伍德选择了其前老板——LCS 的亨利·萨尔兹曼（Henry Salzman）委托的住宅。在战后的洛杉矶，发展商委托设计这样一个超前的住宅，在公开市场上销售，说明现代主义风格很受欢迎。

案例研究住宅 16 号是一个简单的单层方盒子，容纳两个卧室、两个卫生间、一个厨房和一个宽敞的开放式起居空间。建筑委身于一处狭窄的山脚，位置相当尴尬，但设计通过延伸到花园的框架、墙体与屋顶来主动适应周边环境。在北面，薄薄的平屋顶向外伸展过车库上方；在西面，轻钢框架从建筑外墙面挑出，支撑起一片遮阳亭；西南角上，石砌壁炉向外延伸成露台上的烧烤架。在靠近主入口的位置，主盒子的木制北墙延伸开去，先是成为卧室外的格栅窗，再变为整个住宅最为不同寻常的特征：一道钢框磨砂玻璃隔墙，将建筑东端完全包裹起来。

作为估价师，埃尔伍德意识到预制构件的潜在优势，以及考虑建筑材料价格浮动的重要性。在设计定案之前，他会经常向分包商和供货商了解预算报价。在他的设计中，四四方方、呈格状或称为模块化的特征，既是从现实造价考虑也是建筑设计风格的一部分。案例研究住宅 16 号以 1.2 米（4 英尺）为模数，设计成见方的格状，钢柱与钢梁的间隔模数为 2.4 米（8 英尺）。埃尔伍德通常喜欢暴露梁，赋予空间以方向感，然而在这里，也许是因为要充分利用室外的景色，起居室被设计为面向西、南两个不同的方向，建筑钢梁隐蔽于屋顶平台之内；其下缘在室内石膏天花板上依然可见。承重柱也得到相应的处理，成埋入式，内置于墙体之内，使整个建筑看去就像内部以平板做分隔的一个大框架，或者就是单纯由各种水平或垂直平面组成的一个立体构成。外墙为全高的木板或玻璃幕墙，柱与墙厚度相等；内墙在近地部分退后，在靠近天花的位置使用玻璃，凸显出其并不承重。

案例研究住宅 16 号是一个经典的埃尔伍德住宅，一方面是因为它完美地凸显出其在简洁形体运用上的游刃有余，另一方面是因为该设计毫无争议，完全来自其本人。在他设计生涯的后期，更倾向于将建筑设计的决定权交给那些科班出身的合作者，尽管其对建筑施工和营销方面的兴趣一直未减。

当他的设计风格不再流行之后，埃尔伍德 1977 年自建筑业退休，在托斯卡纳（Tuscany）投身于绘画事业。

1 平面

1）入口
2）餐厅
3）厨房
4）洗碗间
5）卫生间
6）卧室
7）起居室
8）电视间
9）主卧室
10）维护区
11）儿童游戏区
12）停车
13）起居室露台
14）观景台
15）庭院

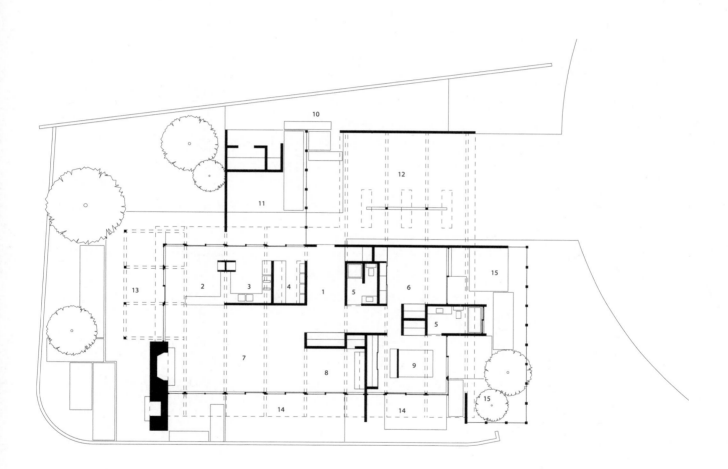

0 1 2 3 4 5   10 m

实验住宅（Experimental House）

阿尔瓦·阿尔托（Alvar Aalto，1898—1976）

芬兰穆拉察洛（Muuratsalo，Finland）；1952—1954 年

阿尔瓦·阿尔托是暧昧（ambiguity）的大师。任何简明扼要、清晰明确，或是可以清楚解释的东西在他的眼中都是缺憾。众多建筑师，以现代主义者尤甚，都会为自己的设计寻求一种理性的"合理化"解读，即便找不到也要创造出来；而阿尔托却笃信直觉，也欣然面对各种针对其设计出乎意料的解读。他自己的度夏别墅位于山岩密布、森林繁茂的穆拉察洛岛，在一定意义上说，是一个非常简单的建筑，一座平面呈 L 形的三卧室农庄，半围合起四方的庭院，然而各种暧昧的处理赋予其复杂的层次与内涵。

以庭院为例，这真的是一个庭院吗？尽管没有屋顶，但看上去似乎完全可以覆上屋顶，可能曾经有顶如今却垮掉了，或是由于什么原因拆掉了。促成这种感受的是沿着覆盖两层高的起居空间的单坡屋顶延伸的、高度超出平常的外墙，似乎整个建筑就是一个巨大的单坡屋脊。而如果说这里本来就是庭院，似乎它应该与周边房间有更多的直接联系——落地窗，或者是另一个可能——作为空间过渡的敞廊或是柱廊。的确，起居室外墙上留有一面大窗，但其他通往庭院的均为单扇门。

也许没有人会指望在芬兰用到敞廊，但空有"院"而无其他空间可作为向心之"庭"，多少还是让人觉得意外。或许庭院之所在原先的确是一个房间？否则又如何解释那扇带竖向格栅的西向大"窗"？再有，如果不是为了实现某种后来被略去的内部功能，为什么窗台要做成台阶状？庭院中部的炉床也让人觉得这就像是某个礼堂的遗迹，就如战后阿尔托最著名、最富影响力的作品——塞伊纳采洛镇中心（Säynatsälo Town Hall）。

然而，其使用的建筑材料提供了另外一种解读。正常情况下，我们习惯于砖墙在房屋内部上漆而在外部裸露；而在这里，又被阿尔托反过来了。如此说来，庭院部分可能一直就是设计中的外部空间。继而，砖墙自身又形成一个更令人费解的问题。墙体与地面步道由一块块质地与图案各异的长方形砖"拼接"在一起，再间或随意散布一块块的彩色瓷砖。这到底是用上的瓷砖样品，还是在搞设计实验？

事实上，阿尔托的确以在穆拉察洛度夏别墅进行各种建筑技术测试为由，申请了税收减免，虽然最后未获批准。在该住宅东侧的地块上，他也设计并部分实施了若干项建造技术实验。但是很显然，这里的拼接做法其意原为艺术，就像现代主义抽象画和拼贴画——一直以来这都是他的灵感源泉。

于是，其暧昧一如既往的同时存有一丝自由——于阿尔托是创造的自由，而于我们则是解读其内涵的自由。

1）起居室
2）厨房
3）卧室

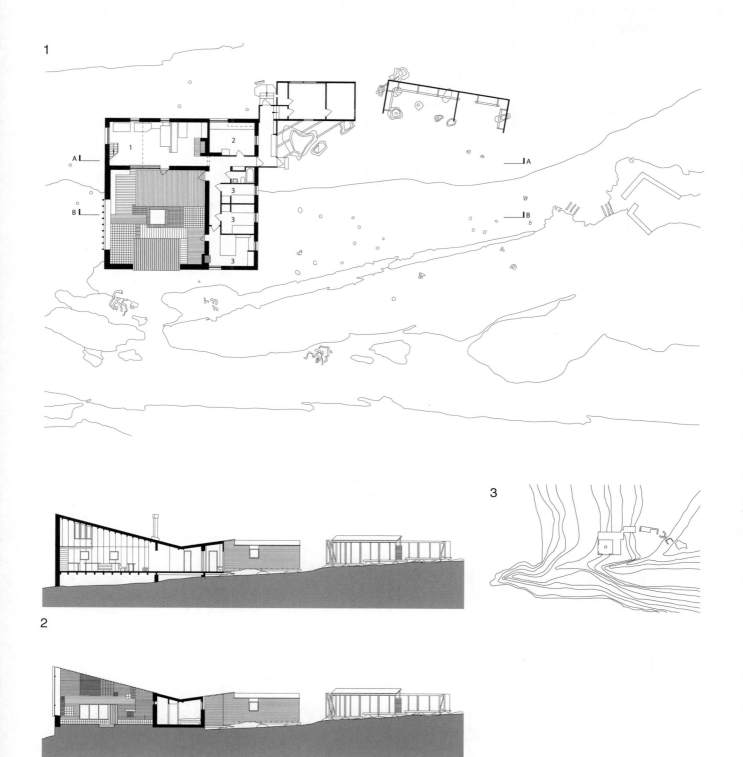

1

3

2

4

0 1 2 3 4 5　　　　　　10 m

普鲁韦住宅（Maison Prouvé ）

让·普鲁韦（Jean Prouvé，1901—1984）

法国南锡（Nancy，France）；1954 年

　　让·普鲁韦最初是一名机械工人，为罗贝尔·马莱·史蒂文斯（Robert Mallet-Stevens）和托尼·加尼耶（Tony Garnier）等知名建筑师加工、制作家具和各种特殊配件。在 20 世纪 30 年代，他开始参与建筑设计工作，通常是与博杜安[1] 和洛兹建筑师事务所合作。作品包括最早的预制周末度假屋，一些军用临时营房，以及一组位于巴黎近郊默东（Meudon）的永久性预制住宅群。作为建筑师，普鲁韦与众不同之处在于他的设计不是在办公室或者画室内完成的，而是在其车间工作台上完成的。对建筑材料和加工工艺细致入微的理解是他从事设计的基础，建筑理论和规范对他来说无关宏旨。举例来说，一般建筑中结构框架与非承重的填充墙之间有泾渭之别，一如在密斯·凡·德·罗的范斯沃斯住宅（参见 112~113 页）及其众多模仿者中所呈现的那样；而对普鲁韦来说，它只是一个遥不可及的抽象概念，毫无意义。他绝不会为了所谓的"建筑"而牺牲一个更简化、更快速，也更实用的解决方案。

　　普鲁韦位于南锡马克塞维尔（Maxéville）的工艺车间由一家大型电解铝公司法兰西铝业（L'Aluminium Français）提供支持赞助。1953 年，由于希望得到更大的投资回报，母公司开始介入并干涉原本专属普鲁韦的领域，最终逼迫他离职退出。丢了属于自己的企业，挫折沮丧中的普鲁韦转移精力，投入到自建住宅中，所用材料全部来自经此大变半途而废的各项"烂尾"工程。

　　住宅所在地块是一片被认为不适于建造的、南向陡坡上切出的狭长平台。[2] 毫不意外，住宅平面呈线形，基本布局为单廊式（一字排开的单排房间加上北侧的带形走廊）。该宅非同凡响之处在于其运用的建筑新技术之多。北面的后墙为小型钢框架中填充实木，上覆铝板，以直角翅片支撑，望之如鳍。它们形成一个贯通住宅全长的连续储藏空间。住宅南侧外墙由三种不同的承重板材构成，起居室为通高的玻璃幕墙，卧室与书房为木板条墙面设玻璃窗，服务用房间为铝制墙面和圆形玻璃窗。然而，厚重的石砌混凝土山墙为住宅提供了纵向稳定性。

　　起居室西侧外墙上有一扇巨大的、以旋转合页固定的金属框玻璃门。此处并无结构框架，仅有一个垂直屋面跨度的钢梁，横亘于宽大房间之上。屋面非常特别，三层松木叠合屋面板在 1 米处略向上拱起，形成渐变的浅拱顶覆盖在住宅主体上，而在另一个方向上弯曲屋面悬挑出屋面梁。屋面板无檩自立，外覆铝板。住宅内部多以实木隔墙分隔，内门均抹了圆角。最后，卫生间墙体为混凝土制，借以实现良好的隔声效果。

　　如此道来，普鲁韦住宅似乎是个乱糟糟的大杂烩，然而实际上各种元素如此独特而实用，使其自成一格。虽说这是一栋住宅，但给人的感受更似舟车。普鲁韦从未料到此宅的存在会超过 10 年，得益于其在职业转轨后获得的巨大声誉，这一项目得以留存下来。

1　Eugène Beaudouin，1898—1983：法国现代主义建筑师，城市规划师。生于巴黎，在巴黎美术学院（École des Beaux-Arts）蓬特雷莫利（Emmanuel Pontremol）工作室学习；1928 年，毕业设计获罗马大奖（Prix de Rome）。1925—1940 年，与马塞尔·洛兹（Marcel Lods）合作设计叙雷讷露天学校（L'école de plein air de Suresnes）时任工程师。在此期间，博杜安也开始从事城市规划，对城市区域进行功能和空间上的组织。1942 年，赴日内瓦大学新开办的建筑系任系主任；1946 年起也在巴黎美术学院授课。1960—1964 年任国际建筑师协会（International Union of Architects）主席。原文为 Baudouin，应是拼写错误。

2　参见 https://www.youtube.com/watch?v=OW_myTnkow4，介绍了该住宅建造的过程。

1　平面图　　　2　正立面　　　3　背立面

1）起居室
2）卧室
3）卫生间
4）厨房
5）书房

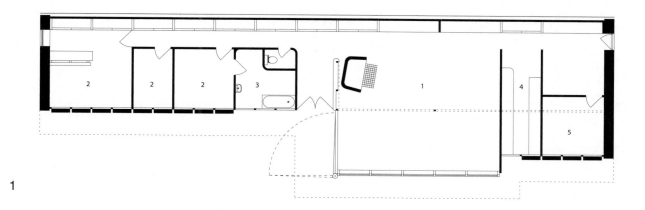

1

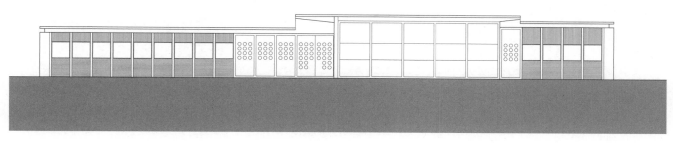

2

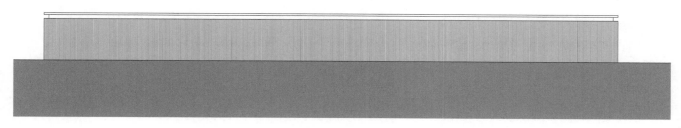

3

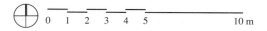

巴温哲尔住宅（Bavinger House）

布鲁斯·戈夫（Bruce Goff，1904—1982）

美国俄克拉荷马州诺曼（Norman，Oklahoma，USA）；1950—1955 年

巴温哲尔住宅毫无常规可言，它甚至没有建筑通常意义上的室内与室外。建筑空间由其螺旋状石墙组织起来，平滑地由相对开敞逐渐过渡到相对封闭。的确有一道玻璃幕墙在名义上区分室内室外，但幕墙两侧的砖石铺地完全相同，两侧的植被爬藤蔓延不断，与石砌墙面之粗粝毫无二致。深入"室内"区域的地方倒有个鱼塘。屋顶犹如削出的苹果皮，不是由墙体支撑，而是靠应力钢丝悬张于中心钢柱之上。没有常规的窗户，采光来自屋顶与墙体之间的连续窗带。

在螺旋体中心位置的狭小空间里布置厨房，几近常规厨房的模样。可是卧室呢？竟然是悬于半空中的飞碟。真的要睡在一个悬挂在天花板上的碟子里的话，衣物和其他物品得放到哪里呢？答案居然是近旁一个同样悬挂在天花板上的木制圆柱形转橱。在平面设计图上，这些碟子有着常规的名字：父母卧室、活动区。一层某些下沉的部分被用作休憩和就餐。然而，它与真正的用途又有何碍？这是一个半自然的环境，一个充满惊奇的游乐园。或者换言之，一座伊甸园，免于所有建筑语汇的桎梏。

然而，巴温哲尔住宅是受到严格的几何控制的，螺旋体是严格的对数曲线，那些配有回转橱的飞碟规则地布置在楼梯间休息平台旁。当螺旋体上方收紧时，那些飞碟及其附属物开始突出于墙体之外。最后也是最高的那个飞碟，设计中的"工作画室"，成为整体伸出的圆柱体，宛如城堡高耸的碉楼。

吉恩（Gene）和南希·巴温哲尔（Nancy Bavinger）夫妇是在俄克拉荷马州诺曼市的一所大学里执教的艺术家，戈夫任该校建筑系主任。对于建筑师来说，他们夫妇堪称"完美客户"，从未抱怨项目历时 5 年才告成；在戈夫的学生帮助下，他们甚至自己动手完成了相当一部分的施工。项目竣工后，吸引了大批好奇的参观者，有建筑师，也有本地的居民。于是巴温哲尔夫妇以 1 美元的价格收取门票，结果居然收回了相当一部分的建设费用。后来他们夫妇在此居住超过 40 年。

布鲁斯·戈夫是一位自学成才的建筑师，不屑于对各种风格的继承或发展。他对时间的态度甚为新颖，声称对过去与未来均毫无兴趣，只专注于他所谓的"持续的当下"。他的众多作品仅凭外表难于断代，巴温哲尔住宅便是一例。回归自然却并不怀旧；充满幻想却非未来主义。换言之，正如它的建筑师一样，它未从任何人那里借用任何表达，或许他的老朋友和导师弗兰克·劳埃德·赖特可以例外。

1 上层平面   2 A–A 剖面   3 下层平面

1）父母卧室
2）活动区
3）子女卧室
4）画室
5）回转壁橱
6）天桥

1）室外平台
2）入口
3）会客区
4）池塘
5）壁炉
6）厨房
7）早餐室
8）设备区

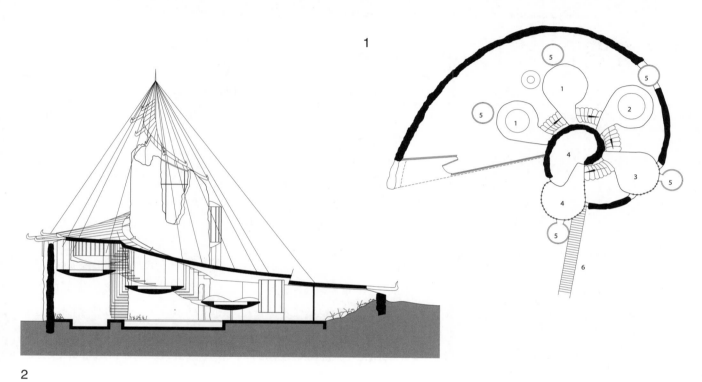

1

2

3

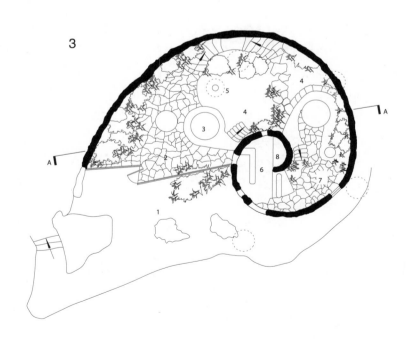

0 1 2 3 4 5   10 m

萨格登住宅（Sugden House）

艾莉森·史密森（Alison Smithson，1928—1993），彼得·史密森（Peter Smithson，1923—2003）

英国沃特福德（Watford，UK）；1955 年

"我是说我想要一个简单的住宅，一个普普通通的住宅，但这并不意味着它不是一个大胆前卫的住宅。"看上去这像是一个不可能实现的项目任务书，而德雷克·萨格登（Derek Sugden），一位结构工程师，后来的知名声学家，最终如愿以偿得其所求。萨格登住宅是一座具有前卫意义的普通住宅。这座砖砌四卧室独立住宅，外表淳朴，与成千上万其他郊区住宅没什么区别。但就是它，在战后英国建筑发展中地位牢固且重要，一直是年轻的未来建筑师们的灵感源泉。

然而要做到简洁并不是那么容易的，对于建筑师来说尤其如此。最终设计的形成历经艰难，并非一蹴而就。第一稿设计中采用的蝶形屋面与窄条窗，明显是一个人为的"建筑"。萨格登与他的夫人琼（Jean）直言不讳，不太满意。这让艾莉森·史密森异常"纠结"（萨格登关于此节的记述可见迪尔克·范登赫费尔[1]。

彼得·史密森对突兀之处进行修改，重新提交的方案去掉了流行的屋面与窗式。萨格登夫妇马上就接受了这一设计，直至竣工，再无更动。显然，原设计中所有"人为"的建筑要素都被拿掉了。这个过程告诉我们，建筑学的本质并不在于形式与姿态，而是在于对关切与衡量的判断。其时恰逢史密森夫妇完成了位于英国诺福克郡（Norfolk）极为简约、克制的密斯式设计——亨斯坦敦学校（Hunstanton School），被人们与粗野主义（Brutalism）相提并论。当代建筑评论家对萨格登住宅的设计深感愕然，

因为它无法与这两位建筑师的公众印象相吻合。但就史密森夫妇而言，粗野主义不过意味着表达得"直截了当"，建设直接服务于日常生活，而不是叠床架屋，再假手于额外艺术设计的包装。其实，去除人为建筑的痕迹是再自然不过的道理。

与此同时，如果萨格登住宅仅是一个普通的住宅，又怎值得我们另加青眼呢？这是因为如果从另一个角度看，它丝毫也不"普通"。例如，其平面构造异常精细，起居室与餐厅之间并无隔墙，布置楼梯间与壁炉暗喻两个空间的分隔；这两侧的天花高度也不等，缘于其上的两间主卧室地坪抬高了两级，强调卧室的私密性。内部装修设计（或言非装修设计）也同样精细，有些墙面抹面粉刷，有些直接是清水砖作。楼面屋架暴露在外，并取消了所有的阁楼空间，所有卧室均为木制坡顶天花。

室外部分，这种普通与特异的纠葛更具意味。当地的验收机构起初对钢窗的布置很有意见，称其"过于随意"。他们习惯于常规住宅建造中整齐排列或连续的装饰性外窗。然而事实恰恰相反，这些窗户的布置完全是精心而为。窗口的大小与位置经过专门设计，以勾勒出特别的花园景观，并营造出特殊的室内空间效果。毋庸置疑，这看上去很不对劲，可它无疑正是建筑师得意之笔。整个住宅令人困惑之处还得加上另一个细节——标准的烟囱管帽也是倒置的。

1　Dirk van den Heuvel 与马克斯·里斯拉达（Max Risselada）所著《艾莉森与彼得·史密森：从未来到今日的住宅》（*Alison and Peter Smithson —from the House of the Future to a house of today*）一书。

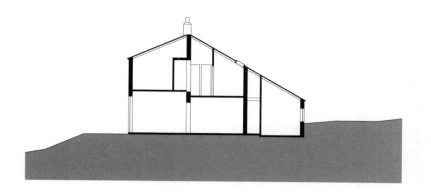

1

2

3

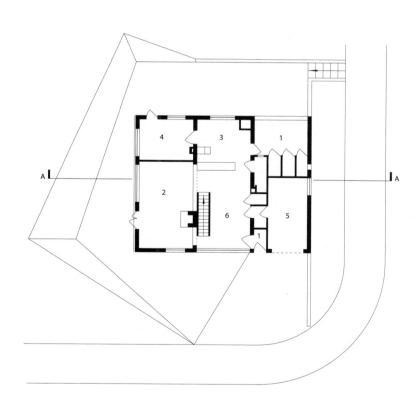

3　一层平面

1）入口
2）起居室
3）厨房
4）书房
5）车库
6）餐厅

0 1 2 3 4 5 　　　　10 m

绍丹别墅（Villa Shodan）

勒·柯布西耶（Le Corbusier，1887—1965）

印度艾哈迈达巴德（Ahmedabad，India）；1956 年

　　勒·柯布西耶负责设计了艾哈迈达巴德的四个建筑项目：两幢住宅，一个博物馆和一处棉纺协会办公楼。其客户都是当地的社会精英阶层，以纺织业起家，彼此联系紧密。绍丹别墅最初是为棉纺协会的干事苏罗塔姆·胡蒂辛格先生（Surottam Hutheesing）设计，他是一位四十多岁的单身汉设计；但设计完成后，豪迪辛将其售与什耶穆布海·绍丹先生（Shyamubhai Shodan），另一位有着四个孩子的纺织厂老板。新主人计划将别墅易址而建，看来拥有一幢勒·柯布西耶设计的住宅，其荣耀远比建筑的实际功能重要。

　　在勒·柯布西耶看来，此宅与25年前的萨伏伊别墅（参见80~81页）一脉相承。相似性的确存在，如4级步行坡道、方形平面，以及住宅架构内开放的空间比围合的空间还要多等；但两者的相异之处更具震撼。此时的勒·柯布西耶正经历一次设计转型。自然取代机器，成为其灵感的源泉；精心雕琢的纯粹主义类型物（objets types）构图转变为各种混凝土浇筑的、形态粗粝豪放的集体呈现，唤起更多地域性联想而非机械的技术特征。

　　绍丹别墅的外形大胆而激越，北向是大片的清水混凝土墙面，南向是巨大的箱形遮阳棚，悬挑的、布有圆形孔洞的巨大混凝土板覆盖整个建筑，构成平整厚实的屋顶。除了依照日照路径仔细地安排朝向外，绍丹别墅丝毫没有受到其所处的郊外环境的影响。尽管如此，柯布西耶显然对当地建筑的敞廊、蔽荫庭院及格纹纱窗有所借鉴。萨伏伊别墅的设计是尽可能地接受更多日照，而绍丹别墅则是尽可能地避开阳光，尽可能地加强通风。

　　别墅的内部处理异乎寻常地繁复，剖面上可以看到许多通高两层，甚至是三层的空间相互交错，然而从使用上看也就是一层为起居与就餐区域，二层为客房与书房，而三层是两个卧室。所谓建筑"内部"的概念在这个有着大量外部的非居住使用空间的住宅内，已经毫无意义。整个建筑体量最大的就是从住宅三层直抵屋檐下，高达三层的敞廊，或者应该称其为"空中花园"。敞廊当中出乎意料地树立起一个一层楼高的、形似桌子的中空混凝土柱，如同水平的遮阳棚。这个混凝土桌面部分无以攀援，但两个卧室之上的屋顶均可度窄梯而上。整个多层敞廊空间的设计看似除了给我们一番探索之外，毫无用处，而当你了解到这个地区的人们普遍有在屋顶睡觉的习惯时，便会领悟此中用意。

　　萨伏伊别墅的司机与女佣卧室包含在建筑主体之内，绍丹别墅的员工用房则布置在一幢分立的单层建筑中，厨房也在其中。

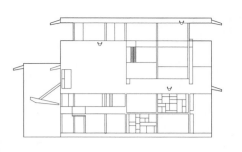

1　A–A 剖面

2　东北立面

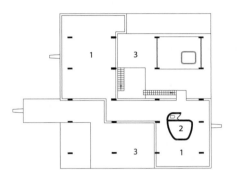

3

4

3　五层平面

1）敞廊
2）水箱
3）中空

4　四层平面

1）敞廊
2）上空
3）平台

5

6

5　三层平面

1）卧室
2）敞廊
3）上空
4）平台
5）坡道

6　二层平面

1）备用房间
2）卫生间
3）书房
4）上空
5）坡道

7　一层平面

1）入口
2）进厅
3）衣帽间
4）卫生间
5）坡道
6）地下室楼梯
7）会客厅
8）餐厅
9）敞廊
10）备餐间
11）厨房
12）食品间
13）员工房
14）卫生间
15）车库

7

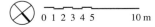

0 1 2 3 4 5　　10 m

雅乌尔住宅（Masions Jaoul）

勒·柯布西耶（Le Corbusier，1887—1965）

法国塞纳河畔讷伊（Neuilly-sur-Seine，Paris，France）；1956 年

　　建筑评论界起初完全被雅乌尔住宅的设计弄懵了。机器时代的预言家、纯粹主义先锋勒·柯布西耶竟然设计了这样一个原始的建筑？那些架空柱、屋顶花园和带形长窗何在何往？而这些砖墙、瓷拱、草皮屋顶又来自何处？还有，这可是在巴黎！怎么看这都是对现代主义的叛经叛道。

　　英国建筑师詹姆斯·斯特林（James Stirling）在 1955 年 9 月的《建筑评论》（Architecture Review）杂志上发表评论，"不安地发现其与作为现代主义运动基石的各项基本原则都甚为疏离"。然而，仅仅一年之后，斯特林自己就在萨里哈姆公地（Ham Common）的兰厄姆公寓（Langham House Close）设计中采用了这种新式的原始砖混风格。

　　完全说是设计师弄懵了大家并不公平，勒·柯布西耶自 1931 年的萨伏伊别墅（参见 80~81 页）完成后就一直在向这个方向努力，转变还是有迹可循的。例如 1937 年的周末度假小墅（Petite Maison de Weekend）就运用清水石墙和草皮拱顶。但他的确是将雅乌尔住宅作为自己战后新设计风格的宣言。这一对郊区别墅虽说只是个中型项目，但是其设计经历了无数个改进版，绘制了逾 500 张设计图纸。大量的设计消耗在试图将两幢住宅连接起来的努力上，最终这个想法还是被放弃了。

　　住宅 A 是为安德烈·雅乌尔（André Jaoul）及其妻子苏珊（Suzanne）设计的，位于地块前端。位于其后的住宅 B 与之呈直角，住着他儿子一家。住宅处在自街道起坡的坡地上，因此一层地坪抬高半层，其下布置车库。两幢住宅平面均为长方形，大部分为两层，局部抬高为三层。长方形平面纵向上分为一大一小两跨，使其可以分隔出三个房间。两幢住宅采用同一个独特的体系，但在每幢住宅中又有些微差异。例如住宅 A 的起居室，二层楼板的一段被取消，形成一个两层高空间；而在住宅 B 内，这个空间设计为加设的卧室。

　　结构体系看起来传统而土气，但实际上其源自对一种复杂的传统结构的改良，即加泰罗尼亚拱顶（Catalan Vault）。屋瓦靠泥浆粘合，而非模板铺就，形成浅桶状拱顶，再用多层瓦覆盖以提高结构强度，增大跨度。在这里，拱顶横跨在彼此平行的混凝土梁上，同时也是混凝土楼地面的永久性模板。混凝土梁以无垛的砖墙支撑，因而相邻的两道墙壁不会直接相交形成角落，例如住宅 A 入口的位置。拱顶对墙壁的侧推力依靠天花板上水平分布的钢筋相平衡。

　　朴拙的屋顶曲线，加上有意为之的灰浆抹面砖作，这两幢住宅设计意在朴实无华，甚至是粗放。然而，如同每一个勒·柯布西耶的作品一样，它们同时也是精致而写意的。住宅内部，空间灵动交融，不同角度射入的光线令自然的建筑材料熠熠生辉——砖石、泥瓦、木料、混凝土和间或粉刷的墙面。在 1955 年，这是一种全新的建筑，传统而诗意，但同时也是现代的。

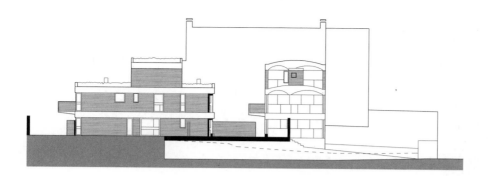

1

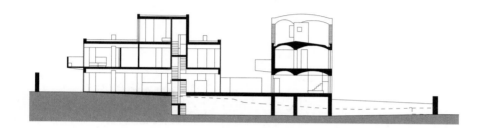

2

3

住宅 B

4

5

住宅 A

6

3 一层平面

1）进厅
2）餐厅
3）起居室
4）书房
5）厨房
6）车库

4 二层平面

1）卧室
2）卫生间
3）上空

5 三层平面

1）卧室
2）卫生间

0 1 2 3 4 5　　10 m

案例研究住宅 22 号（Case Study House No.22）

皮埃尔·科恩尼格（Pierre Koenig，1925—2004）

美国加利福尼亚州洛杉矶（Los Angeles，California，USA）；1960 年

皮埃尔·科恩尼格的这幢钢构玻璃幕墙杰作与东部的几个同侪有所不同。如经典的、甚至有些花俏的约翰逊住宅（参见 108~109 页）和范斯沃斯住宅（参见 112~113 页），植根于欧洲建筑理论，而案例研究住宅 22 号是休闲随意的。从这里远眺洛杉矶，在朱利叶斯·舒尔曼[1] 知名的摄影作品中宛如镶满珠石的地毯，毫无遮蔽，却又没有强势压迫的感受，只是简单地欣赏风景。在住宅开始建设之前，开车到此地的年轻情侣一定也分享过此情此景。这是个伟大的建筑，然而低调，无意吸引目光；传达的信息似乎是：生活本身更为重要。在 20 世纪 50 年代后期，生活对于巴克（Buck）和卡洛塔·斯塔尔（Carlotta Stahl）这样的洛杉矶中产阶级来说，的确是甜蜜的。

事实上在那个时期，由于施工困难，像这样的地块往往被认为是不值钱的地块，基地狭长细窄，深层土质不稳定，还没有空间来布置一个像样的场院。斯塔尔夫妇或许会因为这种种变数增加花费，但他们看重的就是此处的风景。在给建筑师的设计任务书里，他们坚持 270° 观景不得有丝毫的遮挡或影响。

科恩尼格的处理手法是将服务空间集中布置于北面的实墙下，面向道路；而一个由玻璃幕墙围合的起居室大胆突出，直面风景；后部由悬挑的混凝土梁支撑。将起居室的一端而非一侧正对风景，意味着即便在卧室也可以一览全景。同时，L 形平面将地块上的开放空间组织起来，构成一个由庭院和游泳池组成的、绝佳的半围合区。

住宅的入口也完全随意而为。自住宅西面的停车区左转，绕到卧室前，沿着跨过泳池分支的两个步行道前行，在 L 形平面的转角处就是所谓的"前门"了。但事实上构成大部分外墙而面向庭院的、多扇巨大的全高玻璃门也等同于住宅入口。

厨房是位于大起居室内的一个独立隔间。原本设计了照明天花与推拉移门，可将其全部封闭，但实际上最好是将其用作开放式工作台与吧台。起居室内另一个独立的构件是可直视其结构的烟囱，用以分隔就餐空间与起居空间。

其随意、非正式风格的关键在于它的钢结构。30 厘米（12 英寸）高的钢梁，10 厘米（4 英寸）见方的钢柱，加上细致利落的焊接，尽管看去也算美观，但绝不是为景致而设。它无碍无挡，最大可能地让出景观，让空间流动起来。钢柱间距达到 6.7 米（22 英尺），几乎与移门的骨架同样尺度。钢梁一端轻松地悬挑出去，一端至其支撑的槽钢屋面边缘猝然而止。屋面在南向与西向悬挑深远，似乎超出屋顶需要，是为了遮挡玻璃幕墙上方的阳光。

1　Julius Shulman，1910—2009：美国著名的建筑摄影家，案例研究住宅 22 号是其成名作。

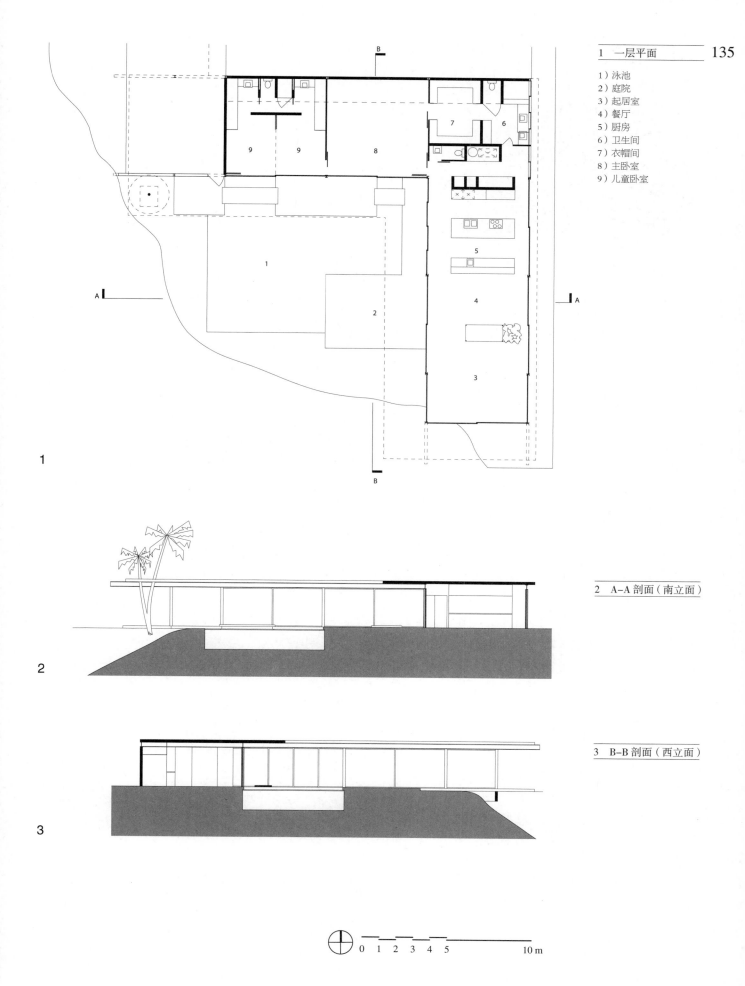

1）泳池
2）庭院
3）起居室
4）餐厅
5）厨房
6）卫生间
7）衣帽间
8）主卧室
9）儿童卧室

1

2　A-A 剖面（南立面）

2

3　B-B 剖面（西立面）

3

0 1 2 3 4 5　　　　10 m

马林住宅（Malin Residence）

约翰·劳特纳（John Lautner，1911—1995）

美国加利福尼亚州洛杉矶（Los Angeles，California，USA）；1960年

不知为何，好莱坞山上的马林住宅又被称为"光化层"[1]。对这个外形好似飞碟的建筑来说，这个科学味儿实足的名字倒也合宜。然而，它并不是一个幻想型或未来主义的设计。项目客户是一位年轻的航空工程师，一定能理解这是陡峭地块上解决营建难题的现实方案。

在《洛杉矶：四种生态的建筑》（Los Angeles，The Architecture of Four Ecologies）一书中，雷纳·班纳姆（Reyner Banham）分析了各种在洛杉矶北郊昂贵而困难的山地上建设住宅的技术方案。一般说来，常用两种方法：一是向下开挖出平整地面，另一个是整个建筑由开放式钢结构框架支撑。

马林住宅的设计摒弃了这两种常用的做法，替代方法是在一个巨大的混凝土柱上建造整个房屋。埋入地下的柱基甚大，但所在的山坡，包括地表山势、地下水，甚至其植被，都未被扰动。最终的投资额仅相当于常规开挖土石、构筑挡土墙方案的一半左右。

住宅为单层的八边形平面，地板由对角线的钢架呈伞状支撑。令人意外的是，混凝土柱并没有一直向上支撑整个屋顶，而是止于地坪。在屋顶的正中心，也正是中心柱的正上方是一个圆形的屋面采光窗，使幽暗的中心明亮起来。建筑上部为钢木结构。当然从建筑的角度说，使用混凝土会更统一，但自重过大，在这个地震多发地区不见得是明智的选择。自中心柱辐射的楼面钢梁，由伞形钢架支撑，并设外周圈叠合联络梁。屋面以复合木料弯曲而成的

门形框架支撑，始于钢架末端止于屋面采光窗外周的一个圆环。

于是室内空间无柱，自由灵活。其中，一半为开放式厨房、就餐、起居区域，壁炉与围坐区域正好位于屋面采光窗之下；另一半室内空间按扇形平面分隔成卧室，仅做局部的空间调整，以改善各房间的空间比例关系。在"飞碟"的外周圈，楼面与屋面相交部位的处理尤为周到。门形框架之间的窗户后倾，以减轻向下俯视的眩晕感，但有一扇窗一直向下，直至视线可及位于其下的停车区。

剩下的还有入口布置问题。在山坡上方，经一座窄桥可以走到厨房附近的入口。此处的外墙后退形成一个露台。在山坡下方，来访者登上一座无顶的电梯轿厢，像迷你缆车那样攀山而上，穿过住宅下方到达山坡，正在那座窄桥旁。

约翰·劳特纳的一生大部分时间是在洛杉矶度过的，他在南加州设计了百余幢住宅，但看起来不怎么喜欢此地。他是弗兰克·劳埃德·赖特的弟子，并自视为有机建筑师，而不是浅薄的形象设计师。然而，好莱坞还是钟情于其富有冲击力的建筑，数部影片以马林住宅为外景，其中包括《霹雳娇娃》（Charlie's Angles，1976）和《粉红色杀人夜》（Body Double，1984）。

1　Chemosphere：指大气上层受太阳紫外辐射会发生光化反应的气层，主要成分为原子氧（O）、分子氧（O$_2$）、臭氧（O$_3$）、氢氧根（OH）、氢（H$_2$）、钠（Na）及少量其他气体，包括平流层的顶部、中气层以及增温层的下部等距地表 20 ~ 110km 的气层，其光化反应复杂且频繁。

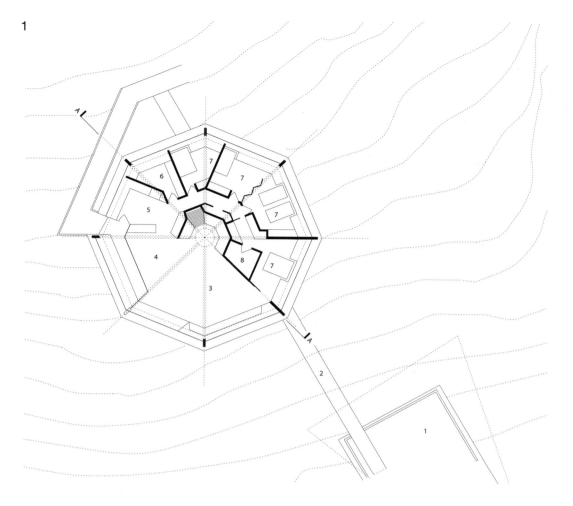

1）停车位
2）提升机
3）起居室
4）餐厅
5）厨房
6）洗衣房
7）卧室
8）卫生间

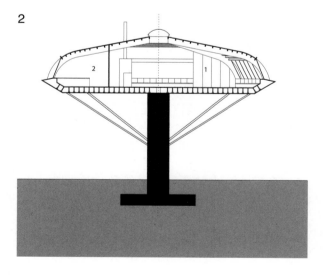

2　A–A 剖面

1）起居室
2）厨房

0 1 2 3 4 5　　　　10 m

埃谢里克住宅（Esherick House）

路易·康（Louis Kahn，1901—1974）

美国宾夕法尼亚州费城（Philadelphia，Pennsylvania，USA）；1961 年

路易·康一生设计了 20 幢私人宅邸，但只有 9 座建成了。如此低的成功率可能缘自他惯于超支，以及他对待客户如同对待自己的学生一般；而绝非由于其不愿意承接没有利润的小型项目。实际上，康非常喜欢设计住宅，并将它们作为孕育和展示其思想的温床与标本。

为单身女性设计的埃谢里克住宅位于费城北郊，完成于 1961 年，展示了已经成熟的路易·康风格的一系列重要特点。首先，其外形庄严厚重，严正矗立的姿态看上去甚为严肃，如同一座公共建筑而非居所。其次，它是一个内敛的立方盒子，除了两个对称布置在两端的烟囱，没有一处延伸与凸起构件。与典型现代主义建筑中的流动空间形成对比，康的空间是静态的。其房间内部静止，静候人们的各种活动——好友漫谈，邻里聚餐，或是独处静读。第三，整个住宅通过房屋的形态设计充分运用天然采光与自然通风，而不是依赖于机械通风和空调来调节内部环境质量。简而言之，正如宣传所言，这是一座"沉静而明亮"的建筑。

尽管建筑外形基本上就是一个立方盒子，仔细研究平面之后会发现它是将四个带状功能区组织在一起形成的，其中每个长方体都比例适宜，严整内敛，一是服务区域，包含位于一楼的厨房、洗衣间以及其上的卫生间；一是就餐区域，还包括位于其上的卧室；一是交通区域，包括楼梯间、前后入口，以及位于其上的凹露台；最后是两层高的、由两个立方体空间构成的起居空间。从概念上说，这些带形区域可以有各种不同的组合方式。例如，起居室、餐厅以及卧房空间可以被视作住宅主体，而服务区域附于一侧；

再或者，三个两层的带形空间可以视为起居室这个主活动空间的"服务区"。建筑外立面与内部空间关联模糊，有时标志着带形分区的间隔，有时又不然，似乎在鼓励多重解读。

窗户通常包含三种功能：采光、通风以及观景。康在这里设计了多种开窗方式，以满足不同的功用。例如，埃谢里克住宅的起居室就是通过东南向的、全高且固定窗两侧的木制百叶窗通风。这扇玻璃窗的反光问题不是以遮阳棚解决，而是通过平衡房间内各扇窗户的入射光线来实现。特别是位于对面墙上、书橱上方的那个高窗。矩形窄窗纵向布置在书橱的中间位置，向外可见户外道路。侧墙壁炉之上也开窗，而视线多被窗外耸立的烟囱遮挡，这似乎是理查德医疗科研大楼（Richards Medical Research Building）那个纪念碑式砖砌方形排烟装置的缩微版。当此宅设计之时，这座位于费城的大楼正在施工中。

1

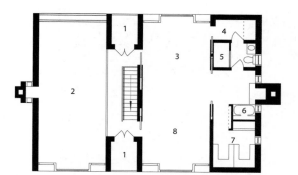

1）露台
2）起居室上部
3）书房
4）储藏间
5）淋浴间
6）卫生间
7）更衣室
8）卧室

2

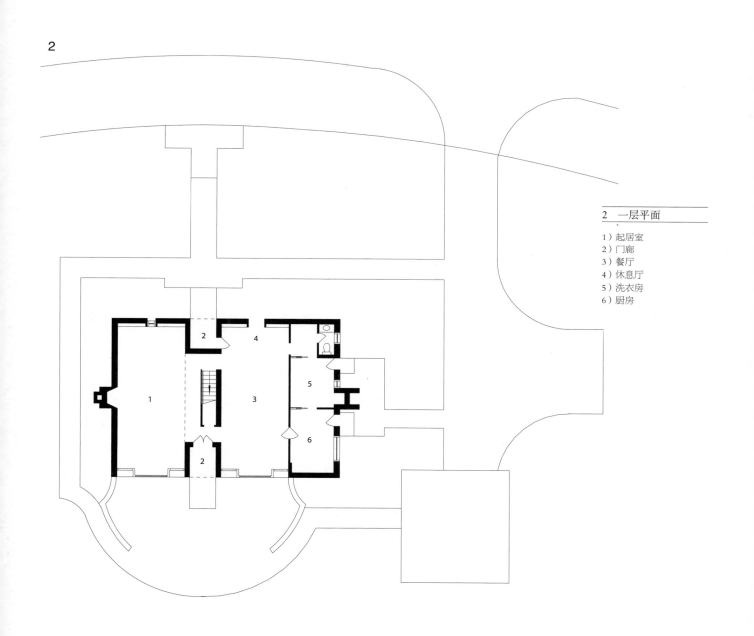

2 一层平面

1）起居室
2）门廊
3）餐厅
4）休息厅
5）洗衣房
6）厨房

0 1 2 3 4 5   10 m

摩尔住宅（Moore House）

查尔斯·摩尔（Charles Moore，1925—1993）

美国加利福尼亚州奥林达（Orinda，California，USA）；1962 年

查尔斯·摩尔既是教师，又是一位建筑师。在其漫长的职业生涯中，先后在盐湖城、普林斯顿、耶鲁、加州大学和得克萨斯州奥斯汀等地任教。而他的建筑设计也许由于其第二职业的要求，具有交流沟通和坦诚相对的特质。如同罗伯特·文丘里（Robert Venturi），摩尔也对现代主义建筑的古板面孔感到厌倦，下决心要让建筑重新变得富于乐趣，容易亲近享受。他游历甚广，传言对各地和各种建筑资料有着惊人的记忆力。

20 世纪 60 年代的某个时期，当功能与结构成为建筑教学的主体，而建筑史却在课程中无足轻重时，古典建筑却在此时成为启迪摩尔的灵感源泉。他于 1975 年为新奥尔良的意大利社区所做的设计——集合了古典主义的各种标志性特征的意大利广场（Piazza d'Italia）决非其典型之作，但却显示出其对正统现代主义的不耐，从而使其迅速成为后现代主义的标志性作品。

摩尔在建筑形式上模仿曾经的老师路易·康，其影响似乎遍及 20 世纪后期每一位重要的美国建筑师。康在 1959 年设计的特伦顿浴室（Trenton Bath House），方形平面、半金字塔状屋顶在三年之后就被摩尔原封不动地照搬到自己位于加利福尼亚奥林达的小型住宅上。住宅内部还有另外两个方形与另外两个金字塔。这个就不再是来自路易·康，而是来自约翰·萨默森（John Summerson）的经典短文《天堂居所》（"Heavenly Mansions"）。文中讨论了"神殿"（aedicule）在建筑史上的重要性。神殿是一个小亭子或华盖，通常由四个柱子支撑，也经常与其他小神殿结合在一起，在建筑构图中占据更重要的位置。其风格多样，包括哥特式、古典式、莫卧儿式以及印度式。

查尔斯·摩尔的神殿是一个变形的金字塔群，每个金字塔分别由四个回收自建筑拆除工地的圆形木柱支撑。金字塔内部漆为白色，以反射来自塔尖采光窗的日光，并与金字塔屋面的深色木料形成对比。就此，神殿在更大的空间内创造出一个特别空间。其中之一构成主起居空间，而较小的那个出人意料地竟是一个开敞的浴池，如同古罗马别墅中浴室的现代版本。

神殿周边的空间随意布置着家具和装饰件。沿墙布置类似博物馆用展柜，一个试衣区，两张由一个高书橱分隔的床，加上一架三角钢琴。

建筑外墙近一半是实墙，其余为移门，或为玻璃门，或为实心门。屋角没有实墙或是立柱，因而当移门打开时，整个建筑成为一个树木环绕的圆形草地上、开敞的亭台。

初看之下，不见角柱有些令人困惑。一个更循规蹈矩的设计师会用周边立柱支撑主屋面，而内部采用轻质结构，让神殿完全独立，如同舞台布景。但摩尔坚持用其回收而来的木柱承担整个建筑的荷载。最终采用了一个非常间接的方式来实现这一目的，一个巨大的木制屋架置于屋脊，再用椽子斜支于神殿的檐部。然而，这毕竟是建筑设计，而非工程设计，结构关系是第二位的考虑因素。关键在于设计的大胆，它的包容性与开放性。虽然只是一个小型住宅，但其拒绝平庸，用意恢弘。

1

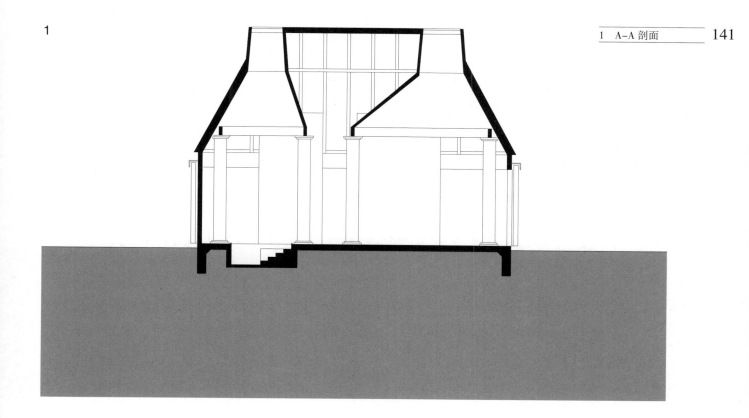

2

1）起居区
2）浴池
3）卧室
4）更衣室
5）厨房

A

A

0　1　2　3　4　5　　　　　　　　10 m

万娜·文丘里住宅（Vanna Venturi House）

罗伯特·文丘里（Robert Venturi，1925— ）

美国宾夕法尼亚州费城栗树山（Chestnut Hill，Philadelphia，Pennsylvania，USA）；1962—1964 年

　　建筑设计中的一致性通常被认为是优点，在现代主义建筑设计中尤为如此。但罗伯特·文丘里敢于质疑、追诘缘何如此。例如，建筑外部是否应当或有必要反映其内部？为什么建筑物外形应尽可能简化？为什么不能是多样复杂的？再有，一个局部风格差异化各有个性而不是全然一致的建筑看上去又会是什么样子？

　　文丘里试图通过一本书来回答这些问题，这就是1964 年出版的《建筑的复杂性与矛盾性》（Complexity and Contradiction in Architecture）。他的灵感并非来自现代主义运动，而是他在罗马的美国学院（American Academy）工作期间研究的风格主义（Mannerist）和巴洛克建筑。在撰写该书的同时，他为母亲在正对埃谢里克住宅（参见138~139 页）的地块上设计寓所。而该住宅正是他的导师，也是其曾经的雇主——路易·康的作品。原本这应该是他设计的第一个建筑，但由于设计过程太长（母亲未设完工期限），使得其间他为一个护士交流协会设计的一幢小型中心办公楼先行建成了。然而，这所住宅摄取了他几乎所有的创造力，历经至少 6 个全部完成的版本，其内涵远超一所住宅。它昭示了一种全新的建筑——后现代主义建筑。尽管它只是一个有 5 个居住房间的小住宅，但是看上去比实际情况要大。建筑正立面是一个如同花岗岩般、宽大对称的古典山脊，主入口位于中间。文丘里承认麦金、米德与怀特事务所（Mckim Mead and White）1887 年建于罗得岛布里斯托尔（Bristol，Rhode Island）的木（板条墙）瓦（屋面）建筑洛宅（Low House）对其整体外形的影响。然而实际上，这里是一个断开的山脊，其先例将追溯得更远，也许是凡

布鲁[1]，或者是米开朗琪罗。矛盾性随即在门窗非对称的平衡分布上突显出来。这种分布源自平面上对功能的要求：右侧的现代主义带形窗是厨房的需要，左侧一对方形窗满足卧室与卫生间的要求。

　　这里对一致性的拒绝并非简单机械，它同时具有一致性与非一致性，对称性与非对称性。在一致性的建筑里，各得其所，各归其位，整体是协调一致的；而在此间，各种元素叠合，在同一个空间中相互竞争。门廊、楼梯间和壁炉都试图占据构图的中心位置，却又彼此适应。结果是实现了一种新的杂合形态，更少的机械规整，更多的寻常性情。例如，楼梯间受旁边的烟道挤压，几阶多余的台阶构成一个方便的壁橱，可以放置要被带到楼上的物品。

　　室内部分，从前到后的外墙，名为墙而更似屏，或可称为屏与墙的共生。起居室东侧的玻璃幕墙退后，让出一片带顶的庭院，直到后山墙，而另一侧的卧室附近也有采用类似处理手法而尺度稍小的庭院。通过中央天窗采光的二层房间布置于紧邻后山墙位置，形成一个狭长的阳台。这里依然强调化墙为屏的效果。"分层化"（layered）是文丘里用于描述这种建筑物表面与空间处理时所用的词，从而创造出这一 20 世纪建筑学中的经典语汇。

　　《建筑的复杂性与矛盾性》的影响空前巨大，进而成为众所周知的后现代主义建筑运动的奠基之作。自然而然，万娜·文丘里住宅被称为后现代主义建筑的开山之作。评论家弗里德里克·施瓦茨（Frederick Schwartz）更是毫不吝惜地封其为后现代之始。

1　John Vanburgh，1664—1726，英国剧作家、建筑师，就读于切斯特国王学校，并在法国学习艺术；是王朝复辟时期著名风俗喜剧作家之一，代表作《旧病复发》（The Relapse，1696）、《被激怒的妻子》（The Provoked Wife，1697）。1702 年开始从事建筑设计，参与巴洛克风格与新帕拉第奥主义的皇家建筑工程。他设计的牛津布伦海姆宫于 1987 年列入世界文化遗产。

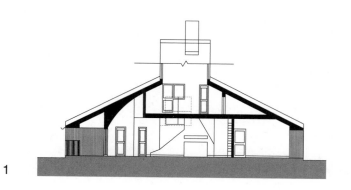

1

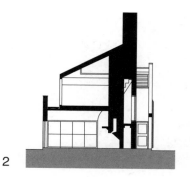

2

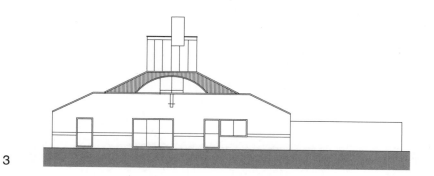

3

1　长向剖面

2　横向剖面

3　背立面

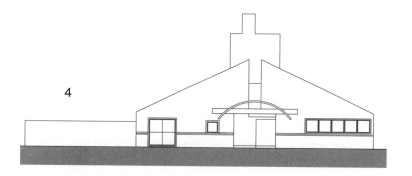

4

4　正立面

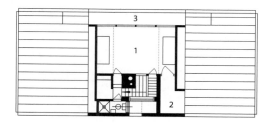

5

5　二层平面

1）卧室
2）储藏室
3）露台

6

6　一层平面

1）起居室
2）卧室
3）厨房
4）庭院

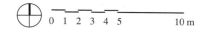

0 1 2 3 4 5　　　10 m

克里克·维安别墅（Creek Vean House）

诺曼·福斯特（Norman Foster，1935—　），理查德·罗杰斯（Richard Rogers，1933—　）

英国康沃尔（Cornwall，UK）；1966年

在整个20世纪70—80年代，理查德·罗杰斯和诺曼·福斯特在高技派（High Tech）总设计师的名号上互成犄角，一时瑜亮。这一争雄最终成就了两座高技派杰作，这就是罗杰斯位于伦敦的劳埃德大厦（Lloyds Building）和福斯特位于香港的汇丰银行总部（Hong Kong and Shanghai Bank），均完成于1987年。然而在60年代，罗杰斯和福斯特，以及他们的夫人苏（Su）及温迪（Wendy）合作组成了四人组事务所（Team 4）。克里克·维安别墅并非他们的处女作，但却是他们的成名作。客户是苏的父亲，马库斯·布伦韦尔（Marcus Brumwell），一位退休的广告公司老板兼艺术品爱好者。伟大的荷兰抽象画画家皮特·蒙德里安（Piet Mondrian）曾向他借款并以画作相还。正是用这幅还来的画作建造了这幢住宅。一位好说话的客户，一笔充足的预算，加上一块难得的地块，对于一个处于奋斗期的年轻事务所而言，这是一个梦寐以求的项目。

住宅位于高处，紧靠陡峭的河岸，将曲折蜿蜒的步道与河岸顶部的停车场和其下位于岸边的船屋连接起来，一路上穿宅而过：先经一座小铁桥到达住宅屋顶，然后以一跑覆草的台阶将住宅一分为二。一侧是布置了卧室与画室的单层体块，另一侧是布置了起居与餐厅的两层体块。自平面图一望可知整个设计中的主要决定因素：所有的房间均面向河流，而隔墙也呈辐射状展开，尽量扩大景观。在单层体块与其后全然空白的外墙形成是狭窄过道，以斜采光玻璃为顶，从而过道变为画廊。卧室与画室的隔墙可推拉移动，从而在特别需要时可以留出更多的赏画空间。两

层体块是一个更加稳定的立方盒子，西南向为全玻璃幕墙。厨房与餐厅位于一层，其上飞桥似的起居室横跨两层高的空间。

如果就其设计师日后职业生涯来反观这个住宅，令我们惊讶的是其毫无"高技"的成分可言。住宅内外的主要建筑材料是承重混凝土砌块、清水墙面——就是罗杰斯和福斯特后来拒绝采用的、代之以轻型预制金属与玻璃构件的粗笨现浇材料。其单层体块与土地相拥的形态，以及其恰好处于山顶之下的位置，读来更似弗兰克·劳埃德·赖特，而非埃姆斯夫妇（Eameses）或克雷格·埃尔伍德（Craig Ellwood）；而两层体块依稀流露柯布西耶式的外表。另外，这个住宅还采用了一些革新技术：屋顶的植被也许在今天司空见惯，但在当时还相当罕见，甚至可以说有点惊世骇俗；画廊上方的屋顶采光窗采用新型材料氯丁橡胶（Neoprene）。在此之前，整个英国范围内，仅有美国建筑师洛奇与丁克鲁[1]在达勒姆郡达灵顿（Darlington，Co. Durham）的康明斯发动机厂（Cummins Engine）中尝试过使用氯丁橡胶垫圈。而这个工厂的设计后来进一步激发了四人组的设计灵感，去完成他们下一个主要作品——威尔特郡斯温顿（Swindon，Wiltshire）的勒莱恩斯控制工厂（Reliance Control，1967）。作为英国高技派的最初代表，这个设计简明扼要，精彩异常。在这个项目完成后，摆在这两位建筑师面前的路就变得甚为清晰，于是他们开始分头行动了。

1　1966年，凯文·洛奇（Kevin Roche，1922—　）与约翰·丁克鲁（John Dinkeloo，1918—1981）于康涅狄格州哈姆登（Hamden）成立建筑事务所（KRJDA）。洛奇1951年到沙里宁事务所工作，并在那里遇到丁克鲁；1982年获得第四届普利兹克奖。

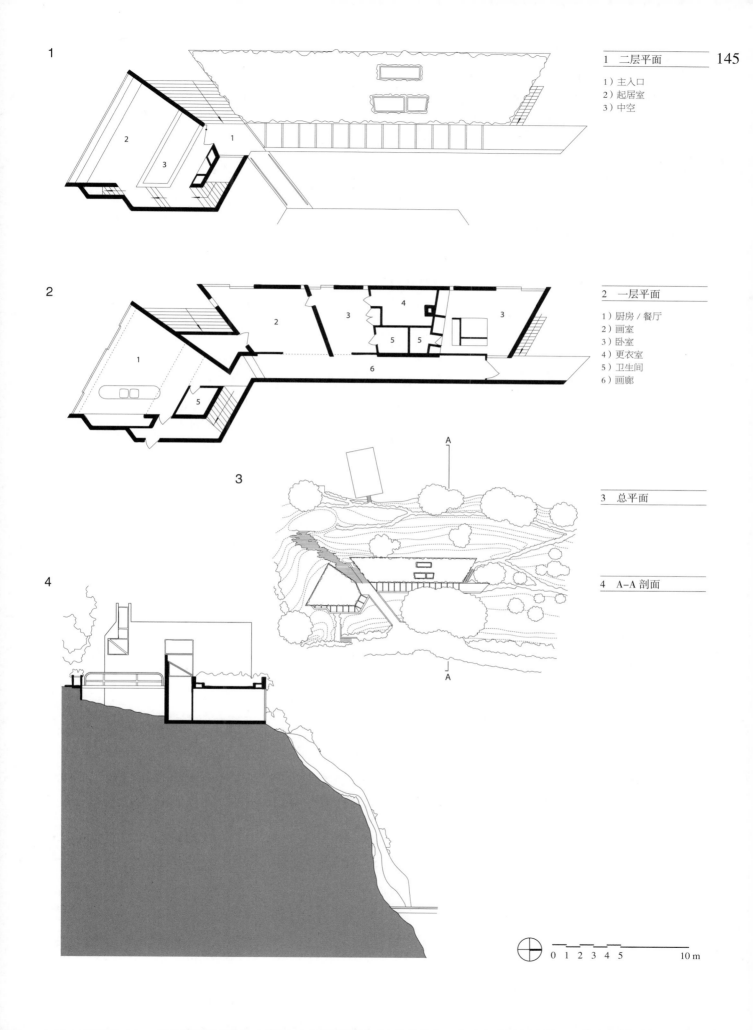

1　二层平面

1）主入口
2）起居室
3）中空

2　一层平面

1）厨房／餐厅
2）画室
3）卧室
4）更衣室
5）卫生间
6）画廊

3　总平面

4　A-A 剖面

0 1 2 3 4 5　　　10 m

汉泽尔曼住宅（Hanselmann House）

迈克尔·格雷夫斯（Michael Graves，1934—2015）

美国印第安那州韦恩堡（Fort Wayne，Indiana，USA）；1967 年

作为所谓"纽约五"（New York Five），艾森曼（Eisenman）、格瓦思米（Gwathmey）、海杜克（Hejduk）和迈耶（Meier）的一员，迈克尔·格雷夫斯从 20 世纪 60 年代后期开始引起评论界的注意。这个小组的称谓多少来自外界附会，完全依照他们引起评论界注意的顺序排定次序，然而其成员的确在对现代主义建筑的态度上有些共同点，尤其在对勒·柯布西耶的纯粹现代主义的推崇热爱，而又全然否定这一风格与生俱来的社会主义理想上，他们高度一致。

格雷夫斯和他的同事致力于形体与空间的设计，而非社会的未来。1975 年出版的《五人组》（Five Architects）一书详尽记录他们在住宅设计中对勒·柯布西耶 20 世纪 20—30 年代的住宅作品竭尽仿效，可以说是照葫芦画瓢，仅以钢材与木材取代了钢筋混凝土与抹灰砌体。汉泽尔曼住宅尽管身处印第安那州，但全然是纽约风范。

作为早期几何形体风格的代表，汉泽尔曼住宅集抽象与隐喻于一体。很难说清究竟哪一方面占据优势，然而这一疑问又对分析格雷夫斯后来的设计发展方向非常重要。构图中的一部分可以肯定地说是抽象的，甚至可以说抽象到相当极端的程度——事实上根本不存在的程度。值得注意的是，住宅的外形近似一个双立方体，然而仅有一个建造起来，另一个立方体的"存在"仅仅来自入口台阶所处位置的暗示——并不在建成的立方体旁，而是远远位于一座长桥的另一头。设计原稿上，在长桥一侧还设计了一个小工作室，以及一个简洁的钢结构框架勾勒出另一个立方体的外形，但最终这两部分都没建设。

入口位于二层，也是住宅的主要楼层，包括起居室、餐厅和厨房。楼下是儿童区域，有 4 个卧室和 1 个活动室。另一架楼梯从这里一直通向位于顶楼的父母卧室和书房。规则的正方形平面，由 4 个内柱分成 9 个小正方形，有的立柱独立，有的立柱与隔墙融合。

在斯坦 - 德蒙齐别墅（参加 54~55 页）的设计里，勒·柯布西耶在规则的古典外形框架下，通过移除部分隔墙和地板，添加非对称性的曲线元素将现代主义引入其中。格雷夫斯依据规律，在立方体日照充分的南侧切出一角，制造出将室内、外融合的空间，如位于顶层的屋顶露台，有墙有窗，如同一个房间，只是无顶。其自有阳台，一侧向外俯望入口处的长桥，另一侧向内附临起居室。

尽管充满形式主义与衍生的痕迹，汉泽尔曼住宅毫无疑问是现代主义的构图。在 1967 年，没有人能预料到格雷夫斯很快会皈依一种拒绝抽象、热衷于符号表达的新风格。1980 年，他的波特兰大厦（Portland Building）被认定为后现代古典主义的典型代表。5 年之后，他在为华特·迪斯尼（Walt Disney）设计的建筑方案里用 7 个小矮人做人像柱，而其中最小的多装像（Dopey）安置在正面山墙上，如同神祇。

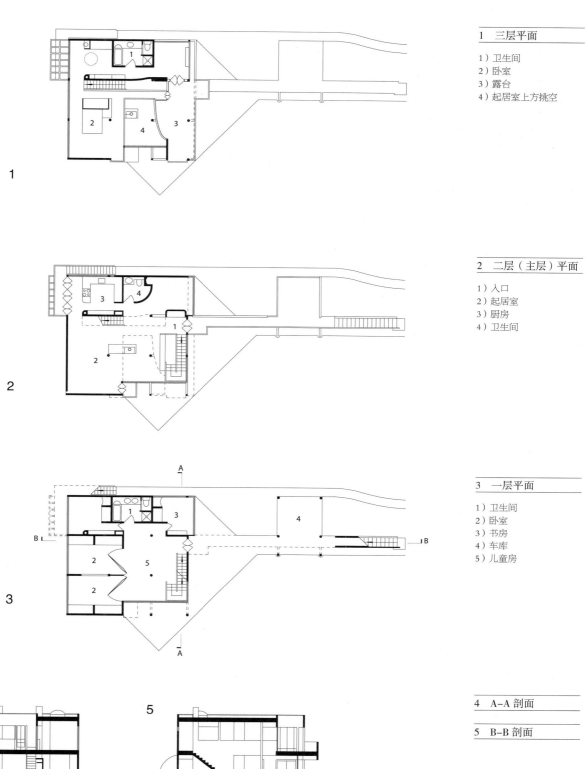

1 三层平面

1）卫生间
2）卧室
3）露台
4）起居室上方挑空

1

2 二层（主层）平面

1）入口
2）起居室
3）厨房
4）卫生间

2

3 一层平面

1）卫生间
2）卧室
3）书房
4）车库
5）儿童房

3

A

B

B

A

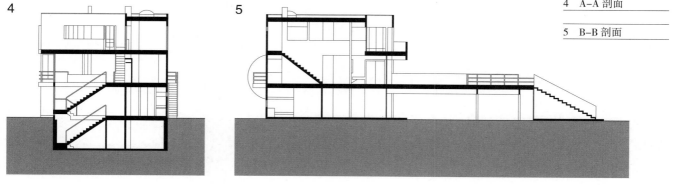

4

5

4 A–A 剖面

5 B–B 剖面

0 1 2 3 4 5   10 m

圣克里斯托瓦尔（San Cristobal）

路易斯·巴拉甘（Luis Barragán，1902—1988）

墨西哥墨西哥城（Mexico City，Mexico）；1968年

称路易斯·巴拉甘为墨西哥现代主义建筑师当无异议，但这一结论却忽视了他的作品，特别是其晚期作品中表现出来的基本特征：他热爱墨西哥本土的民居建筑、厚墙、小窗，以及蜿蜒的院落；同时，1932年的巴黎之旅又让他深受勒·柯布西耶的影响。这两种倾向均有代表作，即20世纪20年代建于瓜达拉哈拉（Guadalajara）的私人住宅与花园，20世纪30年代在墨西哥城设计的经济型公寓大楼。第二次世界大战后，他在作品中呈现出的将这两种倾向揉合的个人风格，时常被评论界冠以"情绪化""超现实"甚至是"神秘"等词句。位于墨西哥城郊外，为福尔克·埃格斯特罗姆（Folke Egerstrom）一家设计的圣克里斯托瓦尔住宅与牧场堪称这一风格的典型代表。

甚至连基地的总平面也带有超现实的弦外之音。人的居所与养马场毗邻，这一彼此呼应的设计似乎忽略了两种动物之间的本质差别。住宅部分为抹灰的立方体，开方形窗，由入口进厅分为两个区块。住宅平面构图平常无奇，最具趣味的是内、外空间之间的关系。例如，从起居室可透过整面的玻璃窗眺望北面的围马场，而经过一扇窄门通往三面高墙围合的四方庭院。在住宅与其外的道路之间，一道普通的清水实墙分隔花园与服务庭院。在花园一侧，一个平顶敞廊为其南侧的游泳池遮荫。

在基地的北侧，宽大的养马场也按照住宅部分的布局方式，隔墙、敞廊、泳池的布局组合在此以更大的尺度重复。不同的是，这里的隔墙是一排背靠背的马厩，而平顶的敞廊在此变为坡顶；在泳池部分更是设计了一道血色厚墙，墙间奔流而出的瀑布震撼人心。建筑氛围在此陡然升高，如同舞台戏剧的布景一般。

住宅在人的居所中的位置，在养马场一侧变为一个草料仓，但其高大的实墙、刺激的粉红色粉刷，可谓与农耕用途大相径庭。以此为背景，可观赏围马场一侧两排超大木栏上拴着的纯种良驹。一道更长、更低，可能更为刺激的粉红色围墙沿围马场西侧直抵住宅，再穿屋而出（至少在概念上）。在这道长墙与马儿的戏水池相对应的位置上开有两道门，通往一个小型的赛马训练场。

巴拉甘钟爱马。对他来说，显而易见马在某些难以言传的意义上体现出人性。一个建筑师在作品中毫不隐晦地传达这样或是类似的感情是极其罕见的。人居部分以中性沉稳的奶白色调粉刷；挑动性刺激的红色、粉色以及紫色全为马匹的世界设计。然而，或许还有对圣克里斯托瓦尔的另一种解读：这只不过是为马与骑手这两种动物所建的一个合居之所。

1 一层平面   2 A-A 剖面   4 北立面   7 总平面
1）起居室   1）草料仓
2）餐厅   3 西立面   5 东立面   2）训练场
3）卧室   3）天井围马场
4）厨房   6 B-B 剖面   4）马厩
5）泳池   5）马匹活动场
6）车库   6）马匹戏水池
7）独寓   7）花园
                                                                        8）埃格斯特罗姆家宅
                                                                        9）泳池
                                                                        10）入口

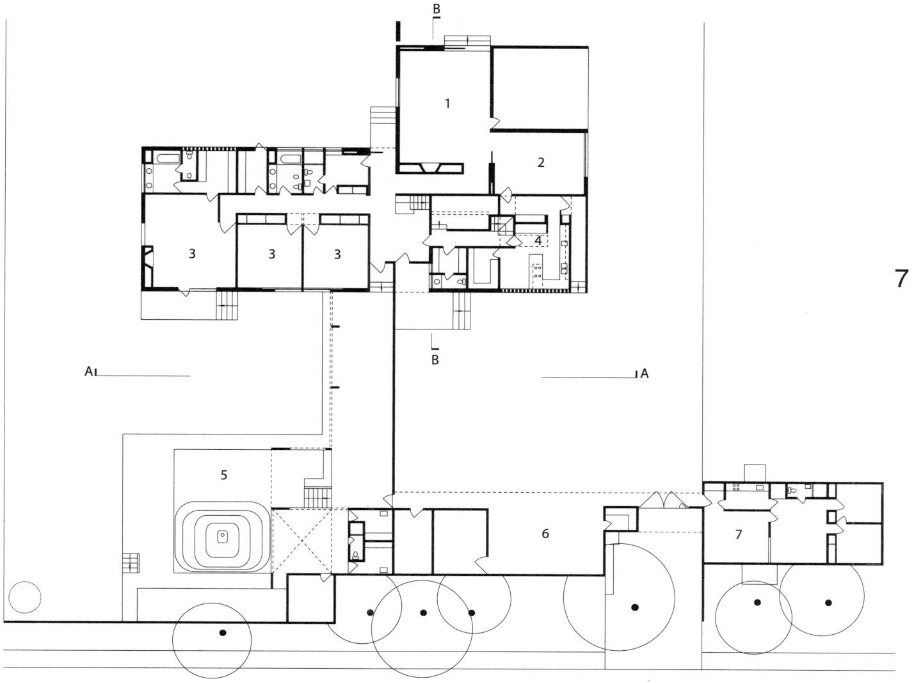

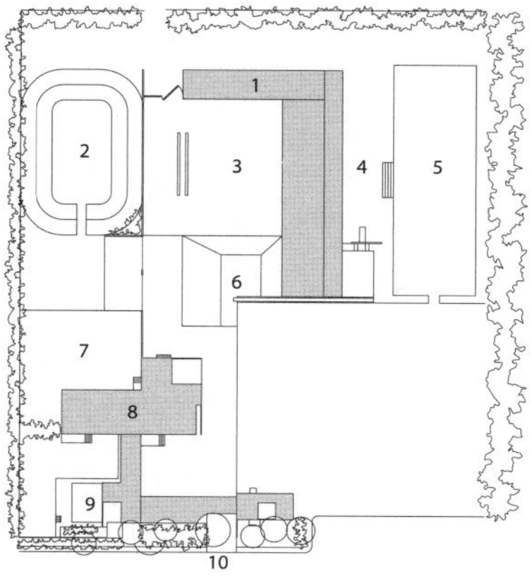

7

1

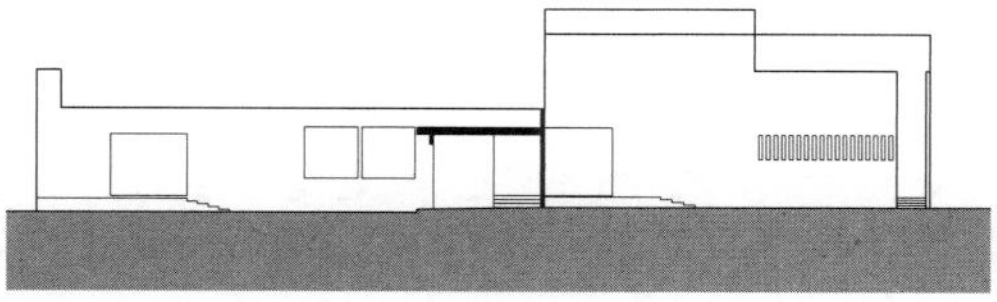

2

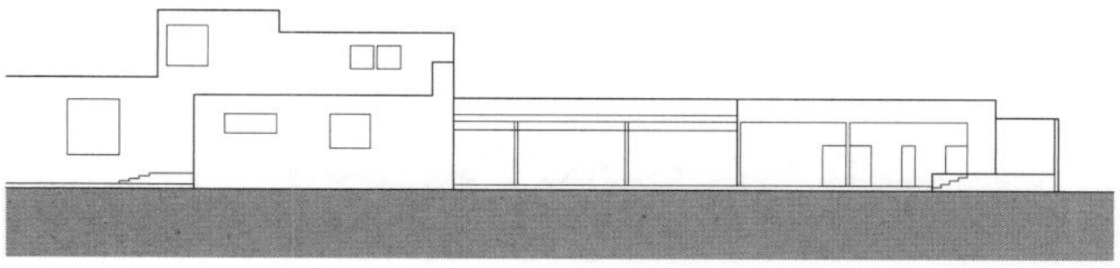

3

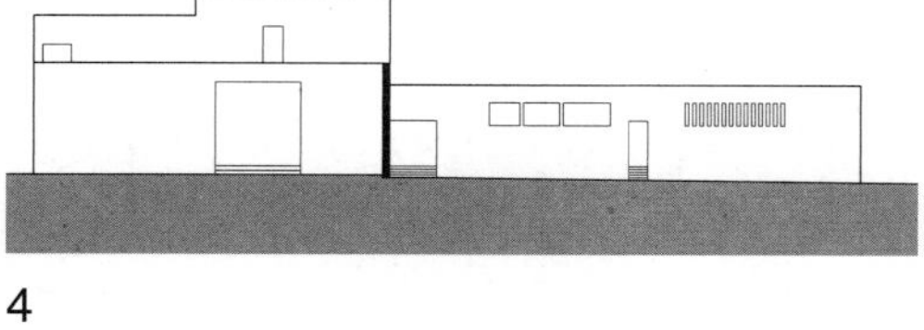

4

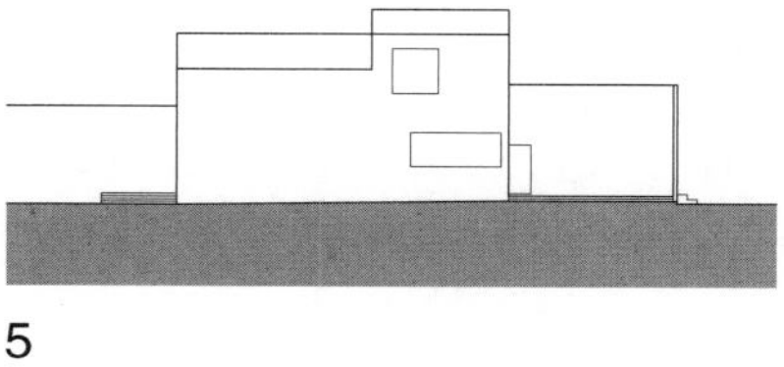

5

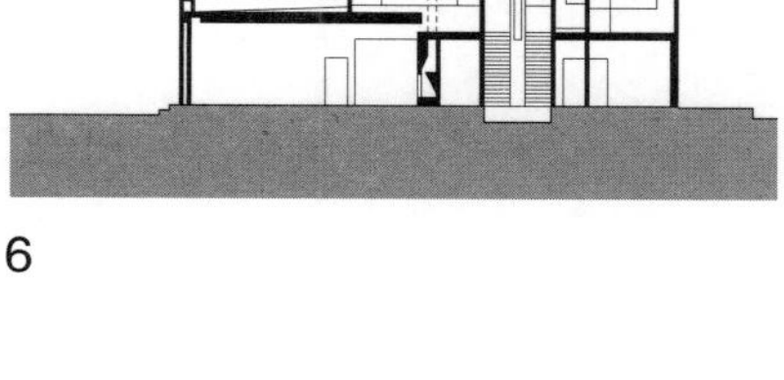

6

0 1 2 3 4 5   10 m

巴瓦住宅（Bawa House）

杰弗里·巴瓦（Geoffrey Bawa，1919—2003）

斯里兰卡科伦坡（Colombo，Sri Lanka）；1958—1969 年

杰弗里·巴瓦不仅是现代主义建筑师，还是一位本土建筑师。其专业训练来自伦敦建筑联盟学院（Architectural Association），而其作品大多位于他的祖国——斯里兰卡。或许这正是他被称为"批判地域主义"建筑师的原因。肯尼思·弗兰姆普敦（Kenneth Frampton）在 20 世纪 80 年代使这个词广为人知，但是此时的巴瓦早已进入其事业的成熟期，先后完成了斯里兰卡议会大厦，位于阿洪加拉（Ahungala）的特里顿旅馆（Triton Hotel）以及卢哈纳大学（Ruhuna University）[1] 的大部分设计。巴瓦的建筑设计中常见耸起的坡顶、敞廊和庭院因此被称为"乡土"，但欧洲现代主义抽象语言他也能运用得同样娴熟。

杰弗里·巴瓦位于科伦坡的自宅（他在卢努甘加（Lunuganga）也有一个乡间庄园）清晰地融合了现代主义与地方性这两个方面于一体。一座柯布西耶式三层小型别墅傲然临街而立，毫不掩饰其现代性。然而，其后方延伸出一片彼此相连或覆顶或无顶的单层空间，直至周边围墙。由骨子里的欧洲延伸到骨子里的斯里兰卡。但这些并非来自建筑设计，而是经历了 40 年的时光荏苒逐步演变而来的。

这个地块上原先是 4 个平房，在道路尽端处列为一排。巴瓦首先买了第三号，然后在其他几号出售时先后买入。每次加入新购置部分时，都会对总平面做些调整。当全部地块完整后，拆除最初的住宅，建成了目前临街的立面。现在已经很难追溯原址平房的轮廓了。

柯布西耶式别墅满足了日常生活所需的主要功能：车库（巴瓦收藏了两辆闪亮夺目但不能行驶的样车），屋顶花园，以及另一个更高的屋顶花园（仅能通过一段室外楼梯抵达），一如勒·柯布西耶最初设计的雪铁龙住宅。紧贴别墅后侧，一个部分置于别墅下方的整套客房占据了住宅单层体量约三分之一的空间。即便是这个小型的住宅，起居室空间旁也环绕着四个庭院空间（或称为四个无顶的房间）。在巴瓦的事业晚期，他解散了事务所，将这套客房改造成工作室，得以在此开展小规模的工作。

住宅主体部分入口悠长，覆顶甬道止于小小的池塘。池塘周边的立柱回收自切蒂纳德地区（Chettinad）的古宅。在此地稍作停留，十字轴线直通宅第中心：四方的门厅，右边为主卧，左边是客厅与餐厅，笔直向前是用作书房的敞廊——面向更远处的庭院，完全开敞。室内与室外空间的差别基本不存在，在这如此炎热、多雨的气候中这是合情合理的布局——即便有些房间配备了空调设备。

巴瓦在其建筑设计中鲜有装饰构件，但他喜欢回收旧物，例如切蒂纳德立柱（餐厅里也有一个），加以利用拼搭出装配的效果。他还喜欢在设计中运用其他艺术家朋友的作品，例如唐纳德·弗兰德（Donald Friend）和伊斯梅特·拉希姆（Ismeth Raheem）制作的装饰门。所有这些紧凑的平面布置、顶部采光的空间设计、拼装与艺术品的结合，让人联想起英国建筑师约翰·索恩（John Soane）的作品。

1　原文为 Ruhunu，为拼写错误。

1 三层平面
1）屋顶花园

2 二层平面
1）卧室
2）卫生间
3）起居室

3 一层平面
1）入口
2）车库
3）池塘
4）客厅
5）敞廊
6）门厅
7）主卧
8）餐厅
9）厨房
10）卫生间
11）客房
12）起居室
13）卧室

4 A—A 剖面

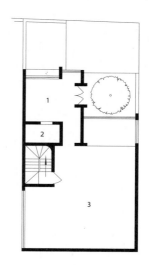

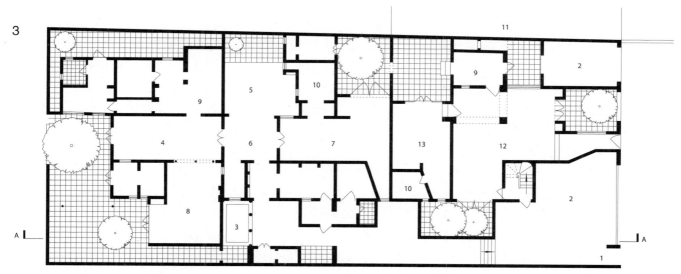

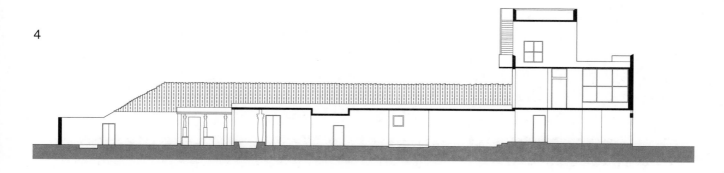

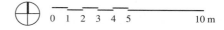

0 1 2 3 4 5   10 m

塔隆住宅（Tallon House）

罗尼·塔隆（Ronnie Tallon，1927—2014）

爱尔兰都柏林福克斯罗克（Foxrock，Dublin，Ireland）；1970 年

斯科特、塔隆和沃克设计事务所（Scott Tallon Walker）最早是由迈克尔·斯科特（Michael Scott）在 1928 年创建的。也正是斯科特，将现代主义引入爱尔兰。他在战前设计了一系列深受荷兰和德国设计思想影响的建筑，包括两家医院，位于都柏林桑迪科夫（Sandycove）的自宅，以及 1939 年在纽约世界博览会上的爱尔兰馆。

斯科特在 20 世纪 20 年代是一个传奇人物，在建筑设计工作之外，他还是一位成功的专业演员。在爱尔兰建筑界，其声名不坠直至今日；但也存在一些疑问，认为通常以为由他设计的若干项目实际上出自他人之手。例如，1953 年建成的都柏林汽车总站（Busaras），实际上是由威尔弗里德·坎特韦尔（Wilfrid Cantwell）为首的年轻建筑师团体设计的，其中包括后来享誉美国的凯文·洛奇（Kevin Roche）。

20 世纪 60 年代后期，事务所的业务已经明显不是由斯科特本人，而是他的两个合伙人，罗尼·塔隆（Ronnie Tallon）和罗宾·沃克（Robin Walker）主导设计工作。他们两人都全心全意地追随路德维希·密斯·凡·德·罗，决心亦步亦趋、一丝不苟地运用密斯的建筑设计原则，改造都柏林几个重要机构的建筑形态。例如 70 年代早期完成的爱尔兰银行总部（Bank of Ireland Headquarters），就如同密斯的芝加哥联邦中心的缩简版；而历经多年开发的爱尔兰广播电视台（Radio Telefis Eireann）所处地块的总平面规划，也形似伊利诺伊理工学院（Illinois Institute of Technology）的校园规划。

因此，一点也不奇怪，罗尼·塔隆在都柏林郊外的福克斯罗克为自己和家人设计的住宅，会以范斯沃斯住宅（参见 112~113 页）为摹本。确实可以看到多个特征来自范斯沃斯：钢结构框架、玻璃幕墙、整体架空以防水患，以及入口处平台的悬挑楼梯。然而，它也并非范斯沃斯的照搬照抄，而是存在关键性的差别。

尽管塔隆住宅也采用了玻璃幕墙，但其在住宅的两端采用了实山墙（在后期改造增加的延伸部分完成之前），也不存在悬挑，使其空间比开放的范斯沃斯要封闭得多。空心柱与横梁无缝焊接成为一个整体，构成整个住宅的建筑形态和结构框架。位于范斯沃斯住宅一端的带顶棚露台被移至住宅长向的一侧，成为立柱与平移玻璃幕墙之间连续的室外平台。建筑材料也不尽相同，平台也由洞石砌成变为木材构建，山墙变为混凝土砖。这也许是受到伊利诺伊理工学院教学楼的钢架构砖墙的启发。室内部分，平面上如范斯沃斯住宅般毫不折中，甚至可以说有过之而无不及；也许因为这是家庭永久性住宅，不同于范斯沃斯住宅是一个单身女性的乡间别墅，塔隆住宅看上去是一个整体，直至玻璃外墙都没有任何空间分隔，因而没有任何一个主要居住空间是全然封闭的，哪怕是卧室。所谓坚拒折衷，解放空间。

住宅的各项功能设计完整，比例绝佳而浑然一体，或许让人根本无法再扩展改造。然而，随着时间推移，家人的要求，特别是增加卫生间的需求使进一步改造变得必要起来。罗尼·塔隆经历痛苦的取舍才完成改造设计。他本可以简单地增加另一个区块，牺牲整体完美的比例来保留原设计的思想，但最终他选择另辟蹊径，自山墙向外建造窄得多的延伸部分，尽可能地退后。这样一来，原设计住宅在视觉上和概念上依然如昨。

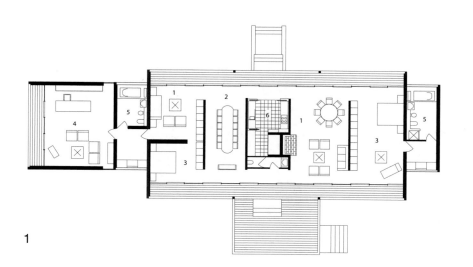

1）起居室
2）餐厅
3）卧室
4）书房
5）卫生间
6）厨房

1

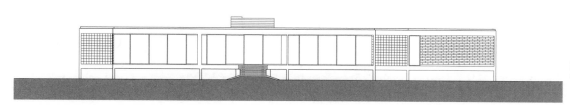

2 正立面

2

3 背立面

3

4

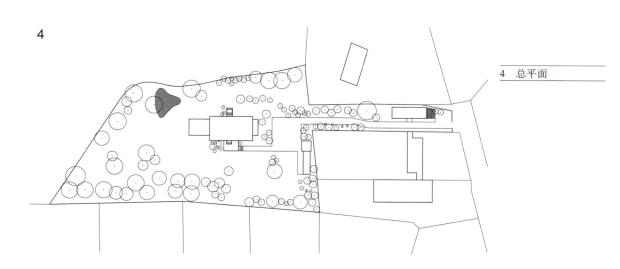

4 总平面

0 1 2 3 4 5   10 m

法特希住宅（Fathy House）

哈桑·法特希（Hassan Fathy，1899—1989）

埃及西迪柯里尔（Sidi Krier，Egypt）；1971 年

接近大自然，尊重传统，关怀人道与精神境界的升华：这些都是哈桑·法特希在建筑中追求的价值。法特希并非一个现代主义者，他并不关心技术、高效与进步意义。他最为知名的作品是卢克索（Luxor）附近的古尔奈新村（New Gourna）。这是 20 世纪 40 年代后期建设的一个社区，居民大多为贫民。他们原本住在邻近埃及古墓葬区地区的地方，为防止他们盗取古墓才搬迁至此。一个西方现代主义建筑师面对这个项目可能会设计一个由标准化、统一格式的居住单元组成的公共住宅方案，可能就是多层的钢筋混凝土住宅。而法特希在此按照传统风格，为每一个家庭专门设计，并发展出一套简单的泥砖施工技术，当地居民可以完全理解。

然而，法特希的建筑设计并不是仅仅是埃及乡土建筑的延续。他是一位学贯东西、胸怀天下的知识分子，其设计受到多种不同的文化传统的影响。中世纪的开罗是其长期的灵感来源，他也对整个伊斯兰建筑历史有深入了解。与此同时他还研究法老时期的墓葬与庙宇设计，运用数学与音乐知识（他本人演奏小提琴），使简单的本土建筑结构呈现出合乎比例的协调与美感。他善于发明创造，特别是利用普通建筑材料和简单工具实现新的建造方法。但是，法特希的空间设计语言还是以传统的住宅形态与住宅类型为基础。

那些形态与类型部分呈现于他在地中海沿岸西迪柯里尔的自宅中。这是一个泥浆抹面的砖砌结构，粗粝而简朴，

样貌古旧但绝非因循老套。大多数重新诠释传统形态的努力都难免落入浅薄刻意的巢臼，而在一番腾挪之下，法特希住宅得以摆脱这一厄运。

尽管环境隔绝，也没有其他建筑依托，法特希住宅内向而紧密，正如在这个异常重视家庭生活私密性的社会环境中人们料想的那样。住宅主入口设于西外墙的中部，面朝大海。进厅左侧是一个高墙围合的正方形中庭，中央设喷泉，一侧廊亭。穿过中庭，来到称为"卡"[1]的堂屋，这个多功能的起居室位于住宅中心地位。堂屋两翼称为"伊万"[2]的厢房用作卧室。进厅右侧为生活服务区域，包括厨房、卫生间和一个小院，从小院有楼梯上至屋顶露台。整个平面非常简明，但营造出一个蕴含丰富细节的空间序列。虽然大多数空间整齐对称，但却是以非对称形式组合起来的，避免了任何几何化图案化的形态联想。仅有中庭和堂屋位于同一轴线上，以突显其地位感。

结构看上去无柱无梁，全部是拱形弧线，仅以厚墙支撑穹顶和拱券。门窗大多不是圆拱就是尖拱。即便是在狭小的空间内，如进厅位置，也采用椭圆拱顶；一些重要的位置，如堂屋和（多少令人意外的）卫生间，特别使用了不同类型、美观的装饰穹顶：堂屋内是比例合宜的帆拱穹顶，卫生间内是架于突角拱上的半球顶。

法特希住宅建于 1971 年，具体日期无关宏旨，这是一座价值恒久的建筑。

---

1 卡（qa'a）：埃及第一王朝的最后一个法老名。
2 伊万（iwan）：伊斯兰建筑立面中三面围合的半穹顶空间（pishtaq）。

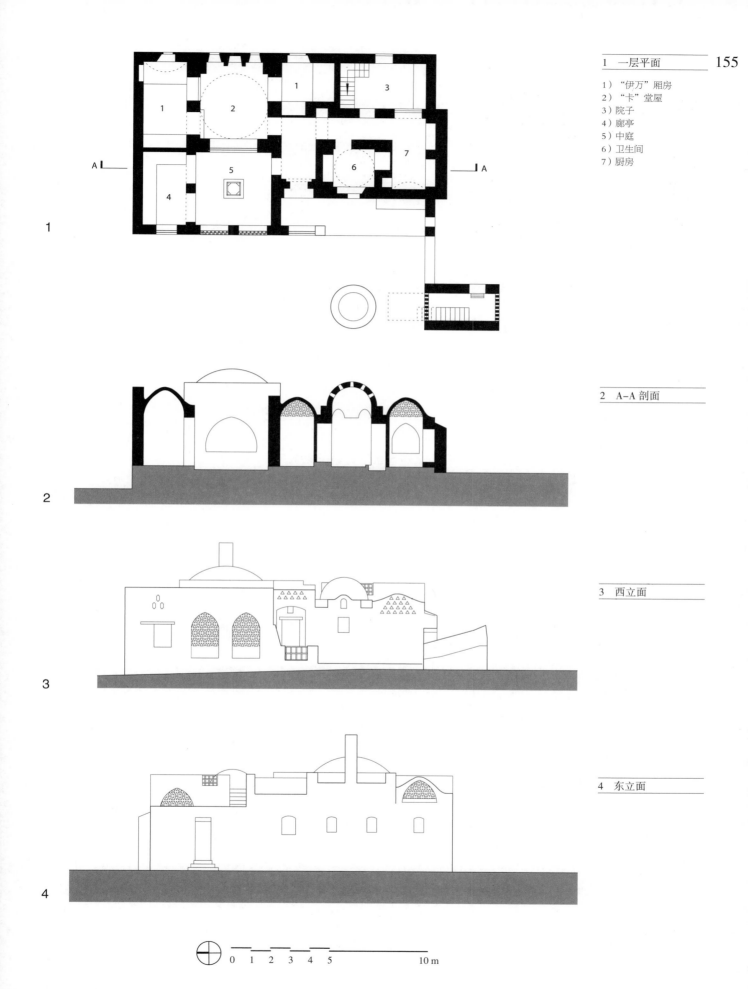

1　一层平面

1）"伊万"厢房
2）"卡"堂屋
3）院子
4）廊亭
5）中庭
6）卫生间
7）厨房

2　A–A 剖面

3　西立面

4　东立面

0 1 2 3 4 5　　　　　10 m

卡多佐住宅（Cardoso House）

阿尔瓦罗·西萨（Alvaro Siza，1933— ）

葡萄牙波尔图米尼奥河畔莫莱杜（Moledo do Minho，Oporto，Portugal）；1971 年

作为一种建筑类型，乡间周末度假别墅提出了一个特殊的设计问题：如何在满足居住者的休闲需求（泳池、日光浴露台、全套配置的卫生间）的同时，不破坏别墅选址的首要因素（当地如画的乡间风景）。要说在景色秀丽的纯天然环境里建造豪华住宅，今天已然没有什么胜算。在农业向旅游业转移的地区，解决问题的办法是改造已弃用的农场建筑物。原本任其朽烂的谷仓、小屋、牛舍、马厩，现在看来都是值得保护的景致。它们巧妙地融入自然景观，有助于那些来旅游的城市人缓解一下入侵的负疚感。

在 1964 年的葡萄牙，这还是个新概念。建筑师设计的应该是一个全新的建筑，而不是围着破草房打转。然而，阿尔瓦罗·西萨是一个注重"地理文脉"的设计师，特别关注特定场所的特质。当他受邀在波尔图附近米尼奥河畔莫莱杜的一处葡萄园旧址上设计度假别墅时，就认定原址上两处现存仓房是关系地块特征的首要因素，决心予以保留。这两个方正厚实的建筑物一个为单层，另一个两层，分踞地块北部院子的两侧。一道挡土墙将葡萄园与周边的下沉道路分隔开，仓房的鹅卵石墙和传统葡萄牙瓦屋顶似乎自此挡土墙上自然生长而出。然而，西萨的这个想法看似简单，实则不然。两层仓房很容易改造成两间卧室的住宅，但另外 5 间卧室、起居室和厨房要挤进那个单层仓房就没这么简单了。

西萨的设计大胆，但同时又很审慎。原有的仓房部分改造成起居室和厨房，而卧室置于新建的单层侧翼，一个三角形平面。平面上看，新建的延伸侧翼两倍于原有部分，但将其半埋入地下以减小体量。外墙上的带形窗由其下石砌挡土墙支撑，其上是锌板覆盖的平屋顶。

新建的延伸部分与既有仓房的关系冲撞多于平滑过渡。一间卧室的尖角，带着一跑楼梯刺入起居室，以解决地坪的变化。在延伸部分的另一端也有类似的空间重叠布局。主卧室与其宽敞的卫生间占据了三角形部分的东端角；其外的小露台，如同一个下沉的阳台，其上覆以宽大的悬挑屋顶。除了石砌的挡土墙，新建部分的结构与既有部分并无相似之处。卧室由墙体承重，而屋顶却是由角落处的木柱支撑。巧妙的檐口细部处理让屋顶边缘收敛到最极致的细窄。外墙的窗户是现代与传统风格的有趣融合，连续的带形窗，却是由既有建筑上的传统木制窗框构成的。屋顶好像是由周边等高的葡萄架支撑，让这里的花园如同温室。地块南部不规则平面的泳池由粗砺的岩石砌成，一如原有的仓房建筑，让人想象其多半来自动物浸洗池。

1

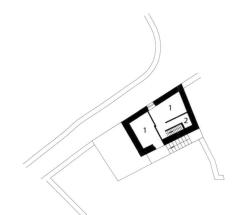

2

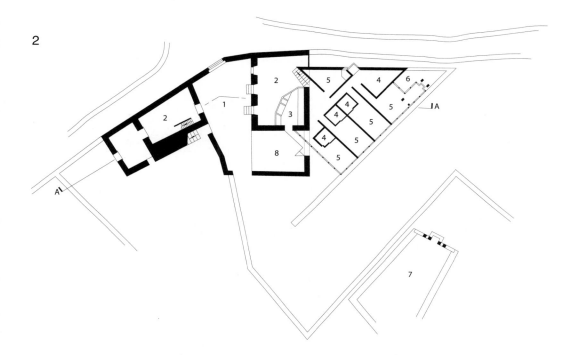

3

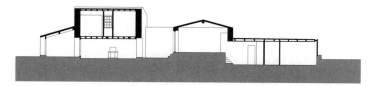

4

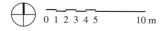

0 1 2 3 4 5 10 m

1　二层平面

1）卧室
2）卫生间

2　一层平面

1）入口
2）起居室
3）厨房
4）卫生间
5）卧室
6）露台
7）泳池
8）门廊

3　A–A 剖面

4　东南立面

费希尔住宅（Fisher House）

路易·康（Louis Kahn，1901—1974）

美国宾夕法尼亚费城（Philadelphia，Pennsylvania，USA）；1973 年

"我的构图永远从正方形开始"，路易·康如是说。哪怕粗略回顾一下他最为知名的那些作品的平面构图，从 1955 年特伦顿浴场（Trenton Bath House）到 20 世纪 80 年代孟加拉国达卡市（Dhaka）政府综合体大楼，就能证实此言非虚。有时整个建筑物是一个正方形，如新罕布什尔州埃克塞特的埃克塞特图书馆（Exeter Library），但更为常见的是更多正方形构成的集簇或组团，如费城的理查德医疗科研大楼（Richards Medical Research Building）。费希尔住宅是这一思想最为简化的呈现，双立方体建构，一为起居室，一为卧室，似是随意地拼在一起，就像掷于桌面的两粒骰子。实际上它们并非全然的立方体，甚至起居室部分的"立方"在平面上看连正方形都不是，但已经接近到足以让人们产生如此感受的地步。

将起居室另置于一个分立的体块内，是康喜爱的另一个手法。他不喜欢建有着整齐划一外形的建筑，然后通过内部分隔制造使用空间。在理想条件下，他希望每个使用空间、每个房间，都有自己独立的形态。这在大型建筑中不实际，也缺乏经济上的合理性，但在私人住宅上却可以一试。在费希尔住宅里，起居室尽管与厨房共处一个空间，但它还是完全占据了其所在的体块。这是因为厨房拥有自己的形体，是立方体中嵌套的另一个立方体。在两层的卧室部分，要保持每个卧室个体形态的完整性更为困难，整个立方必须加以分割。尽管如此，每间卧室都做到完整而彼此之间相互协调。例如二层两间朝东的卧室，其平面（几乎）就是一个正方形，占据整个正方形平面的四分之一，也就是所在立方体的八分之一。

康钟爱石材，他旅居罗马时建立起对古老历史遗存所用材料的崇敬。在使用木结构更为经济的宾夕法尼亚，康也乐意采用传统的木框架结构。但同时，由于所在地块向下坡向延伸至河岸，项目要求设地下储物空间，所以康最终还是用上了石材。一方面未经打磨的鹅卵石构筑了木框架的基础，另一方面从地下室一直向上，石材砌成了半圆柱形的烟囱和起居室内的壁炉。

对康来说，空间与采光是不可区分的统一整体，而确定建筑朝向的精确性是一门艺术。通过精心布置在角落里一个嵌入式书桌上方的窗口，从起居室可以向北眺望远处的河流。布置在西北和西南方向墙体上的、尺寸较小的窗口避免了单向采光产生的反射眩光，让午后乃至傍晚的日光可以时不时地射入。如同埃谢里克住宅（参见 138~139 页），室内通风由另外的木制百叶窗实现。这里的百叶窗位置较深，即便打开窗也不至凸出立面。石砌烟囱后面的餐厅在原设计中仅有一个很小的窗口，不仅光线较暗，也较为封闭。后来由于客户坚持要由此向外眺望，在完工后的几个月，更换为一扇更大的窗户。

费希尔一家等了近 7 年，静候此宅完工。这个住宅项目一次次地在康忙于其他他认为更为重要的任务时退居次位。但他们对其热爱始终如一，在日后的岁月里，长期不厌其烦地清洁维护红杉木外墙。

1

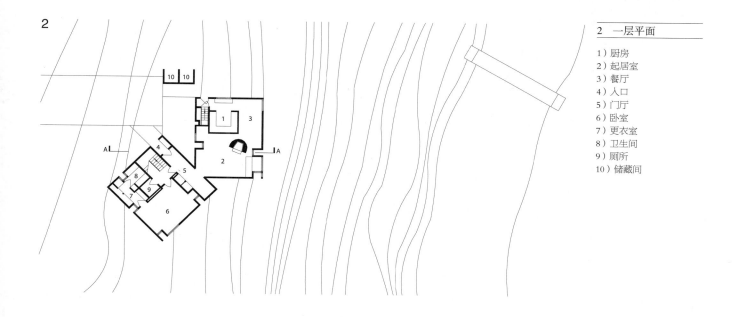

2

3

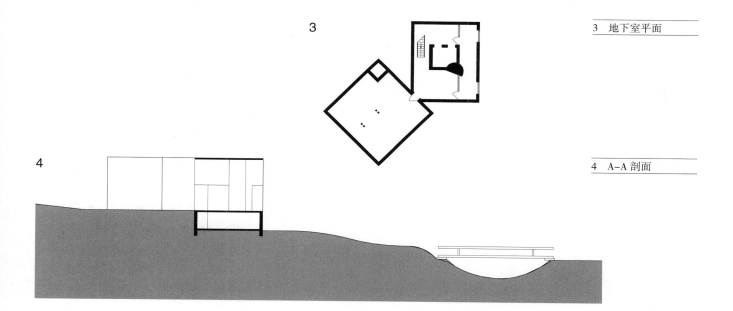

4

0 1 2 3 4 5　　　10 m

6 号住宅（House VI）

彼得·艾森曼（Peter Eisenman，1932— ）

美国康涅狄格州康沃尔（Cornwall，Connecticut，USA）；1973 年

对于 6 号住宅能否被称为一个居住建筑，一直有人存疑。它是彼得·艾森曼设计生涯中第一个创造性阶段的集中体现。在这一阶段，他发展出几近纯粹的概念上的建筑。其早期设计的住宅，构建自他所称的"普适形体"，不仅就其本身而言没有什么特殊含义，也与通常的概念（如功能、文脉）毫无关联。但尽管如此，它却对建筑有着最为根本性的意义。对艾森曼来说，6 号住宅甚至并非一个过程完成后的成果，而是一个过程的记录。这个过程多少类似游戏，将各种普适形体的组合进行一系列无预定规则的变形与复合的转化操作。长方形平面、立方体空位以及各种线性元素（即"墙""房间""柱子"等在这个体系里的对应语）一步步经历位移、分割、复制、削减、旋转和延伸，直到建筑师决定已经足够为止。此时我们得到的就是最终的建筑（住宅）构成。

既称住宅，就得有人住。在这个项目上，纽约的苏珊（Suzanne）和迪克·弗兰克（Dick Frank）夫妇，他们一个是艺术历史学者，另一个是摄影师，委托建设的是一个周末度假屋。他们在苏珊 1994 年出版的《彼得·艾森曼 6 号住宅的用户反馈》（*Peter Eisenman's House VI: The Client's Response*）一书中详细描述了他们（常常）感到意外与不时惊喜相互交织的经历。

当第一稿草图方案提交时，弗兰克夫妇对艾森曼的艺术追求基本上持积极态度。对于将两部楼梯间作为住宅的视觉中心他们不仅愿意接受，而且还兴致很高。其中一部是常规一跑楼梯，漆为绿色，规规矩矩地通向二层；另一部与其成直角，从二楼延伸到屋面，漆为红色，但是由于

上下倒置，实际上根本无法使用。

让弗兰克夫妇不那么高兴的是艾森曼只设计了一间卧室，而把一层的起居室空间加为两层高。看上去这实在是在浪费空间，起居室必须要改。艾森曼不情愿地答应了，但又通过砍掉靠近楼梯间位置的一部分楼面，在视觉上找回来些两层之间的连通关系。引起更大争论的是，他坚持起居室上方加出的卧室要在其地面中间向下开口。令人意外的是，弗兰克夫妇然竟然同意了将他们的双人床更换为两张单人床，以保护这个设计概念的纯粹性。此并非孤例，虽然坚持要求餐厅能放下供六人用餐的餐桌，但事到临头，他们不得不接受一个立柱侵入餐厅，成为每日餐桌上的一个固定来客。

日常生活的实用性在 6 号住宅的建设中也受到一些排挤。房屋的基本结构是美国标准的木框架结构，外覆夹合板并粉刷。但艾森曼对建筑细部的处理难度过于乐观了，承包商面对各种复杂的构件连接束手无策。结果是粉刷开裂，屋面漏雨，而木料开始朽坏。弗兰克夫妇为了保持室内干燥开始进行改造，当改造到标志性特征时，他们又遭到破坏文化艺术品完整性的指责。尽管经历了这些磨难，弗兰克夫妇始终钟爱此宅，以及其卓尔不凡的特质：窗户、屋顶采光、半透明墙板、四处射入的温暖日光在室内相互交织，引人入胜的室内视角，以及典雅超群的外部形体。

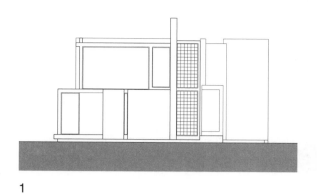

1

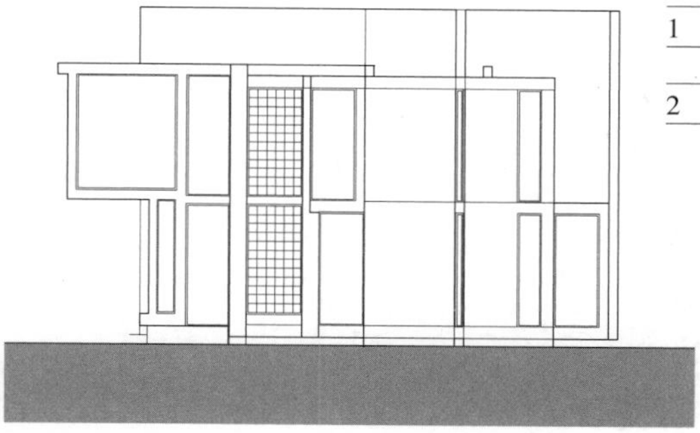

2

1　南立面

2　西立面

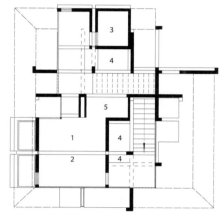

3

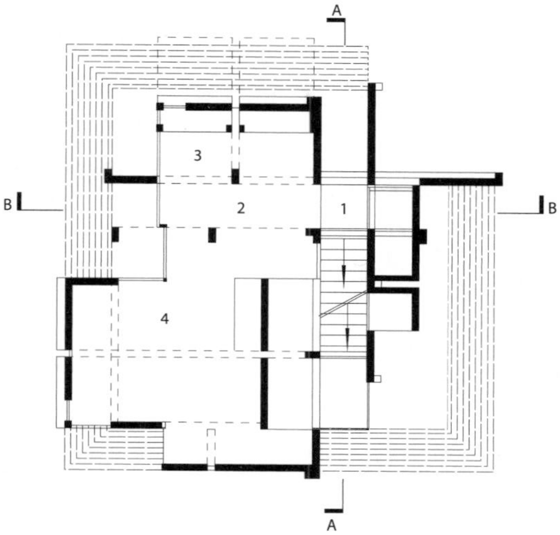

4

3　二层平面

1）卧室
2）楼面开口
3）卫生间
4）下空
5）衣橱

4　一层平面

1）入口
2）餐厅
3）厨房
4）起居室

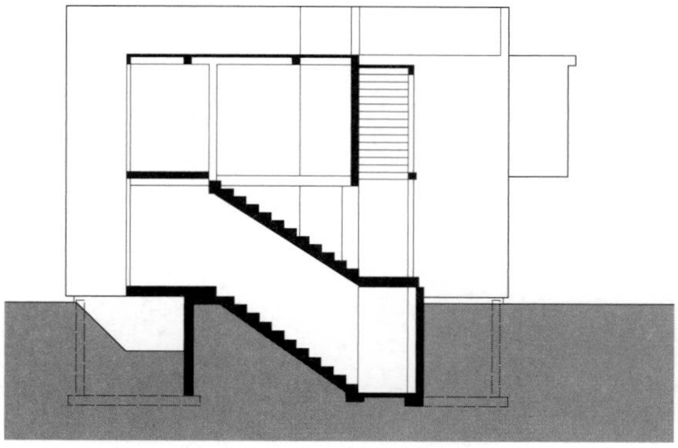

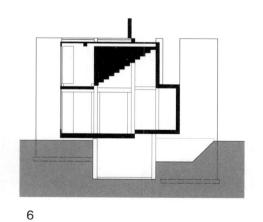

5

6

5　A–A 剖面

6　B–B 剖面

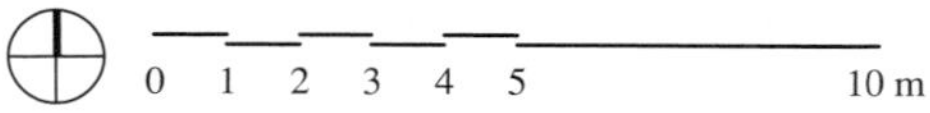

0　1　2　3　4　5　　　　10 m

道格拉斯住宅（Douglas House）

理查德·迈耶（Richard Meier，1934— ）

美国密歇根州哈伯斯普林斯（Harbor Springs，Michigan，USA）；1973 年

白色是理查德·迈耶最喜爱的颜色。但这不仅仅是单纯的个人偏好问题，它牵涉迈耶在建筑设计上的基本手法：他希望他的建筑与周边环境以及大自然形成反差与对比，而不是与后者相融，或是让人感觉建筑是从后者中自然生长出来的。他努力将视觉注意力的分散最小化，让观者可以全神贯注于勒·柯布西耶所谓的"光照之下各种形体娴熟无误、精妙绝伦的变幻"；从而使他所谓的"材料性"（不同建筑材料的具体特性）变得不那么重要。无论哪种材料，木材、金属抑或混凝土，涂成白色后就无关紧要了。迈耶的建筑总是卓然独立，如同 18 世纪英国式园林中的古典式庙宇，引人注目。这些庙宇设计并不与其所处景观环境相拮相抗，而是顺应之，增益之，使其形体、色彩与质地愈加鲜明。迈耶的建筑设计亦同此理。

道格拉斯住宅便是一个绝好的例证。它坐落于密歇根湖畔西向陡坡之上的松柏林中，显得落落大方。它的出现让湖岸焕然不同，凸显出其尺度比例，更使其价值得到最大限度的体现。周围的景观环境在它的作用下变得对人有意义起来。初看之下，整个住宅显得相当复杂。面湖一侧的立面经各种线条的交织分割，如同蒙德里安的绘画，只是把黑色线条换成了白色，且没有三原色。屋顶一对金属通风道被别具匠心地置于偏离中心的位置，成为此立面构图的视觉中心，如同教堂的尖顶，或是市镇会议厅的钟楼。住宅南端和屋顶均有露台，立面上非开敞部分大多为玻璃幕墙包裹，其余部分为平整的白色材料。细看会发现不过是刷成白色的普通木制外墙板，纵向排列，端头位置以横向墙板平齐固定，所有连接部位均遮蔽起来。

住宅的基本构图并不复杂，一个三层的盒子置于坚固的地下室基础之上，纵向分为两个部分，面向坡岸的"私密"卧室区域和面向湖水的"公共"起居区域。分隔两个区域的墙体是一个连绵不断的平面，从最顶层一直到最底端。隔墙上方是一面硕大的屋顶采光窗，墙体上切入水平方向窗户，让人们可以从卧室区的走道看到下面另一侧的起居室。在公共区域一侧，若干部分的楼面被移去，形成两层甚至是连续三层的高大空间。通过移动每层非承重外墙的位置，营造出围合房间与开敞露台之间不断变化的关系。进行这些切割或平移操作所依照的曲面外形常是以勒·柯布西耶纯粹主义别墅中的一些形体为摹本。这让我们想起迈耶是有名的"纽约五"中的一员，他们在 20 世纪 60 年代重拾对早期现代主义杰作的兴趣，抛开其建筑材料和乌托邦式的政治理想不谈，而特别对其建筑形态加以仿效。

道格拉斯住宅的入口设在屋面层，通过切入坡岸的一段长桥从停车场进入。位于建筑东北角的一部普通双跑楼梯联系各楼层。还有一部向湖水方向伸出的室外楼梯，连接对面角落的开敞式露台。从住宅的最底层还可以从一道固定在基础山岩上的垂直梯攀下。那里，有一条小径通向湖岸。

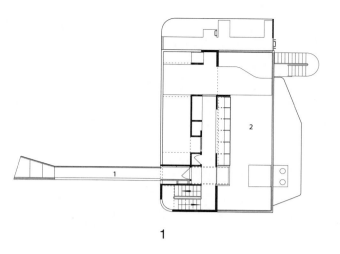

1

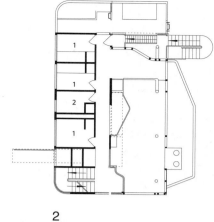

2

1　屋面层平面

1）入口桥
2）露台

2　上层平面

1）卧室
2）卫生间

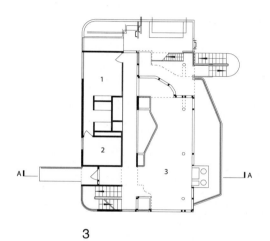

3

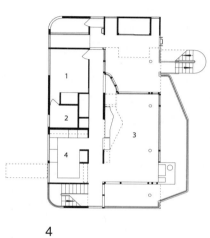

4

3　中间层平面

1）卧室
2）卫生间
3）起居室

4　下层平面

1）卧室
2）卫生间
3）餐厅
4）厨房

5

6

5　总平面

6　A-A 剖面

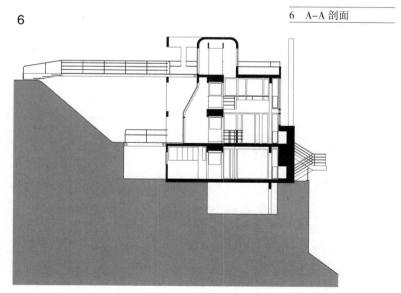

0 1 2 3 4 5　　10 m

迪克斯住宅（Dickes House）

罗布·克里尔（Rob Krier，1938—　）

卢森堡（Luxembourg）；1974 年

"我的目标就是要给被玷污、身负恶名的建筑平反昭雪。"克里尔在他 1985 年出版的《建筑构成》（*Architecture Composition*）一书中写道。书中他称建筑的"恶名"要拜开发商与官僚机构所赐，他们将欧洲的城市赤裸裸地变为攫取最大利润的工地，建筑的诗意在他们眼中视若无物。

作为反现代主义的城市规划师，罗布·克里尔和他的弟弟莱昂（Leon，1946—　）更多是通过打笔仗和纸上设计，而非实际建成的建筑作品为世人所知的。近年来，与威尔士亲王相熟的莱昂分期完成了位于多切斯特（Dorchester）的庞德伯里住宅开发项目（Poundbury housing development），而罗布与克里斯托夫·科尔（Christoph Kohl）合作，完成了一系列最终被采纳的德国、奥地利、法国和荷兰城市的总体规划项目。这些总体规划项目大多以在概念与功能上恢复或重现前工业化时代城市特征——公共空间为目标。现代主义的城市空间、功能区划、依照抽象概念而非具体标准进行设计等方法均被抛弃。一个反现代主义的城市构成传统，由一个个街区公寓连续不断的外墙面构造出街道与广场，不时以街心的雕塑加以点缀。

在看到这些后期工作的发展变化时，回顾一下 20 世纪 70 年代罗布在卢森堡完成的迪克斯住宅是一件饶有兴味的事情。初看迪克斯住宅无论如何也谈不上传统，事实上它甚至会被错认为属于柯布西耶的别墅风格。其总体形式抽象，呈几何化的纯立方体无任何构造关系的表达。墙体绝少曲折，不见屋顶或檐口，除了一个无任何装饰的粗大立柱外，看不到其他立柱，普通类型的窗户也一无所见。然而，这个住宅依然完全是传统的类型化设计方法的产物。

在《建筑构成》一书中，克里尔将每一个常规的平面几何图形，在空间与建筑上运用的可能进行了系统分类：长方形、圆形、八角形、T 字形，甚至是三角形，当然还有正方形。每一个类型的下面再分子类，如正方形的一个子类是 L 形。作为正方形类型下的 L 形子类，迪克斯住宅的平面因而不是对具体条件环境的应对结果，而仅仅是来自事先确定的、一系列可能性中做出的一个选择。尽管从一方面说，这个设计的确是对特殊项目需求的适应。显然，迪克斯夫人深为外人长期窥探所扰，产生了对窗户的抵触。于是，直接对外的窗户全部以角落内凹的玻璃幕墙代替。而内凹阴角，自然也就成为正方形类型下 L 形标准变体的产物。

在此几何框架下，平面布置其实相当自由实用。全尺寸地下室布置车库和设备间，居住占两层，其上还有一间多功能房与其外的屋顶露台相连。楼梯的外形与位置令人意外。一般料想楼梯应该是在那个粗大立柱斜对角的位置对称布置，而实际上却安排在一面侧墙处，并将墙面向外推出，在外立面形成一个轻微外凸。住宅内没有一个房间是直截了当的长方形，每个房间都与其邻室穿套。

克里尔的设计图纸中有一张是起居室变形的透视图，其中画有四人。此图在让我们想到 20 世纪 20 年代某些德国表现主义画作的同时，也提醒我们，尽管克里尔醉心几何形体与类型化设计，但他的眼光从根本上说还是诗化的。

1　二层平面
1）卫生间
2）卧室

2　一层平面
1）入口
2）起居室
3）厨房
4）露台

3　地下室平面
1）车库

4　屋顶平面

5　三层平面
1）露台
2）书房

6　A–A 剖面

7　东立面

8　北立面

9　西立面

1

4

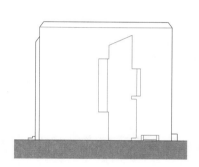

7

2

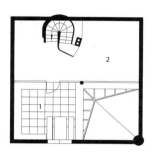

5

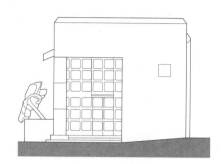

8

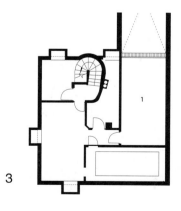

3

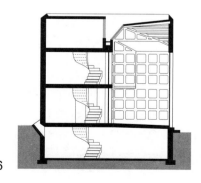

6

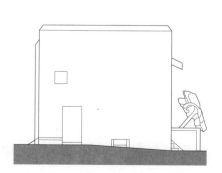

9

0 1 2 3 4 5　　10 m

胶囊住宅 K（Capsule House K）

黑川纪章（Kisho Kurokawa，1934—2007）

日本轻井泽町（Karuizawa，Japan）；1974 年

　　黑川纪章早期是日本一个很有影响的青年建筑师团体的成员。这个名为"新陈代谢"（Metabolists）的团体认为，城市不应是巴黎或柏林那样静止的纪念碑，也不应是勒·柯布西耶的光明城市那样机械的乌托邦，而应该是一个有生命的、不断更新的有机体，如东京。其主要思想在于城市应当在不断的流动中，如同动物不断更新其细胞一样，不断更新其组成。组成城市的细胞是住宅或公寓，用当时的行话说就是"（有生命的）居住胶囊（单元）"，这种居住胶囊应当可以大规模生产制造，并装配到更为永久的基础设施（如塔楼及周围道路）之上。当胶囊型居住单元失修损坏或历久淘汰时，可以替换。同时期，伦敦的"建筑电讯"（Archigram）也在发展类似的项目，其中知名的有彼得·库克（Peter Cook）的"插入式城市"（Plug-in City），而黑川是第一个将这一构想变为现实的。这就是 1973 年在东京建成的中银舱体塔楼（Nakagin Capsule Tower）。胶囊住宅 K 是黑川将胶囊单元的概念运用在单体住宅上——自己的夏季度假屋。

　　由于所在地块陡峭得几近山崖，入口设在了住宅上面。作为"基础设施"的混凝土塔基深埋入陡坡，塔顶建有停车位。塔内所含主起居室分设于两层，一部陡峭的直梯从停车位下行至一层的起居室，内设壁炉和略微抬高的环形画廊；另外一部旋转楼梯继续下行至舒适的底层，这里透过一个巨大的圆形窗，可以眺望远处的群山。

　　四个胶囊单元由塔身悬挑而出，其下并无可见的支撑。实际上，每个单元仅以 4 个直径 25 毫米（1 英寸）的钢制高强螺栓固定。胶囊单元的外形与尺寸接近海运集装箱，事实上它们也的确是在集装箱厂生产的。以钢制桁架为骨架，以喷涂石棉为保温防火材料，再外包铁锈红色的耐候钢板（Cor-ten）。其中三个配有圆形外凸窗，如同滚筒式洗衣机的舱门。

　　中银胶囊公寓塔楼中的胶囊单元实际上就是旅馆的房间，内设床、卫生间和书桌。在这里，两个胶囊单元是带卫生间的卧室，一个是厨房，而最后一个是传统的日本茶室：竹制天花板、榻榻米地面。与两个卧室胶囊单元一样，茶室亦有圆形窗，但其内涵则完全不同。圆形窗在这里加上纸障子，变身为日本传统建筑中的圆窗，有了传统茶室的样子。

　　茶室仅是胶囊住宅中令人耳目一新的若干古风旧制之一，还有起居室内的木制内墙板、磨石烟囱与屋顶停车场地面的无序铺装。这其中任何一项都决然不会为追随高技派的"建筑电讯"和"新陈代谢"团体的其他成员所容。他们后来在诸如伦敦劳埃德大厦和香港汇丰银行大楼等建筑中乐此不疲地推广胶囊单元的概念。然而，黑川确实是一个更加细腻而灵活的设计师，他醉心于西方文化与日本文化之间的差异，期望以各种主动积极的方式将它们交织呈现。有人甚至将他列入后现代主义阵营。

1　平面

1）起居室
2）厨房
3）卧室
4）茶室

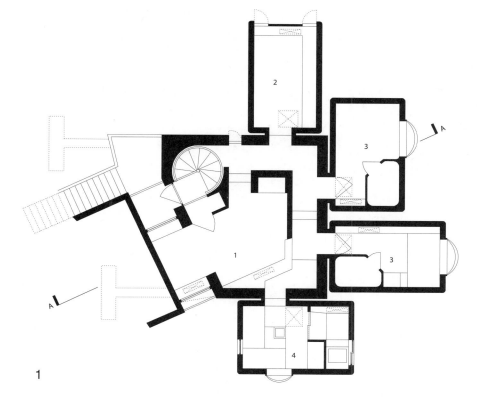

1

2　A-A 剖面

1）起居室
2）卧室
3）下层起居室

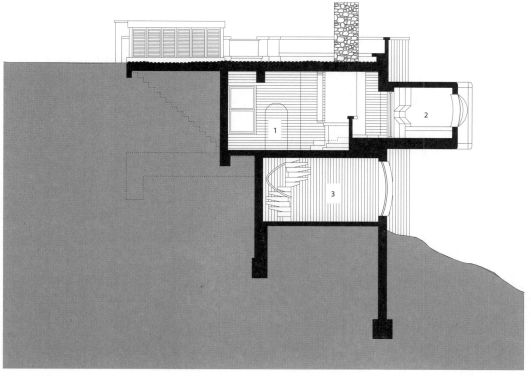

2

0　1　2　3　4　5　　　　　　10 m

波菲住宅（Bofill House）

里卡多·波菲（Ricardo Bofill，1939— ）

西班牙芒特拉斯（Montras，Spain）；1976 年

加泰罗尼亚建筑师里卡多·波菲从来不是一个真正的现代主义者。甚至在其 20 世纪 60 年代完成的早期作品中，对新的复杂性的追求就已经很明显了。他尤其喜爱立方体的组合。以 1968 年于巴塞罗那郊区建成的艾尔卡斯特尔公寓（El Castell）为例，这个八层高、由房间大小的盒子堆叠而成的建筑摹自 1967 年蒙特利尔世界博览会上莫瑟·萨夫迪（Moshe Safdie）所作的"生境馆"（Habitat）。1971 年建于阿里坎特（Alicante）的上都假日公寓（Xanadu Holiday）则将盒子单元拼成对称的金字塔或宝塔形，并于细部饰以本地风格，如坡顶、波形瓦屋面与拱形窗。

在这些作品之后是 1975 年在巴黎市中心的老批发市场——巴黎大堂（Les Halles）重建设计竞赛中的获胜方案（最终未建成）。在这个设计中，可以发现波菲与现代主义背道而驰，彻底投身布扎艺术（Beaux Arts）。在此后的 20 年里，他转向巴洛克风格，在巴黎城郊和诸如圣昆廷-伊夫林（Saint-Quentin-en-Yvelines）、马恩河谷（Marne-la-Vallée）与塞尔吉蓬图瓦茨（Cergy Pontoise）等新区各处设计了大量纪念碑式的住宅项目。

1973 年，波菲在芒特拉斯（Montras）为自己建造的度假屋正值其风格摇摆的关键点上。这处度假屋既是立方体，又是古典风格，揉合了艾尔卡斯特尔公寓的构图方法与其后来城市规划设计中的纪念性（在小尺度上）。

住宅位于距布拉瓦（Brava）海岸不远的山林中，地块上原有一处废弃的农舍。这不是一个人或是一对夫妇的度假屋，而是服务于三代同堂的大家庭。住宅如庙宇般建于长方形的砖铺台基上。地块东端的三层主体建筑住着祖父母，而子女和孙辈住在西侧展开的一排分立的小型单体建筑中。两个形体之间紧邻餐厅布置泳池。这让此处成为整个家庭聚集的场所，对这个缩小的城市构成来说，这里就是所谓的公共广场。

于是，波菲住宅更像是一个小型旅馆或度假村，只是私人套房不再是木棚小屋，而是坚固的砖筑盒子单元。这种单元共有五个，第一个与餐厅相连，包括位于底层的厨房和位于其上的一间卧室；还有两个盒子单元中是两层高的卧室；最后两个单元位于尽端，两层均为卧室，楼梯设于室外，其中一个转成直角方向布置，使整体构图趋于完整。

祖父母居住的三层 L 形住宅主体更为复杂，其最底层已经在台基之下。L 形平面的转角是一个四分之一金字塔状的室外台阶，不仅直接通向顶层的起居室，还使其下两层高的空间拥有了坡顶天花板。紧邻台阶的是另一个四分之一的金字塔，但却与前者相反，不是向上而是向下切入山坡，如同小型的古希腊剧场。建筑的纪念性无疑确立于斯，但奇怪的是这些宏大的景观设置并未与台基的铺装轴线相合。

波菲此后彻底的布扎风格在这个位于芒特拉斯的住宅中并未尽显。但还是在一些细节中有所预示，如室外楼梯与入口两侧对称种植的柏树。外观上无窗的外墙与又高又窄的走廊，让这几个小房子几乎形同墓穴。

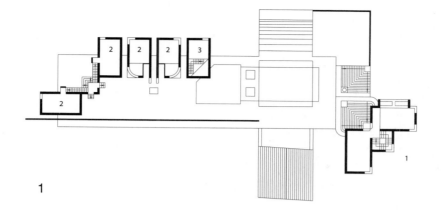

1 二层平面

1) 祖父母住宅
2) 子女住宅
3) 服务员工房

1

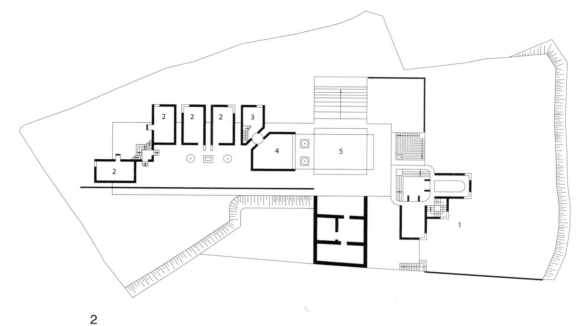

2 一层平面

1) 祖父母住宅
2) 子女住宅
3) 服务员工房
4) 餐厅
5) 泳池

2

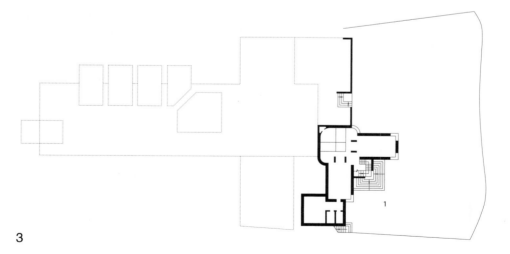

3 地下层平面

1) 祖父母住宅

3

0 1 2 3 4 5   10 m

卡尔曼住宅（Kalmann House）

路易吉·斯诺奇（Luigi Snozzi，1932— ）

瑞士提契诺州布里奥内索普拉米努西奥（Brione sopra Minusio，Ticino，Switzerland）；1976 年

20 世纪 70—80 年代，路易吉·斯诺奇属于一个被称为"趋势"（Tendenza）的设计团体，这是由瑞士意大利语区提契诺州一群思想相近的建筑师组成的团体，包括马里奥·坎培（Mario Campi）、奥雷利奥·卡菲提（Aurelio Galfetti）和马里奥·博塔（Mario Botta）。"趋势"的建筑师基本上都是信奉现代主义的，但他们的现代主义思想受到意大利建筑理论学者，如乔治·格拉希（Giorgio Grassi）和阿尔多·罗西（Aldo Rossi）的影响。格拉希和罗西是战前理性主义传统的继承者，此时已经开始质疑现代主义的某些方面，例如功能决定形式的思想，他们强调传统建筑形态的延续性。由于传统的建筑形态具有文化上的特异性，这也意味着重视每个地方的独特个性。现代主义通行的"国际风格"概念现在看来靠不住了。

位于马焦雷湖（Lake Maggiore）边的卡尔曼住宅是这种新修正现代主义的良好例证。尽管初看这是一个百分百人造的、抽象的建筑形式，与阿尔卑斯山景相互映衬。仔细观察后，却发现这一形态与所处地块的亲密关系。它不仅仅是栖于陡坡上的一个三层盒子，而是通过建筑的尺寸、坡度、朝向、景致以及流经的曲折溪流与结构形式的选择等，小心翼翼地呼应其所处的山势。山坡面东，而最佳的视野在南向和西南向。为了照顾视野，住宅理想的走向应当是东西向的。但地块所处山坡过陡、过窄，无从实现。于是，住宅只能以山墙面对最好的景色。这一无可避免的现实显然影响到建筑师对三层盒子的处理：住宅南端几乎全然开敞，玻璃幕墙退后留出露台和出挑的阳台。这一盒子远看多少有几分与模糊的人形相似，如同一个人屹立山坡之上，透过深邃的双眼，眺望远处的湖水。

现在看到的住宅是由下而上，经过下方的坡道与台阶，进入位于东北角的入口。然而，设计最初设想的是由上而下，从远处住宅上方的道路经过一座横跨溪流的窄桥进入住宅（如底层平面图所示）。这个构想更节省体力，心理感受也更好，但未能实施。自窄小的入口进厅沿两跑折返楼梯上行，来到深埋入山坡、幽暗的住宅西端。第一跑楼梯的休息平台处于起居室边，由独立中央的壁炉隔为会客和就餐两个功能区。第二跑楼梯止于室内阳台，由此可以下望两层高的起居室，也可以透过全高玻璃幕墙眺望前方的户外景色。从此处起，楼梯升出地面，通过面向山坡的长窗采光。这一层的两间卧室共用一个卫生间。

这一住宅还提供了另一个重要的场所。起居室通向一个长条形的露台，露台绕着建筑外墙向右转，止于纳凉藤架。从这里遥望湖面，景色绝佳，非他处可比。

现在可以了解到这个粗糙的混凝土盒子设计有多么柔和与细腻了，面坡一侧的弧面外墙与露台一侧的弧面内墙子同处一条曲线上；俯望两层高起居空间的卧室阳台，穿过玻璃幕墙成为室外的景观阳台；笔直的露台以相同的姿态穿过盒子开敞的端头，变为东向的山墙。盒子还是盒子，但却是为这段山坡而生的盒子。

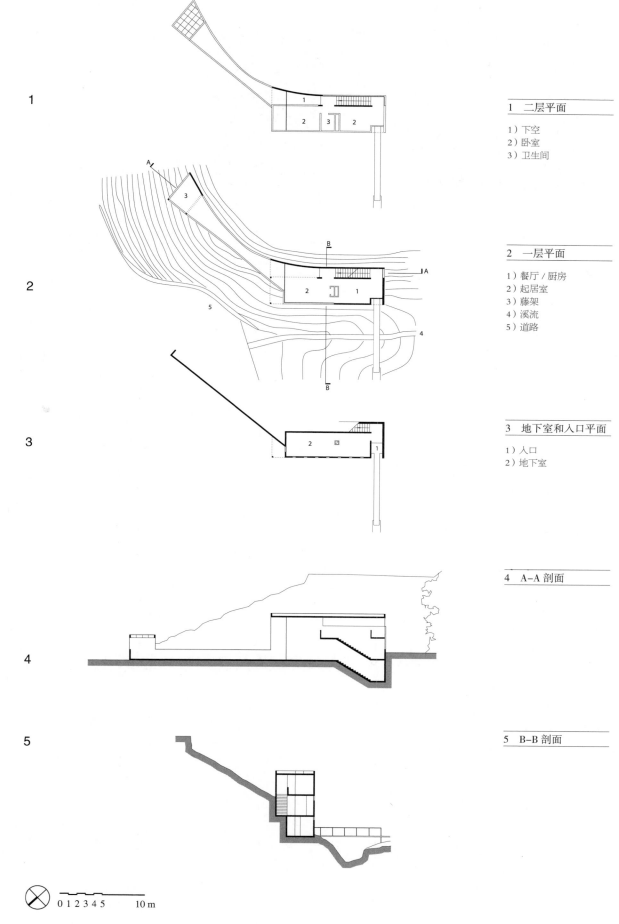

1　二层平面

1）下空
2）卧室
3）卫生间

2　一层平面

1）餐厅／厨房
2）起居室
3）藤架
4）溪流
5）道路

3　地下室和入口平面

1）入口
2）地下室

4　A-A 剖面

5　B-B 剖面

0 1 2 3 4 5　　10 m

多明戈斯住宅（Dominguez House）

亚历杭德罗·德·拉·索塔·马丁内兹（Alejandro de la Sota Martinez，1913—1996）

西班牙蓬特韦德拉（Pontevedra，Spain）；1976 年

亚历杭德罗·德·拉·索塔·马丁内兹生于西班牙西北部的加里西亚（Galicia），曾在圣地亚哥德孔波斯特拉大学（University of Santiago de Compostela）数学专业学习。在 20 世纪 30 年代西班牙内战中，他支持佛朗哥（Franco），也于此时发现了真正适合自己的职业，因而进入马德里高等学院（Escuela Superior de Madrid）学习建筑学课程。在此后的职业生涯中，他主要是作为公共建筑设计师为西班牙邮政部门工作，同时也成为一位极富影响力的教师。时至今日，他已成为西班牙现代建筑奠基者之一。在西班牙以外的地区，他仅以 20 世纪 60 年代所做的两件作品为人所知，即塔拉戈纳（Tarragona）的政府办公大楼与马德里的马拉维拉斯学院体育馆（Gimnasio Maravillas）。20 世纪 90 年代，欧洲一些进步的建筑师重新研究了这些建筑，其作品表现出的粗犷、厚重与创造性是走出后现代主义与高技派死胡同的出路之一。

位于索塔的家乡——蓬特韦德拉西郊的多明戈斯住宅，展现出其标志性的粗犷与创造力。整个设计以单一却强烈的思想贯彻始终，将日常生活区隔为两个空间——活跃与沉静，用于休憩和思考的内向空间与繁忙和社交性的外向空间完全分开。这一思想在实践中不过就是在休息区与活动区之间通常存在的分隔，但是，在这里颠倒了常规的、住宅动与静的空间布局：起居室位于楼上，而卧室位于楼下，区隔的方式也比通常要彻底得多。在入口布置了楼梯和电梯的小进厅之外，在两个分区之间，一个名义上的一层（其实仅略高出路面地坪）对外全部开敞。

其上是九根立柱支撑的、容纳起居室的平顶立方盒子。建筑师似乎在暗示，这部分就是住宅的全部，访客受邀来到这里，住宅内大部分的活动也在这里进行。这是一个以架空立柱支撑的柯布西耶式的盒子，也像萨伏伊别墅那样有着宽大的窗户和屋顶花园。室内布置相当规矩，一个大的起居室兼餐厅占据了近半的空间，另一半是分别居于服务核心区两侧的厨房和小书房。

在楼下的地下世界，空间布置却拥挤得多。五间卧室中，有一间是容纳 4 个孩子的小型宿舍，带有两个卫生间，其他卧室也都自带卫生间。此外，车库后面还有一套服务员工房。名义上是地下室，实际上是半地下室，由于依坡而建，对地块处理后大部分的卧室都有对外的窗户。住宅的地下部分远比清爽通透的地上部分要繁复得多。真正的地下室[1] 分成高低两个平面，低的是大酒窖，上面则是一个宽敞的活动室。

从概念上说，这个住宅与其说是建筑不如说更像是景观。平屋顶，各层设露台，中间以台阶相连。下部建筑材料主要是砖与混凝土，其份量、质地与覆于其上的光滑金属表面和玻璃盒子形成反差。上、下两重天地以钢制框架平台连接在一起，一部分向上与上部结构相连，成为起居室外的露台。

---

1 原文为"main bedroom"疑为"main basement"之笔误。

1　A–A 剖面示意图　　2　东立面

3　屋顶平面

4　二层平面
1）起居室
2）餐厅
3）厨房

5　一层平面
1）主入口进厅

6　半地下室平面
1）卧室
2）淋浴间
3）储藏间
4）卫生间
5）车库
6）洗衣房

7　地下室平面
1）酒窖
2）活动室

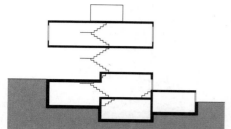

1

2

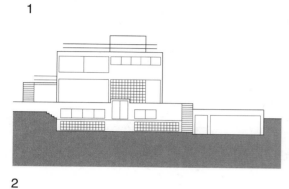

3

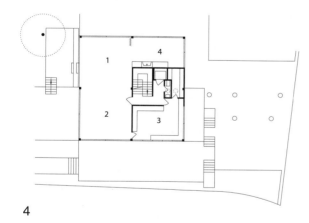

4

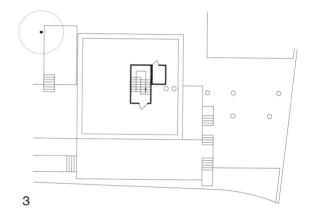

5

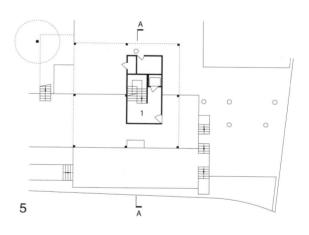

6

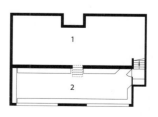

7

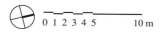

0 1 2 3 4 5　　　10 m

霍普金斯住宅（Hopkins House）

迈克尔·霍普金斯（Michael Hopkins，1935— ），贝蒂·霍普金斯（Patty Hopkins，1942— ）

英国伦敦（London，UK）；1977 年

　　两栋最早的高技派建筑——IBM 位于汉普郡柯舍姆（Cosham，Hampshire）优雅美式风格的临时办公室，以及英国 20 世纪 70 年代最佳建筑——位于萨福克郡伊普斯维奇（Ipswich，Suffolk），采用无框玻璃幕墙的威利斯、费伯和杜马斯保险公司总部大楼（Willis，Faber & Dumas offices，1975）都是迈克尔·霍普金斯与诺曼·福斯特合作设计的。霍普金斯以此拉开了其建筑师职业生涯的序幕。

　　1976 年，霍普金斯与同为建筑师的妻子贝蒂决定成立自己的建筑事务所。他们的独立实践始于为自己设计的一栋住宅——位于伦敦北部的汉普斯泰德（Hampstead），这栋住宅兼顾了居住和办公两方面的要求，还是建筑师作品的最佳示范。

　　从概念上讲，霍普金斯住宅与建筑师早期的经典建筑，特别是 IBM 办公楼没有多大差别，更为显著的影响来自 1949 年在加州建成的埃姆斯住宅（Eames House，参见106~107 页）组合预制钢结构构件（如钢桁架）的建造方式。两者的不同在于，埃姆斯住宅采用的彩色填充板以及偶尔选用的自然材料，使它显露出闲适与轻松，而霍普金斯住宅与之相比更为严谨。钢和玻璃主宰着整栋住宅，而且各种细部与节点统一在 6 个标准节点方式中。

　　设计的简洁性源自小尺度的结构网格——4 米 ×2 米（13 英尺 ×6$\frac{1}{2}$英尺），避免了空间分隔构件。槽型钢板构成的地板与屋面直接支承在低矮的钢桁架上，钢桁架再由边长 60 毫米（2$\frac{1}{2}$英寸）的钢制方柱支撑。节点多为现场焊接而非螺栓连接，并不是为了施工方便，而是为了简洁的外观。两层高的立方盒子前后立面包括前门在内均为玻璃，立面上仅有水平滑动墙面板，不设竖向骨架。

　　最初的设计简单无奇，周围为玻璃幕墙，仅靠近基地边界的侧墙因防火规范的限制采用异型金属板。今天，这种轻型结构肯定会遭人诟病——其热效能低导致住宅冬冷夏热，但是其紧凑的空间布局降低了热损耗，大面积的开窗促进了通风。据说其空气加热管道系统是很有效的。

　　住宅平面的开放性与适应性达到登峰造极的程度。私密空间由预制密胺墙板与通高的门分隔，其他空间由柱间安装的整齐的百叶帘分隔，如此工作空间得以与居住空间互不相扰。在平面正中，一个开敞的螺旋楼梯提供了唯一的竖向交通。

　　在汉普郡，传统的伦敦北部郊区，这个令路人侧目的坚实的现代住宅看似是一栋工业建筑。也许正是因为低调的外表，使它并未引起当地规划师的注意。住宅场地位于街道平面以下 3 米（10 英尺）处，因此建筑入口设在二层，经由一座穿孔钢板制成的小桥步入住宅。看上去，这只是一栋单层住宅，最多 6 个开间的玻璃外墙。

　　英国的高技派繁荣于 20 世纪 70—80 年代，建成的建筑作品却不多。霍普金斯住宅是其中最重要的作品之一，它清晰地概括了高技派的设计原则：预制、灵活、可见的结构以及真实的材料。

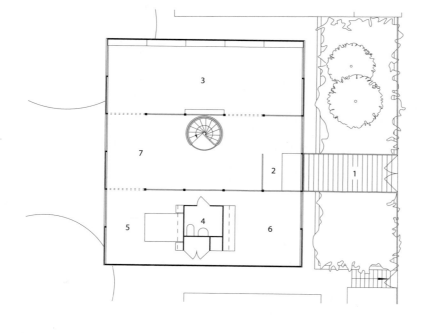

1）入口小桥
2）门厅
3）工作室
4）卫生间
5）卧室
6）衣帽间
7）厨房／餐厅

1

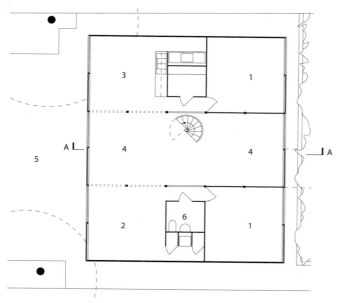

2　花园平面

1）卧室
2）起居室
3）厨房
4）餐厅
5）花园
6）卫生间

2

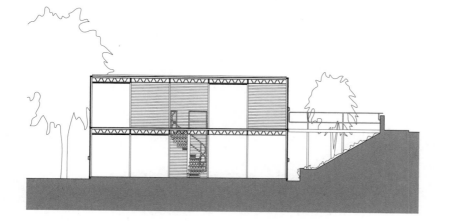

3　A–A 剖面

3

0　1　2　3　4　5　　　　　　　10 m

鲁道夫公寓（Rudolph Apartment）

保罗・鲁道夫（Paul Rudolph，1918—1997）

美国纽约州纽约（New York City，New York，USA）；1978 年

1965 年，鲁道夫在曼哈顿联合国广场附近租住了一套公寓。公寓位于一幢传统的五层高的联排住宅中。10 年后，这个"贫民窟"的房价让鲁道夫可以买下整幢建筑。他舍弃了低层的楼板，替换并延伸顶层的楼板。这已经不是常规的顶层公寓，而是一个四层高的结构，一个住宅上的住宅。它就像很多建筑师的住宅一样，是建筑师新的空间概念的试验田，以最纯正的形式展现了鲁道夫后来的现代主义风格。

在耶鲁大学建筑馆（1964）、波士顿市政中心（1971）等建筑中，鲁道夫发展出一套将立体体量与空间整合成集群或巨型结构的设计方法。其纽约公寓正是微缩版的巨型结构。各种尺寸的、或垂直或水平的线形体量彼此重叠、相互渗透。在这个由两面相距 6 米（20 英尺）的界墙围合而成的空间里，模糊的边界、隐藏的光源创造出令人惊奇的内部景致。鲁道夫公寓经常被拿来与 19 世纪约翰・索恩（John Soane）在伦敦设计的住宅或博物馆相比，两位建筑师都热衷于复杂的空间布局。从概念上讲，与其说它是四层高的公寓，不如说它是一个在不同高度穿插了平台和飞桥的高耸空间。几乎每一个房间，都可以通过一个洞口，或一条缝，或有机玻璃地板，仰望抑或俯视到另一个房间。作为餐厅延伸的画廊，可以俯看错层的起居室与图书室；而借由下沉地板周边的开槽可以俯看餐厅的是卧室。完全的隐私几乎是不可能的。有一处细节标明，整幢住宅的设计如同一场偷窥的游戏——主卧室的按摩浴缸下用的是透明地板，足以让其下的客房直视。

立方体空间设计构思的习惯是在平面的两端延伸出各种露台与阳台，饰满藤蔓的钢骨架的廊架，将各级平台变为名义上的房间。公寓的主体结构也是钢结构的，使隔墙与楼板看起来像预制构件。效果离奇却不媚俗。钢柱要么镀铬要么覆以防火板。公寓的配色方案是单色的，间或大理石、玻璃和塑料表面的抛光处理。

保罗・鲁道夫不仅是世人公认的、富有成就的原创建筑师，而且也赢得了同行们的尊敬。他运用现代主义抽象的语言并将其作为一种聪明的游戏，但是他的解读也许缺乏智慧的深度。当罗伯特・文丘里与丹尼斯・斯科特 - 布朗（Denis Scott-Brown）寻找一个现代主义建筑作品与自己后现代主义的费城老年之家——基尔特住宅（Guild House）对照，以表述现代主义建筑之不合时宜时，他们选择了鲁道夫在纽黑文设计的一幢高层住宅——克劳福德山庄（Crawford Manor）。他们嘲笑克劳福德山庄用力过猛、徒劳的关联和干涩的表达，预示一个旧时代的结束，而他们自己设计的基尔特住宅却预示着一个新时代的来临。对鲁道夫来说，更不幸的是以上表述出现在文丘里《向拉斯维加斯学习》（*Learning from Las Vegas*）一书中，20 世纪末这本书在建筑界产生了巨大的影响。

1

1 主卧层平面

1）主卧室
2）浴室
3）露台

2

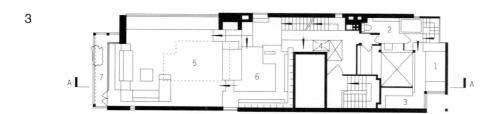

2 厨房／餐厅平面

1）厨房
2）餐厅
3）卧室
4）露台

3

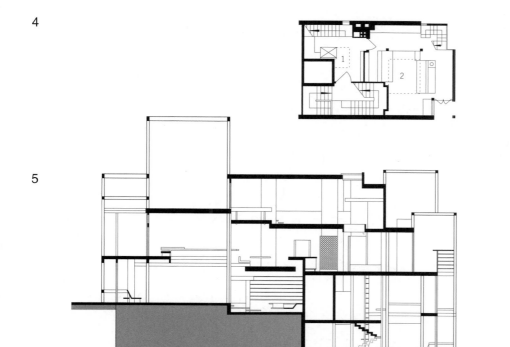

3 起居室及图书室平面

1）客房
2）浴室
3）储藏室
4）电梯
5）起居室
6）图书室
7）露台

4

4 入口层平面

1）入口门厅
2）客厅

5

5 A–A 剖面

0 1 2 3 4 5   10 m

玻璃砖住宅——堀内光雄住宅
（Glass Block Wall — Horiuchi House）

安藤忠雄（Tadao Ando，1941—）

日本大阪（Osaka，Japan）；1977—1979 年

评论界时常强调安藤忠雄设计的建筑带有日本风格——沉稳、简洁，以及细腻微妙的光影效果，但其中仍有甚为强烈的西方设计风格，最为明显的影响应当是来自路易·康。安藤的作品中精美的钢筋混凝土墙体是当地抗震设计的需要，但其完成后平滑的表面和经过精心布置的圆孔（螺栓孔）则是得益于康设计的索尔克生物研究所（Salk Institute）和金贝尔艺术博物馆（Kimbell Art Museum）等建筑的模板施工技术。他偏爱的毫不含乎的立方体外形也与康一脉相承。概论之，安藤的建筑是静态的、内敛的空间设计，而不是自由的、流动的空间设计。这一点在其早期的城市住宅设计中尤为突出。他最为喜爱的平面构图是分为三段的长方形，中间部分留白开敞为中庭，也是自然采光的来源。在1976年完成的住吉长屋（Azuma House）中，二层设一道桥，跨庭而过。稍晚一些时候完成的石原住宅（Ishihara House），以玻璃砖为中庭内衬，使得居住空间无法从外部看到——即使这个外部空间被限定了。

在堀内住宅中，清水混凝土墙、三段式长方形平面构图、中庭、小桥和玻璃砖无一遗漏，然而却以一种全新的方式结合，达到更为宜人的平衡。飞桥移至中庭一侧，而玻璃砖墙化身为效果更佳的半透明照壁，作为中庭与户外街道的区隔。

在安藤自己的讲述中，对此照壁的象征意义着墨甚多。如果说这一内敛的方案是对城市住宅周边的视觉混乱的否定与拒绝的话，照壁就是一个试图与之协调的尝试。一方面，如果将中庭完全像街道开敞，这里就会变成一个半公共的空间，甚至可能成为一个城市广场。而另一方面，一堵完全封闭的混凝土实墙又会向途经此地的行人传达一种封禁拒绝的姿态。目前的钢框架玻璃砖照壁是一个恰到好处的折中处理。光与影成为住宅与街市之间某种相互兑换的货币。晨间，半影摇曳中庭一侧；到了晚间，又横斜街市一边。白天，墙体滤过的日光在两侧转换；晚上，又将室内照明的光影闪耀透至墙外。

住宅所在的是一个坡度甚陡的街角地块，其中一侧的高差完全可以容纳地下室车库。其上是一层的起居室和二层的主卧室。厨房、餐厅位于中庭的另一边，儿童卧室位于其上，一间传统的榻榻米房间则位于其下的半地下室。起居与就餐之间通过混凝土墙体间一个平淡、狭长的过道相连；而在二层，这里变为两个开敞阳台之间的"飞桥"。中庭两翼的墙体几乎全为玻璃。

安藤在设计中极少直接引用日本传统建筑的形态，然而在这一住宅中一处有趣的特征或许具有历史渊源与象征意义。中庭处的屋面与楼面由一对混凝土圆柱支撑，与玻璃外墙相距甚远，一层位于室内，二层则位于室外的阳台上。它们可能源自传统日本农舍中称作"大黑木"的巨大顶梁柱，象征一家之主。

| 1 A-A 剖面 | 2 立面 | | 3 二层平面 | 4 一层平面 | 5 地下室平面 | 179 |

1）卧室

1）起居室
2）餐厅
3）卧室
4）橱柜

1）车库
2）榻榻米
3）卫生间

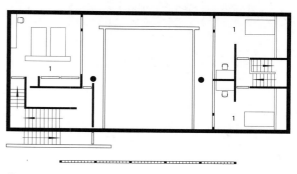

3

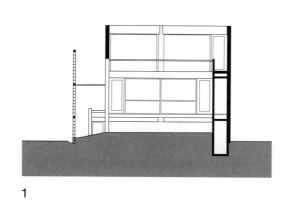

1

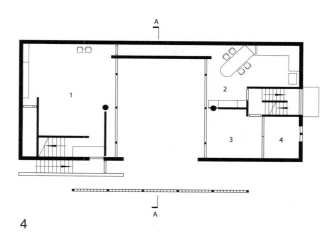

4

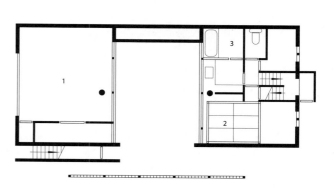

5

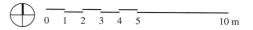

0 1 2 3 4 5   10 m

雷根斯堡住宅（House at Regensburg）

托马斯·赫尔佐格（Thomas Herzog，1941—）

德国雷根斯堡（Regensburg，Germany）；1977—1979 年

今天，冰盖消退已成事实，二氧化碳排放作为其主要原因也得到证实。"可持续"成为世界各地对环境负责的建设者挂在嘴边的口头禅。建筑学界在 20 世纪 70 年代的能源（石油）危机后，才开始认真研究低能耗建筑。结果一窝蜂地发展出各种试验住宅，以粗糙、随意表明其"另类"、反工业化的指导思想。托马斯·赫尔佐格是德国低能耗建筑的早期先锋，后来德国成为最不遗余力地实施低能耗战略的国家，并将低能耗变为一条不容置疑的基本原则。但赫尔佐格没有走粗糙随意的风格路线，而是认为低能耗与现代主义传统完全可以并行不悖。

雷根斯堡住宅是赫尔佐格的第一个低能耗住宅，毫无粗糙随意、潦草简陋的痕迹。它基于科学与逻辑的设计，是一个发明创造，而不是情绪冲动、意气用事的结果。住宅的主要建筑材料是木材，这在现代主义建筑中并不常见，其完整的棱镜外形和理性的平面布局使其如机器一般。棱镜的三角形侧面用于收集太阳能，为住宅提供采暖。这种"被动式"的能源准则当前已经完全确立，但在 1977 年还是非常新颖的。当然，温室自维多利亚时期就已经存在，但总是住宅的附属品。赫尔佐格对这种"附加"方式不甚满意，他希望能够将各种节能措施集成在一个全新的、环境友好的建筑当中。所以，人们最终看到的不是一个附带温室的双层住宅，而是，怎么说呢，住宅与温室同在一个屋檐下，共用一个坡顶，共用三角形的长边，一同向下延伸，直至地面。

"节能"绝非这个住宅唯一的建筑主题。常规性与灵活性具有同等重要的意义。平面布局不是简单地堆砌房间了事，而是系统地按照网格布局，相应的空间单元以或水平，或垂直的方式组合。在北侧高墙与南侧端点之间的三角形，空间分为四个区：服务区，主要包含卫生间、储藏室和厨房；较宽的带形区，包含起居空间；玻璃幕墙外覆顶的窄走道，将起居空间与温室区分隔开来；最后，就是温室本身。在另一个方向，即东西方向上，这些带形区再等分为 6 个区块，每个区块宽 3.6 米（12 英尺）。这些区块的不同操作，犹如乐器演奏出的不同曲调，建筑整体也展示出不同的调性。赫尔佐格的选择是在起居空间和入口进厅处，分别移除一个区块的屋面和一个相连区块的屋面，营造两层高的空间；并各设一部螺旋楼梯。他还移除了温室部分两个区块上的屋面，其中一个是为了种植美丽的山毛榉，而另一个则是在餐厅边外加室外平台。

木材作为一种可再生资源，在住宅中有多种用途：叠合梁柱，内墙的刨花板和胶合板，以及外墙水平覆面板。对于这一目前常见的"雨幕"来说，赫尔佐格是最早的使用者之一。这个建于 1977 年的住宅还采用了双层窗、保温性能好的实墙，以及外覆钛锌板的屋面等节能措施。

1　上层平面

1）画廊
2）公寓
3）客房

2　下层平面

1）栽培室
2）睡眠区
3）入口进厅
4）起居室
5）走道
6）苔类温室
7）遮荫中庭
8）覆顶平台
9）日光中庭
10）地中海温室

3　A-A 剖面

4　剖面

1）冬日
2）冬夜
3）夏日
4）夏夜

5　总平面

A
1
2
3
A

1

5

1
2
3
4

4

1
2
3
4
5
6
7
8
9
10

2

3

0 1 2 3 4 5 10 m

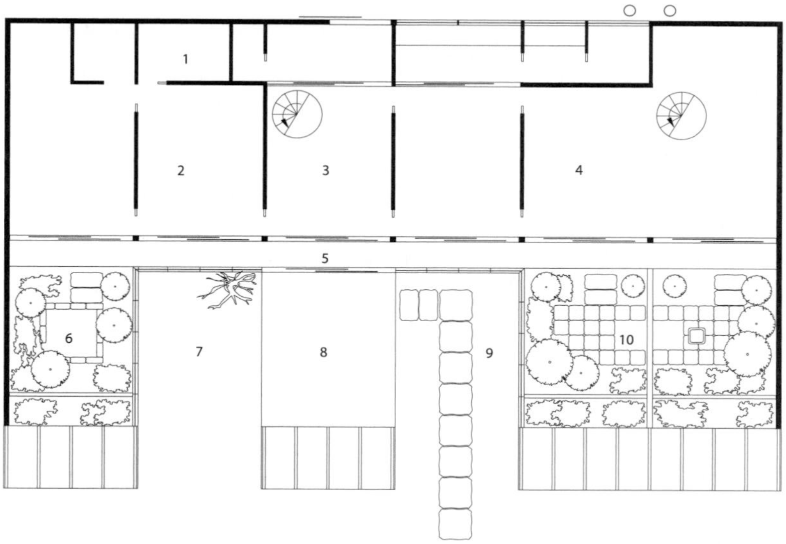

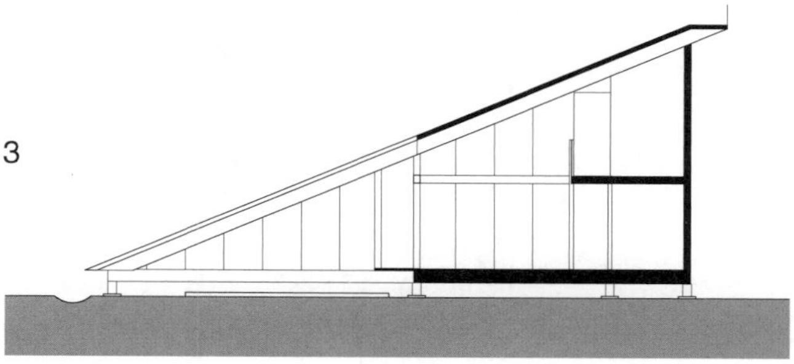

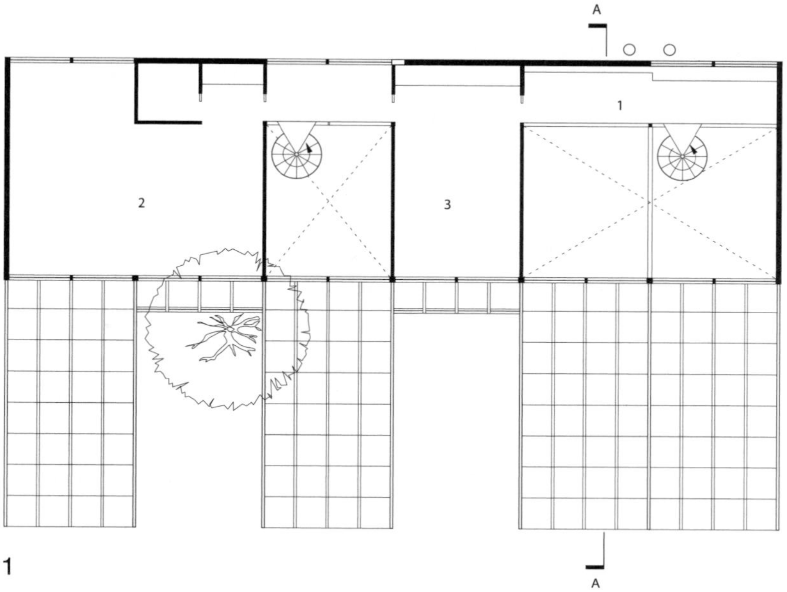

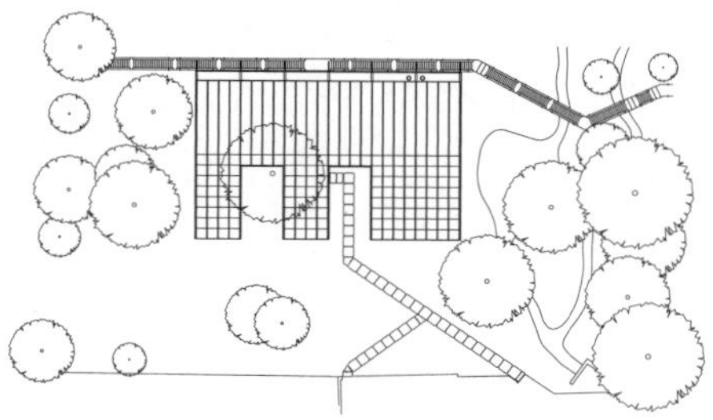

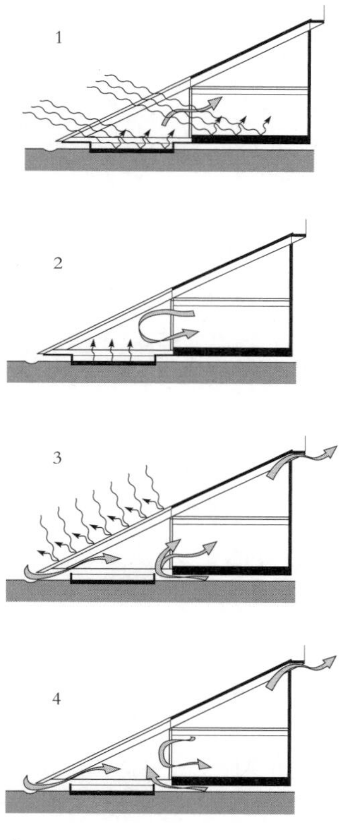

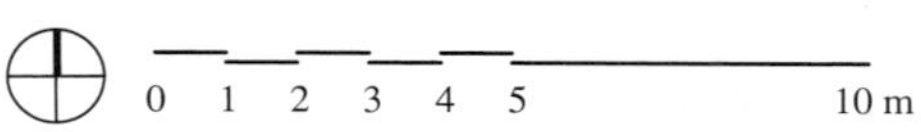

圆厅住宅（Casa Rotunda）

马里奥·博塔（Mario Botta，1943— ）

瑞士斯塔比奥（Stabio，Switzerland）；1980—1982 年

大多数现代建筑师是从地块分析和研究客户的项目委托书开始住宅设计的。在观察马里奥·博塔在瑞士提契诺地区这一孕育现代建筑的温床设计的许多住宅后，可以清楚地发现他的设计方式相当不同。他并非从准科学性的调查研究入手，而是大胆假设一个简单的几何形体作为设计的起点。

在位于斯塔比奥、中，这个简单的几何形体是圆柱体，敦实坚固，以灰色混凝土砌块筑成。博塔选择的形体并非无视所在地块，事实上可能完全相反，这一形体是对此处地形地势和周边建筑慎重推敲的呼应。越过山坡西望，星罗棋布各种类型与风格的别墅，其中的圆厅住宅如同泳池边慵懒人群中西装革履的绅士——一位眉头紧锁的绅士。

这一严肃庄重的建筑对于那些不受约束、不守规矩的、资本文化的产物来说是一种含蓄的批判。其倡导的是回归传统欧洲城市中的不凡气度。虽然博塔并未使用古典建筑中的柱身、柱头和柱顶等建筑元素（他在楼梯间及周边的处理已经非常接近古典了），但无可置疑他深受古典建筑传统的熏陶。

圆柱体确立之后，设计方向就几乎只有一条路可以走。缀加任何东西都会破坏这一形体的纯粹性，所以只能采用减法来满足居住的各种需求，切开外桶壁，释放空间或是镂空开口，引入采光。博塔的第一笔是将圆柱体一劈为二，屋顶和三层楼面上的开槽，将阳光引入住宅的中部。在住宅的南立面，开槽水平延展为二层的水平向带形窗和底层的两个入口。在北立面，楼梯间上方的起拱封闭了屋面的开口，看上去如同一个宽大的立柱站在叠涩壁龛内。这就是上文提及的相当典型的古典风格所在：楼梯间顶部的砌块叠涩而出，展为柱头。

室内部分，底层入口进厅与楼梯间的两侧，由两端开敞的入口门廊和停车位完全占据。整个底层背光在阴处；而二层空间明亮与底层形成显著的反差，光线从宽大的南向窗户射入，从头顶的屋面采光窗射入，从三层楼板的开口射入。室内平面布局开放，兼顾采光与功能要求，起居室和书房位于开口一侧，餐厅和厨房位于另一侧，分区十分清晰。住宅顶层，横跨楼板开口两侧的是画廊，画廊中设有卧室与卫生间门，于此开口可以俯瞰楼下的起居空间。

在其早期的职业生涯中，博塔与两位 20 世纪的建筑界巨擘——勒·柯布西耶与路易·康均有合作。他们二者的影响在博塔的作品中也有所体现，但皆不及博塔接受建筑学训练的城市威尼斯，对他的潜移默化来得深刻，来得强烈。在如此美丽的城市里工作和居住，大概无法不为其建筑所征服，并对大多数的现代建筑心生低俗廉价之感，进而坚信唤起建筑曾经的庄严与宏伟正当其时。

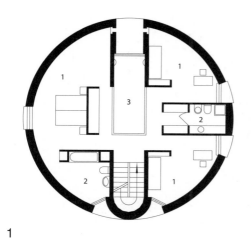

1

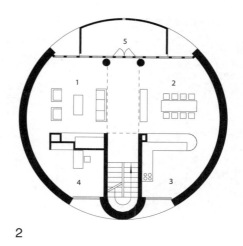

2

1 三层平面

1）卧室
2）卫生间
3）上空

2 二层平面

1）起居室
2）餐厅
3）厨房
4）书房
5）阳台

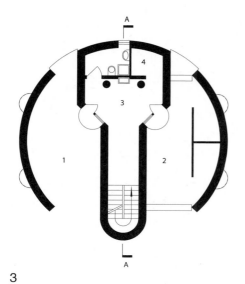

3

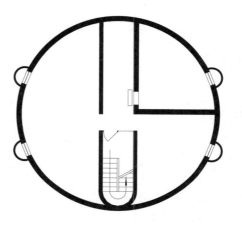

4

3 一层平面

1）门廊
2）停车位
3）入口进厅
4）衣帽间

4 地下室平面

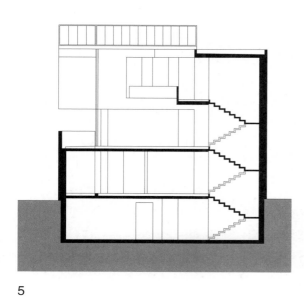

5

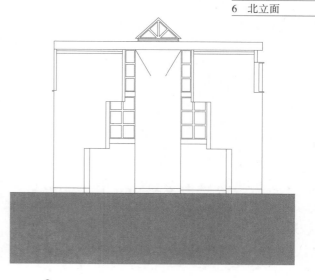

6

5 A-A 剖面

6 北立面

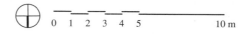

0 1 2 3 4 5   10 m

桑坦德住宅（House at Santander）

杰罗尼莫·胡安科拉（Jerónimo Junquera，1943— ），埃斯塔尼斯劳·佩雷斯·皮塔（Estanislao Pérez Pita，1943—1999）

西班牙桑坦德（Santander，Spain）；1984 年

杰罗尼莫·胡安科拉和埃斯塔尼斯劳·佩雷斯·皮塔属于所谓的马德里学派（Madrid School），其成员包括拉斐尔·莫内欧（Rafael Moneo）和阿尔贝托·坎普·巴埃萨（Alberto Campo Baeza）。20 世纪 80 年代，这些严肃认真的建筑师在北欧和美国的建筑评论界深受推崇，与当时盛行的、浮夸的后现代主义形成鲜明对照。其作品所呈现的复杂性与细致入微相互结合，比意大利新理性主义的类型归纳和图案化倾向要有意思得多。依众人所议，马德里学派，尤其是胡安科拉和佩雷斯·皮塔，风格上近北欧而远拉丁，师承上近阿尔瓦·阿尔托，而远勒·柯布西耶。

胡安科拉和佩雷斯·皮塔的建筑蕴含包容多于归纳简化。他们通常的设计方法是根据具体项目的要求分别就结构、空间、服务保障、气候条件和文化背景等方面各自提出一系列理想的概念方案，然后将它们合于一处，调整融合，使之彼此协调。尽管在调整过程中会放弃最为理想、完美的特征，但最终实现的是内涵丰富、令人满意的统一整体。

这一设计方法在胡安科拉与家人位于西班牙北部近桑坦德的海滨度假屋上得到了充分的体现。这是一个空间概念上的屋中之屋。最为重要的使用空间——两层高的起居室与二层的画廊开敞相望，再由诸多次级空间环绕，其中一些呈现出半外立面的特征。这种布置方案让人立刻联想到常见的九宫格结构布局。进而，引入朝向与气候应对方案。位于住宅南面与西面的混凝土框架之间大多以玻璃幕墙填充，既有海景观澜，又可遮避此地常有的急风骤雨。另外两面外墙皆为实墙，缀有小窗。这两面外墙在形体设计上相互独立，以包覆的方式将混凝土框架包裹起来，而不是如前述玻璃幕墙那样以填充方式围合。这使其遮蔽风雨的居所功能得以强化。另外，在两面外墙的上方还加上半新不旧的檐口，就像是一个古典建筑遗存于此。服务设施的布局同样清晰。卫生间背靠背置在平面图东侧的上下两层，旁边是简洁的单跑楼梯。

当主要设计构思——每一个简洁的几何形体确定下来后，剩下的工作就是让它们彼此协调。首先，对九宫格进行微调，放大中心方格。这样一来除了在不同方形空间之间产生秩序感，也将周边的某些正方形空间变换成更容易根据具体使用用途进行调整的长方形空间。举例而言，这就使得服务设施功能区布置在一个空间单元内，而中心的正方形单元也可以与相邻的长方形单元相结合，构建空间更大的起居室。在最为理想的设计方案中，厨房将无处可去，因而在住宅一侧附加的停车空间进一步向外扩展，其中一部分作为厨房。

行经此处，屋中之屋的设计概念已经全然改观。现在的度假屋被一个外部呈 L 形的两层玻璃暖房围隔，成为一个自由的空间组团。甚至这种关联性也经历了进一步的调整，上层楼面延伸至暖房区域，形成边缘曲折的阳台。当无人入住时，居住部分与暖房部分之间的巨大卷帘门合上，将两个区域分隔开。当所有调整均告到位之后，整个建筑构图变得相当复杂，令人难以领悟。然而，其蕴含的设计原则依然明晰，赋予住宅言之有物的真诚个性，使其不仅仅作为一个舒适的度假住宅，也是一件认认真真（严肃完整）的建筑作品。

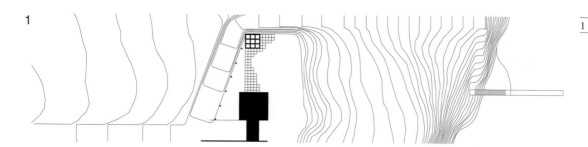

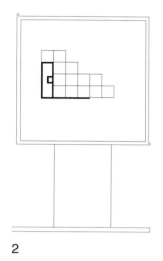

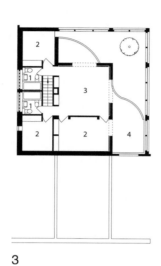

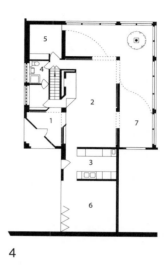

2 屋顶平面

3 二层平面

1）卫生间
2）卧室
3）书房
4）露台

4 一层平面

1）入口
2）起居室
3）厨房
4）卫生间
5）卧室
6）车库
7）暖房

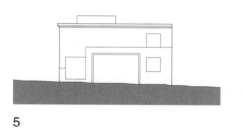

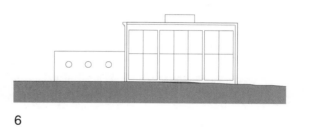

5 北立面

6 西立面

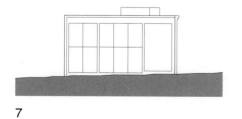

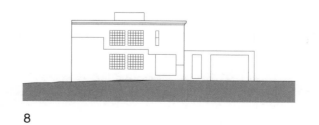

7 南立面

8 东立面

0 1 2 3 4 5　　10 m

杨经文自宅（Roof Roof House）

杨经文（Ken Yeang，1948— ）

马来西亚吉隆坡（Kuala Lumpur，Malaysia）；1984 年

　　热带气候条件下给建筑物降温的方法之一是安装空调。然而针对这一做法有很多批评意见，如浪费能源、污染大气、运行费用高昂，以及其仅仅是以一种不适代替了另一种而已，基本都属实。除此之外，还有文化传统和建筑设计上的反对声音：空调显著地抑制了气候的影响力，而后者是传统建筑风格的一个决定性因素，也是将建筑与其建设的地域和服务的社会紧密相连的诸多因素之一。

　　在 20 世纪 80—90 年代，随着对全球变暖的担忧日益增长，以及单一的国际现代主义风格适用于任何地域的思想开始流行，建筑界转向反对一味地以高科技和机械化作为解决方案，对传统的气候补偿方法，如露台等再次萌生兴趣。所有这些过去和当前讨论的都是"被动"的气候控制方案。马来西亚建筑师杨经文设计的自宅——复顶住宅（这一惯常的称呼来自其在一定意义上有两重屋顶）是被动节能设计方案的早期范例，地点是在对此需求甚殷的吉隆坡郊外居民区。

　　杨经文在伦敦英国建筑学院和剑桥大学接受建筑学专业训练，博士论文以生态建筑为主题。因此，杨经文是彻底的西方建筑师，对复兴马来西亚传统建筑形态并无兴趣。他的建筑所表现出来的地域特性完全是源于对当地具体的自然条件，尤其是气候条件的回应。将他与"生物气候高层建筑"（Bioclimatic Skycraper）的概念联系在一起是后来的事，这一概念也是他在 1996 年出版的一本书的题目。书中皆以其所完成的项目为实例，远在 1984 年时，他还处在探索阶段，即以自宅为试验。

　　从根本上说，这一住宅设计属于现代主义，改造柯布西耶式的别墅，以适应吉隆坡湿热的环境。改造内容包括现代主义版的露台、通风塔以及喷泉。最显眼的气候补偿设施就是巨大的混凝土棚架，它不断移动的投影落在屋顶露台上。而住宅本身就像是环境过滤调节器。外门设计在安全格栅之后，因此可以常开，促进通风。与庭院中的喷泉同效，游泳池所处方位恰好让此地盛行的南风与东南风行经泳池上方，稍加冷却后，于户外平台处穿门而过，经起居室进入住宅。屋顶露台中部开向西北面的百叶窗，如小型风塔一般，将两层住宅内的空气垂直拔出。传统的露台在此亦有调节气候的功效，为居住区域提供遮荫的周边交通空间，以及泳池边亦回廊亦阳台的空间。起居室在平面构图中看起来很小，这是因为它只是泳池边真正的户外起居室的附庸。在两个卧室共用的阳台下方，是宽大的入口门廊，宽度足以停放一辆汽车。

　　众多设计功能高度叠加于狭小的室内空间，对其拥挤的内部空间已有非议。但是，在这种气候条件下，内部空间何用为当？提供更多的户外遮荫空间是更好的选择。居住在温和气候地区的人们通常将户外空间看作是室内空间的扩展与延续。而在复顶的杨经文自宅中，乾坤恰似颠倒。对于室内空间完全封闭的部分，例如卧室，依然安装了空调以避酷热。

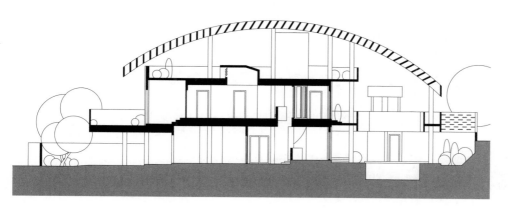

1

2

1）卧室
2）卫生间

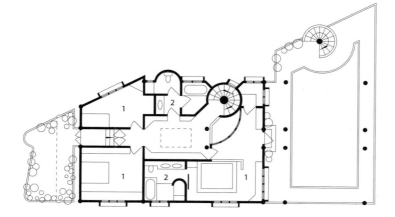

3

1）停车位
2）入口门廊
3）起居室
4）餐厅
5）厨房
6）卧室
7）卫生间
8）泳池

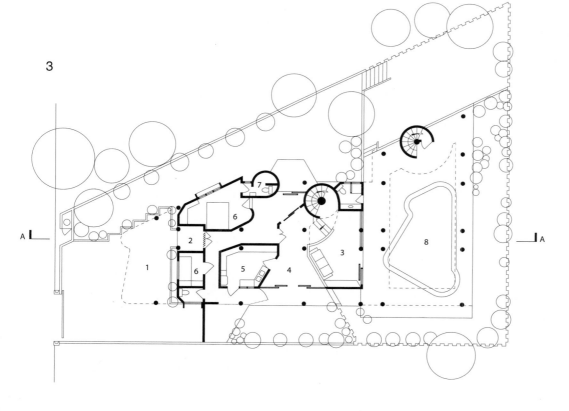

A

A

0 1 2 3 4 5　　10 m

麦格尼住宅（Magney House）

格伦·马库特（Glenn Murcutt，1936— ）

澳大利亚新南威尔士州宾吉角（Bingie Point，New South Wales，Australia）；1982—1985 年

格伦·马库特是压型钢板的艺术家。这种毫不起眼的、在澳洲城郊住宅普遍采用的屋顶材料，在马库特的手中成就了对社会和风景的诗意表达。新南威尔士南部海岸莫鲁亚（Moruya）宾吉角的麦格尼住宅，悬挑的薄曲屋面可能是来自建筑对土著戒律——"轻轻地触摸大地"的回应。

最早影响马库特的建筑师是密斯·凡·德·罗，但他与密斯不同。密斯的设计可以全球通用，而马库特的设计应对的是特定的基地环境，特别是特定的气候条件。他指出，人会根据天气变化调整自己的衣着，建筑也应如此。

悬挑的屋顶不仅仅是优雅的建筑造型，而且是经过精确计算的。在盛夏，这顶"鸭舌帽"为住宅北面的玻璃外墙遮荫；在寒冬，日光在弧形天花板上反射，使室内充满阳光。外墙下为固定窗，上为高窗，中间是玻璃方格推拉窗，外有可调节的百叶帘遮阳。在住宅的另一面，外墙等分为上下两部分，下部是压型钢板覆面的实体墙。与马库特的其他建筑一样，这里用的也是水平花纹的压型钢板。

在澳大利亚，很多人认为压型钢板是一种简单、廉价的，多用于工厂、工棚和仓库的金属建筑材料。可是，在马库特看来，它是对澳大利亚独特的环境景观的映现，点点银光的表面映射天光和地面的反射光。实墙上的带状玻璃窗在窗台高度有一个小倾角，布置了一条连续的气窗。从住宅的山墙看去，屋顶不对称的两翼让人联想到刚刚飞落或正在起飞的鸟儿。

麦格尼住宅是既诗意又实用的建筑，它也是一个非常理性的建筑。坚定的线形平面，交通空间位于两片曲面屋顶相交的凹处，贯穿整个平面，并将住宅平面分成一窄一宽两个带形空间，即服务空间和居住空间。这里的服务空间没有通常意义上的厨房和浴室，而是布置了一系列的生活设施，如水槽、炉灶、壁柜、抽水马桶、淋浴间，全都是高窗采光。只有厨房洗涤池所在的墙面，插入一扇可以看到风景的窗，据说这还是在客户的强烈要求下才实现的。卧室和起居室均朝南，可以享受到适宜的阳光和自山坡上俯瞰大海的怡人风景。住宅最初为六跨（后来又增加了第七跨），其中有一跨的左面敞开，形成一个覆顶的天井，在儿童房和成人活动区之间形成一个聚会的空间。

外墙上、下两部分的分区也贯彻到室内，内墙的门头线以下是抹灰砖墙，以上是无框玻璃。因此，透过玻璃可以看到隔壁房间的天花板，使室内空间得以统一，但是牺牲了私密性。麦格尼住宅是一个舒适的家，也是一件建筑佳作，轻松的家庭生活有时必须以牺牲优雅与精致为代价。

1　一层平面

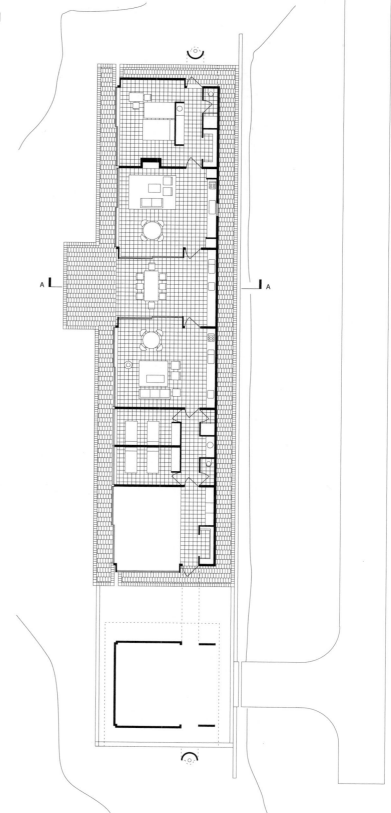

1

2　A-A 剖面

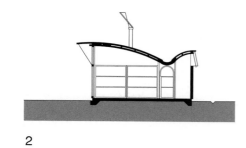

2

0　1　2　3　4　5　　　　　10 m

哥奥·奥古斯蒂住宅（Casa Garau Agustí）

恩里科·米拉勒斯（Enric Miralles，1955—2000）

西班牙巴塞罗那（Barcelona，Spain）；1985 年

人们很容易就给恩里科·米拉勒斯贴上一个"解构主义者"（Deconstructivist）的标签，但这个标签并不准确。米拉勒斯是一位享誉世界的建筑师，他与伯纳德·屈米（Bernard Tschumi）、扎哈·哈迪德（Zaha Hadid）、彼得·艾森曼（Peter Eisenman），以及参与 1988 年纽约当代艺术博物馆（Museum of Modern Art，MoMA）解构主义建筑展的其他建筑师齐名。但他也是加泰罗尼亚地方文化的积极传承者，如何塞·科代尔克（José Coderch）和再早的安东尼·高迪（Antoni Gaudí）。前者早在人们知道雅克·德里达（Jacques Derrida）之前，就在乌加尔德住宅（参见 116~117 页）中突破传统；后者突破了哥特风格原有的几何规则性，开创了哥特复兴风格。在米拉勒斯看来，解构主义不仅仅出于哲学想法，更多的是对特定条件（气候、基地、项目计划、材料等）的回应。它看上去有些混乱无序、莫名其妙，但决不是故作姿态、恣意而为。

哥奥·奥古斯蒂住宅位于市郊一块狭长的基地上，基地沿西南方向纵向倾斜，拥有令人赞叹不已的、纵穿溪谷的优美景观。两道"之"字形墙界定出住宅的空间，位于基地西北边界的"之"字形片墙只是为了与相邻地块分隔开，保证住宅的私密性；另一道"之"字形墙面对花园，设计得较为开敞。对开敞性与私密性的双重需求可以解释墙体的每一处转折。大部分转折都由一扇窗和一面实墙组成。沿花园的"之"字形墙上，大多数开窗朝南且面对溪谷景观；西北边界的"之"字形墙上，大多数窗面北，远离相邻地块。然而，也有例外。一个缺乏想象力的建筑师会刻板地按照规则去做，使整个平面固结成一个规则的锯齿形平面，但是米拉勒斯的平面依旧是自由和自发的，向一切陈腐的逻辑挑战。

这个住宅在基地上并不是一个单一的锯齿形，而是许多形体的集合，好像花园中站着一小群人，或许在彼此交谈，或许在看风景。

住宅内部最关键的空间就是楼梯，它既分隔又统一了整个住宅空间。在传统的住宅布局中，门厅总是与楼梯相连。但在这里，走进大门就站在楼梯平台上了，经过平台左边的六角台阶可以下到起居室，平台右边走一跑直梯可以上到住宅的二层平面。二层的楼梯平台远不是一个交通空间那么简单，它可能是整幢住宅中最重要的房间——图书馆。在图书馆的锥形空间中，固定在一整面墙上的书架面向景观，一直延伸到悬挑阳台上。

室内空间并不仅靠楼梯联系。例如，二层北面的书房兼或起居室出人意料地可以俯看底层的起居室，成为一个秘密的窥视空间。主人的陶艺室占据"之"字形墙的一翼，上面是儿童房，看上去似乎扭着头回看其后的房间，又好像一只动物注视着自己的身体。

有人可能认为，这样的轻松快乐仅能出现在特殊条件下、不期而遇的住宅中，但是米拉勒斯继续在大型建筑中采用他独特的拼贴风格，包括位于阿利坎特（Alicante）的西班牙国家艺术体操中心和位于爱丁堡的苏格兰议会大厦。2000 年米拉勒斯离世，年仅 46 岁。

1

1　三层平面

1）卧室
2）下空

2

2　二层平面

1）卧室
2）图书馆
3）书房
4）卫生间
5）下空

3

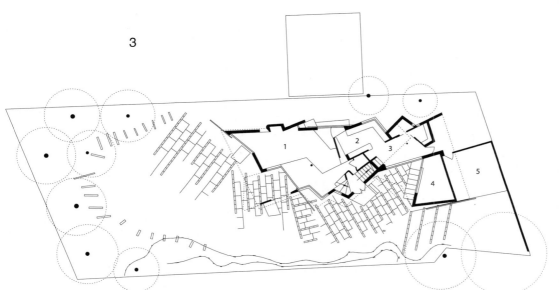

3　一层平面

1）起居室
2）厨房
3）餐厅
4）陶艺室
5）车库

4

4　南立面

5

5　北立面

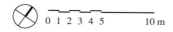

0 1 2 3 4 5　　10 m

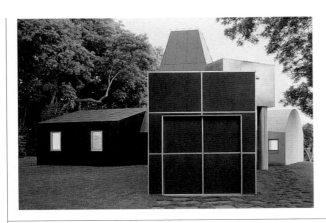

温顿客舍（Winton Guest House）

弗兰克·盖里（Frank Gehry，1929— ）

美国明尼苏达州瓦伊扎塔（Wayzata，Minnesota，USA）；1983—1987年

弗兰克·盖里像海绵一样吸收方方面面的影响，有来自自然，特别是鱼类的影响；有来自绘画的影响，包括古典主义大师乔凡尼·贝利尼（Giovanni Bellini，1427—1516）和私交甚笃的当代画家埃德·摩西（Ed Moses）等；有来自文学的影响，包括马赛尔·普鲁斯特（Marcel Proust）和安东尼·特罗洛普（Anthony Trollope）的作品；有来自其他建筑师的影响，特别是阿尔瓦·阿尔托（Alvar Aalto）；有来自雕塑家的影响，例如那位在美国加州威尼斯的Chiat/Day广告公司大楼前设计了一个巨大的望远镜的克拉斯·奥尔登堡（Claes Oldenburg）。众所周知，温顿客舍的设计灵感来自乔治·莫兰迪（Giorgio Morandi，1890—1964），那个痴迷于台面上的瓶瓶罐罐，为它们画了几百幅灰色调小型静物油画的意大利画家。盖里所受的影响都不是表面的模仿，而是经过转化，因此往往超出公众的认知。也就是说，没有一幢盖里的建筑看上去像贝利尼的圣母像或是阿尔托的夏季住宅。所以，温顿客舍与莫兰迪的静物画并无相似之处，只不过它们看上去都是很多东西聚集在一起。

温顿客舍与其说是建筑不如说是雕塑，然而一切事出有因。位于明尼苏达州瓦伊扎塔（Wayzata）的基地上还有菲利普·约翰逊在1952年设计的一幢密斯风格的住宅，温顿夫妇是20世纪60年代买下它的。到了80年代，温顿家已经有5个孩子和越来越多的孙辈，原住宅不再适用，需要扩建客房让一大家人可以住在一起。最初他们希望由约翰逊设计，但被他拒绝了。后来他们在《纽约时报周刊》（New York Times）上读到一篇介绍弗兰克·盖里的文章，也参观过他设计的几个建筑，很是欣赏，遂正式委托盖里

设计。他们的要求也不高，只要满足居住就行。盖里的主要问题是如何与菲利普·约翰逊郑重其事的、密斯风格的住宅相处。盖里解释说，草坪上一个活泼的雕塑肯定不会与原有建筑发生冲突。

客舍由六个体量组成，正中矗立着一个看上去像冷却塔，又像是陶窑的烟囱。它有时被称作起居室，但是由于所有的房间都在此开门，它实际上更像是一个门厅。起居室的空间高敞，而且开有高窗，可以瞥见天空和周围的树木。起居空间的舒适源自一个独立的砖砌盒子，内部由原木装饰并有一个壁炉和真正的烟囱。

另有两个单元，均由一间卧室和一间浴室组成，但是它们在外形和材料上完全不同。其中一个是外形简单的单坡棚屋，覆以黑色金属板；另一单元平面近似三角形，一面墙和屋顶都是曲面的，外立面是当地的石灰岩幕墙，尽管一边有一扇最普通不过的木窗，但它还是这一组体量中最无建筑感的。

最后两个体量是以一种奇怪的倾斜方式连接在一起的。一个胶合板覆面的长方盒子内布置车库和一个小厨房。在它的角落里有一个楼梯，上面是一个专供睡觉的阁楼。这个阁楼实际上是另一个方盒子，其一角由一根立柱支撑。

对莫兰迪的暗喻表明，温顿客舍应该被视作一件真正的艺术作品，可以有许多微妙的解释。它也能依稀勾起孩子们对玩具村、临时帐篷、游乐场或是充气城堡的记忆——如同对艺术爱好者一样，成为孩子们的天地。

| 1 总平面 | 2 一层平面 | 3 A–A 剖面 | 4 北立面 | 5 西立面 | 193 |

1）原有建筑
2）客舍

1）车库
2）厨房
3）起居室
4）卧室
5）壁炉的壁龛
6）浴室

1
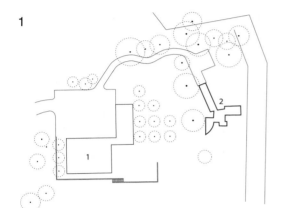

2

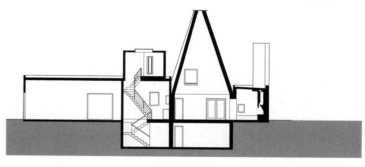
3

4
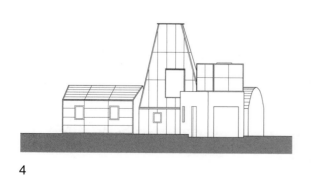

5
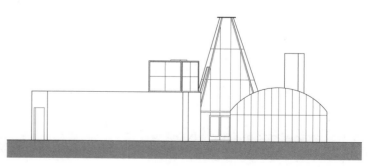

0 1 2 3 4 5   10 m

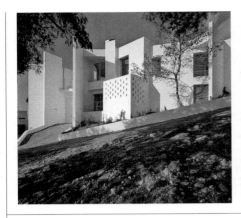

黑利别墅（Cap Martinet）

伊莱亚斯·托雷斯（Elías Torres，1944— ），何塞·安东尼奥·马丁内斯·拉佩尼亚（José Antonio Martínez Lapeña，1941— ）

西班牙伊维萨岛（Ibiza，Spain）；1987年

寒冷的地方，住宅往往设计得像盒子一样封闭，以保证室内的温暖，防止冷风侵袭；而温暖的地方，住宅往往采用开敞的形式，如退台、凉台、露台、凉亭等，遮阳并形成穿堂风。因此位于地中海沿岸的度假胜地——伊维萨岛上的黑利别墅，室内外空间之间就几乎没有分隔。

住宅的主体是一个有着不规则轮廓线的大平台，建在一块坡地的顶部，拥有开阔的海景。部分"平台"覆以平屋顶，由实墙和玻璃移门围合。但是从本质上说，这是一个被细分的空间，而不是多个房间的集聚。这种连续性的印象来自墙体间的夹角，它们非常粗略地定义每个空间，并给空间带来动感。非曲、非倾、非斜的墙体却在平面上自由地折叠、纠结，延伸到开敞的露台上，有的甚至伸至露台之外。

住宅的大部分空间位于平台层。从其平面图上很难第一眼认出每一个空间的用途，甚至都无法分辨外墙的轮廓线究竟在哪里。然而近距离观察就能发现，除了天花板高度略有不同，以及大部分房间由可移动的屏风分隔外，它的房间与其他住宅的房间相比并没有什么不同。

坡地的顶部，宽大的平屋顶挑出砾石围墙，形成可供车行的门廊，还可以为停车空间遮阳。与入口相连的是一个宽敞的大厅，这一部有着采光天花板的楼梯可以走到下层。楼梯的右边是厨房、餐厅和起居室；左边是主卧、书房和杂物间。这也许是可以用于所有普通住宅的描述，但是黑利别墅的空间布局和分隔的巧妙设计满足了功能需求。举例来说，将卧室藏在楼梯间的背后以保证其私密性；而对于颇具公共性的书房来说，房间门开向入口，走进别墅大门就可以一眼看到。处于别墅核心位置的餐厅是由百叶帘和一个内置大壁柜围合成的。

还应该提及这一层的三个主要"房间"，尽管它们并没有具有实际意义的屋顶覆盖。南面的主露台是别墅中最大的连续空间；它有墙也有窗，但是它的窗没有镶玻璃，它的墙也仅仅是为了框景和立面投影。主露台两侧各有一个狭窄的开口，其后是两个"房间"，与其说是房间不如说是露台。其中一个与厨房相连，另一个更加幽僻，类似一个室外的书房。儿童房和多边形的车库位于平台层的下面。

这里还有很多微妙而令人愉悦的细节，例如三角形的烟囱、细小的阳台栏杆，设计最为巧妙的恐怕是小浴室外的庭院，使浴室不以牺牲隐私为代价就可以拥有充足的开窗。

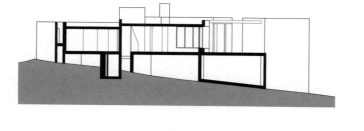

1

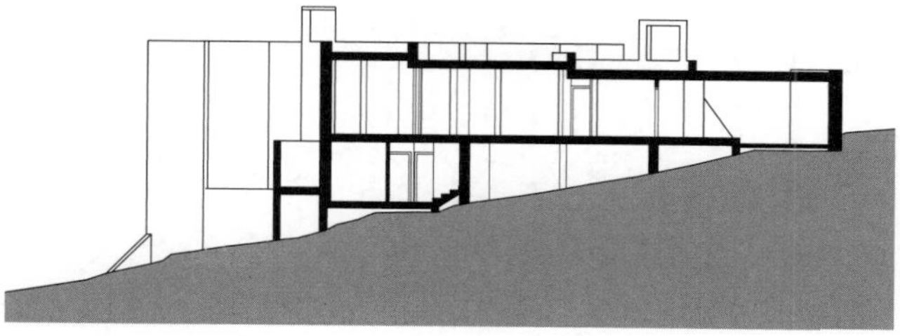

2　B–B 剖面

2

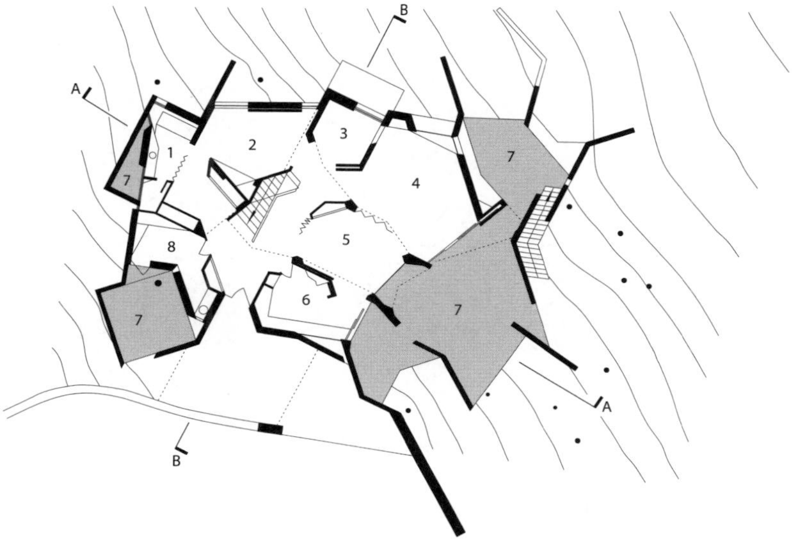

3　上层平面

1）浴室
2）卧室
3）书房
4）起居室
5）餐厅
6）厨房
7）露台
8）杂物间

3

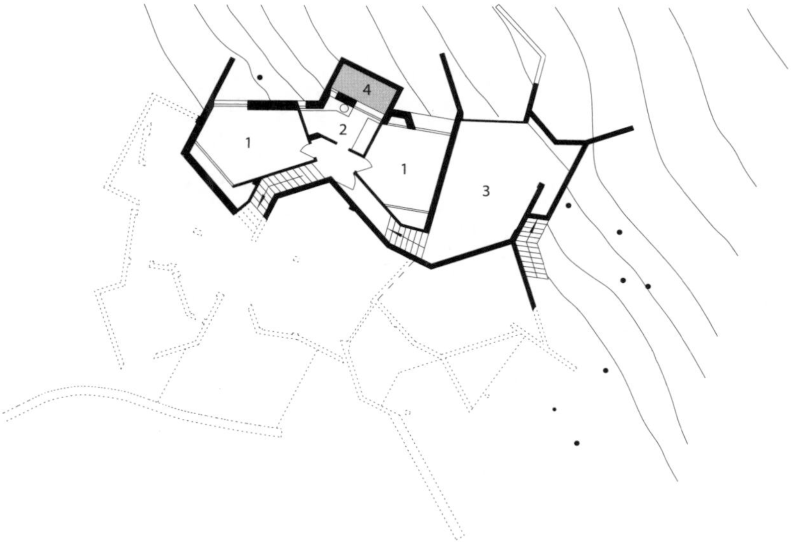

4　下层平面

1）儿童房
2）浴室
3）车库
4）露台

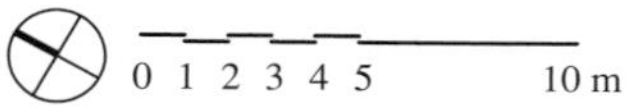

4

0 1 2 3 4 5　　10 m

科拉马南住宅（Koramangala House）

查尔斯·柯里亚（Charles Correa，1930—2015）

印度班加罗尔（Bangalore，India）；1985—1989 年

查尔斯·柯里亚属于不能自已地受勒·柯布西耶影响的一代建筑师。然而，后来他对重新诠释印度次大陆的乡土建筑萌生了浓厚的兴趣。1986 年，他在位于孟买附近的贝拉普（Belapur）的住宅设计中，在建筑层数不超过两层且不共用隔墙的情况下实现了高密度，实在是难能可贵。其创造性的改变在于建立起从私人到社区和公共的分级空间网络，每一户都有可以用于扩展的房间。根据柯里亚的观点，与居住的房间相比，印度更需要的是可以满足在不同季节、不同时段举行各种活动的空间。

在贝拉普项目设计的同时，柯里亚还在班加罗尔的科拉马南为自己建造了一幢住宅。这两个项目有很多的共同点：都有些松散或者说是不确定性；所用的是砖、瓦之类的非常普通的材料，小建筑商们都能领会；还有一句柯里亚最爱说的话——空间的乐趣在于"开敞的天空"（open to the sky）。在科拉马南住宅的中心有一个四面回廊的正方形庭院——四角有柱的、无顶的房间。它的面积实在是太小了，除了交通的功能外容不下其他活动，它只不过是住宅的精神和空间的中心。一棵位于庭院中央的黄缅桂（Champa plant），占据了传统印度教圣罗勒（Tulsi）或是圣树的位置，几乎填满了整个庭院。庭院的入口位于庭院的一角，从这个略有偏移的过渡空间，经砖铺小路穿过一个硬地铺装的院子，到达临街的有顶门廊。这一路径是科拉马南住宅最重要的特质：尽管住宅位于基地的中心，周围环绕着花园，但是它为人提供的是一系列对比空间的体验而不是单一的空间。

庭院内开门的房间都有特定的用途，如办公室、工作间、起居室、餐厅。尽管这些房间并不完全一样，但是无论是用于工作还是用于生活可以根据需要随时调整。不同的朝向以及花园的位置赋予每个房间不同的特征。例如，东面的工作间打开门面对花岗岩铺就的水井（Kund）[1]，或者说是圣井，它比其他房间重要一些；另外，南面的起居室打开门面对的是与隔壁的主卧室共享的一个深凉台。

家庭成员在是否从孟买迁往班加罗尔的问题上的迟疑不决和反反复复，使得正在建造的科拉马南住宅不断地修改平面，也形成其另一显著的特点——不确定性，只有中央的庭院始终得以保留，成为参照点。这个结果很难说是合理的或者经济的。例如，二层有两个完全独立的房间，占据着住宅的两个小角落，这样的设计不是从合理性出发的。它更像是一组住宅经过一段时间不断"生长"而成，而不是通过设计建成的一幢住宅。更确切地说，它就是班加罗尔住宅群中的一员。

---

1 Kund 的意思是水池或水塘，其外形其实更像一个水池而不是水井，但它具备阶梯井的特征：四面都是台阶，以一种绝妙的几何排列延伸到底部。

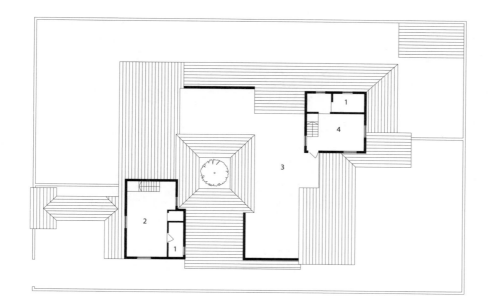

1 二层平面

1）浴室
2）工作间卧室
3）露台
4）卧室

1

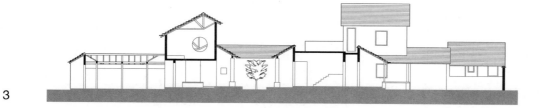

2 一层平面

1）餐厅兼会议室
2）厨房
3）织布间
4）办公室
5）庭院
6）起居室
7）凉台
8）自用房间
9）工作间
10）卧室
11）浴室
12）圣井
13）车库

2

3 A–A 剖面

3

0 1 2 3 4 5   10 m

祖伯尔住宅（Zuber House）

安东尼·普瑞多克（Antoine Predock，1936— ）

美国亚利桑那州凤凰城（Phoenix，Arizona，USA）；1989 年

尽管出生于密苏里州，但是在精神上，安东尼·普瑞多克是一个"沙漠之子"。他的建筑教育始于新墨西哥大学，他的建筑实践也集中在新墨西哥州的阿尔布开克市（Albuquerque）。他也曾经在哥伦比亚大学学习过，并于20世纪80年代赢得了罗马奖学金，但是东海岸和欧洲的文化传统并不适合他。当他骑着摩托车游历欧洲时，疾驰在陌生景观中带来的快感远胜于偶尔停下来为建筑遗迹绘制速写。

如果说普瑞多克的建筑有某种文化倾向的话，那也是来自于墨西哥和西班牙，而不是来自纽约或巴黎。但是在普瑞多克看来，对于建筑来说，最为重要的是创造物质环境和满足情感的需求。在沙漠中，最基本的环境条件是沙尘弥漫的大地、眩目的天空、炽热的阳光、冰冷的夜晚。因而，基于景观和气候因素而生的地域主义的影响力远大于文化的影响力。毫不奇怪，弗兰克·劳埃德·赖特对普瑞多克的影响非常之大，他一度在赖特的同事、查尔斯·亚当斯（Charles Adams）处当学徒，路易·康和路易斯·巴拉甘对他也有一定的影响。

在亚利桑那州凤凰城附近，祖伯尔住宅位于沙漠中的山坡上，一个由灰色混凝土和红色预制块组成的坚固堡垒，与周围粗糙的、多岩石的环路很协调。在这种气候环境下，选择轻巧、透明的建筑形式无疑是个傻瓜。窗户必须小，而且凹在墙内才能减少眩光；墙体结构必须厚实，才能吸收白天的热量并减少夜晚的热量散失。

业主希望设计一幢豪华的住宅，但功能上的要求确相当简单，宽敞的入口联系各个空间；需要一个主卧室和一个相对独立的书房。应该说这些要求在整体式住宅中还是很容易实现的，但是普瑞多克将这些功能空间分散开，以形成有遮荫的庭院空间。与等高线平行的条形体块一端是车库，另一端是访客的入口，而居间的是建筑主入口。第二个体块与条形体块成直角，由二楼的卧室、更衣室和浴室，以及其后嵌入山坡内的书房组成。第三个体块是庭院，正是它传递出祖伯尔住宅特有的空间感。L形的庭院分成三个部分，而且每个小庭院中都有水池。第一个小庭院面对基地背后的山坡；第二个小庭院位于L形的转折点上，藏在卧室的下面；第三个小庭院通往书房，几乎是全封闭的，只面朝天空。在这个毗邻书房的小庭院中，水池填满了整个空间，池水漫出围堰流到卧室下庭院中的菱形水池中。

卧室是祖伯尔住宅的心脏或是指挥中心。它在四个方向上都开了窗，通过东、西向的窗户，视线可以穿越山丘，从北向的开窗可以俯瞰背后水波满盈的庭院，从南向的开窗可以远眺凤凰城。它甚至可以通过弧形拱顶偷窥下面的餐厅。两个角塔看上去像是弧形拱顶的飞扶壁，其中一个角塔上伸出一座钢架桥，它提供了一个令人兴奋的空间，让人可以在漫天星辰的夜晚悬浮在沙漠上空，除此再无他用。

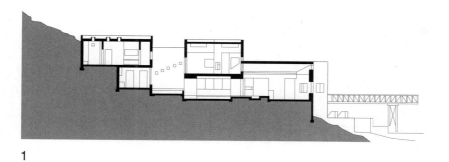

1

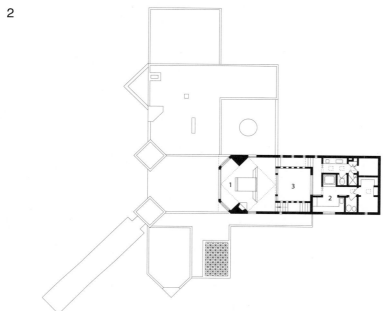

2

3

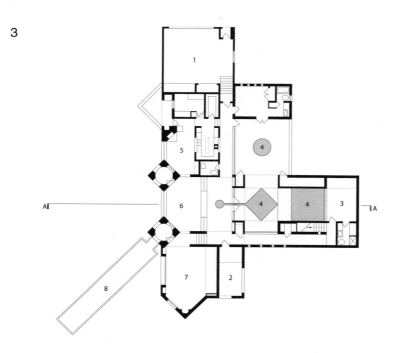

0 1 2 3 4 5   10 m

纽恩多弗住宅（Neuendorf House）

约翰·帕森（John Pawson，1949— ），克劳迪奥·西尔维斯丁（Claudio Silvestrin，1954— ）

西班牙马略卡（Mallorca，Spain）；1990 年

　　约翰·帕森和克劳迪奥·西尔维斯丁通常被划为极简主义者，但他们的表现却不同。如雕塑家唐纳德·贾德（Donald Judd）和丹·弗拉文（Dan Flavin）的作品就很难找到共同点，菲利普·格拉斯（Philip Glass）的音乐与斯蒂夫·莱奇（Steve Reich）的也大相径庭。在建筑领域，极简主义（Minimalism）并不是出于经济考虑的节约，也不是摈弃装饰的简约，而是追求静谧，即便为此牺牲日常的生活需要也在所不惜。因此，在极简主义的住宅中，电视机放在壁柜里，窗户是无框的；而极简主义画廊的室内极简到剥夺人感知的程度。在纽恩多弗住宅的设计中，帕森和西尔维斯丁两人可谓平分秋色。

　　一位德国艺术品经销商的度假别墅——纽恩多弗住宅的室内还是符合人们对极简主义的预期的，但是其外表看上去更像是超现实主义（Surrealist）。在马略卡的橄榄树丛中，这个淡红色抹灰的方盒子居于高地，很是突兀，不像是经过设计师的深思熟虑。两长条的凸起物将建筑锚固在基地上：一道顶部平齐的实墙直出地面，没有扶壁，好像是地面陡然下沉了；一个狭长的矩形水池像舌头一样从东南墙面的开口处伸出。这些形式都是纯几何的，看不出它们是如何建造起来的。除了红土与灰泥搅拌的抹灰外，看不出纽恩多弗住宅与当地建筑的共同之处。

　　生活中熟悉的事物，如汽车等，与建筑保持一定的距离，以免打破设计师的"魔咒"。参观者沿着墙边的步行道，路过下沉式的网球场，才能走近外墙上一条通长的窄缝。这条窄缝就是通往另一个世界的大门。一个方石墁地的庭院中只有一片纯净的蓝天。L 形的住宅平面和它环绕的庭院共同组成了一个大方盒子。这是现代主义建筑师习以为

常的形式，类似的做法有阿尔瓦·阿尔托在芬兰的度夏住宅（参见 122~123 页），约恩·伍重（Jørn Utzon）在丹麦弗雷登斯堡的庭院住宅。但是，纽恩多弗住宅中这个两层高的、荫凉的庭院看上去更像是城市中的庭院。

　　这个庭院如同起居室，其他的公共空间——餐厅和厨房位于住宅的一层，在它们直接对外的墙上均不开窗，只朝向庭院开了两个方形窗，正对着庭院的入口。窗户开启时，窗玻璃和外部的百页同时滑进墙里。餐厅内，一端是一个固定的石餐桌和壁炉，与其相对的另一端是一道石制矮墙，用来遮挡厨房的操作台。陡峭的石梯通往二楼同样是固定布局的主卧室。床、衣柜、浴缸、淋浴间、洗脸池，以及马桶等设备都按照主次轴线布局。主卧室中只能照进细微的日光。主卧室外墙上十个一排的小窗与近庭院墙的一条采光屋顶相平衡。一条俯看庭院的外廊通往其他的卧室。

　　如果纽恩多弗住宅的室内空间给人感觉如同在一个古老的城堡中，那个狭长的水池给人的感觉就是吊桥了。从吊闸——庭院开口望出去，好像水池悬浮在阳台之外，地面之上。实际上，水池下面是有房间的，可以通过一个狭窄的长楼梯走过去。尽管住宅的使用者看不到这些房间，但它们提供了一个对所有的极简主义建筑都至关重要的元素：可以放下一切喧嚣的场所。

1　一层平面　　　　2　二层平面　　　　3　B–B 剖面　　　　4　A–A 剖面

1）储藏室　　　　　1）主卧室
2）壁炉　　　　　　2）主卧室卫生间
3）厨房及餐厅　　　3）卧室
4）卫生间
5）庭院
6）工作室
7）水池
8）网球场

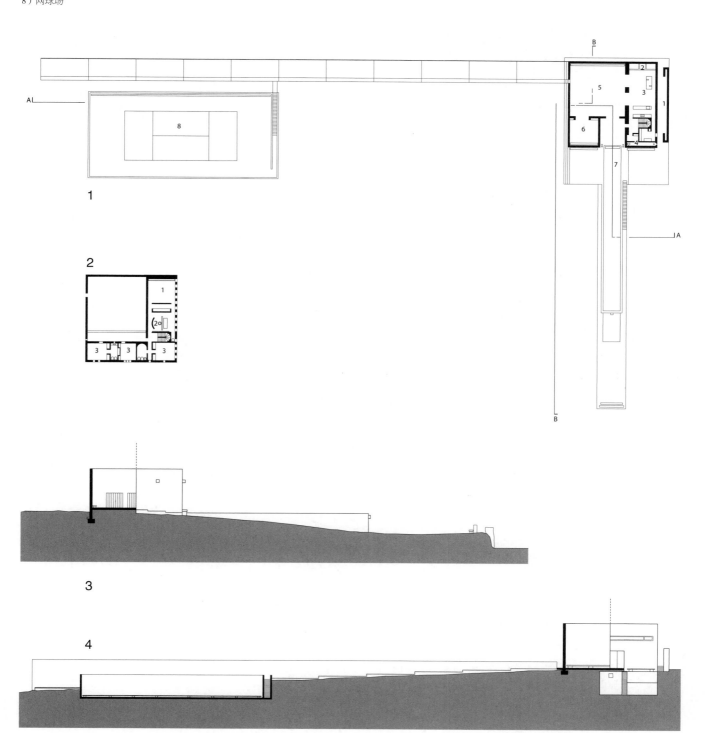

012345　　10 m

布斯克别墅（Villa Busk）

斯维勒·费恩（Sverre Fehn，1924—2009）

挪威班布勒（Bamble，Norway）；1987—1990 年

斯维勒·费恩晚期的作品多采用低矮、绵长、类似船体的线形结构，如菲耶兰（Fjaerland）的冰川博物馆（Glacier Museum）和阿尔夫达尔（Alvdal）的奥克拉斯特博物馆（Aukrust Museum）。

布斯克别墅像一艘不知何故搁浅在巨岩上的大船，俯瞰着奥斯陆湾（Oslo's fjord）。费恩喜欢木船，而且设计时着魔似地画了许多船的草图。因此，尽管它不能带自己的设计师去远航，这样比喻布斯克别墅还是很贴切的。但它绝没有船的轻盈也不能漂浮，顺应不规则地形建造的混凝土实墙像城堡的城墙，将整个建筑锚固在岩石上。一座正方形平面的四层高塔，在角落里还布置了一个螺旋楼梯——看上去它与船毫无关系，而是来自一个完全不同的叙事——可能来自一个童话故事吧。

谈及这座塔时，费恩说，事出有因，这座塔是孩子们的卧室，而且瓷砖饰面的顶楼是学习室或游戏室。整幢建筑与周围的景观融为一体，一纵一横，立于天地之间，仿佛重返故里的游子正在讲述远行的传奇。充满着幻想，但值得一提的是，在存在主义哲学家马丁·海德格尔（Martin Heidegger）的著作基础上建构了一套建筑理论的克里斯蒂安·诺伯格－舒尔兹（Christian Norberg-Schulz）是费恩的同胞兼朋友。

布斯克别墅的主体，也就是那一"横"的平面非常简单，采用单面廊布局，主要空间排成一列。走廊设计成准外部空间，石材铺地、外贴墙面砖、沥青屋面用一排木柱支撑，好像是另外一幢建筑。在其西南端，走廊的延续性被随意地打断，留出两跨作为开放门廊。走廊和混凝土墙之间的带状空间按照传统的功能分区，划分成门厅、起居室、厨房、餐厅、卧室——但是在其东北端设计了一个室内的水池，在其中间设计了一间没有顶的房间作为庭院。在西南端，依照地势建筑抬高了半层，但是平面上对这陡然的抬高没有任何暗示，走廊内除了10 步台阶之外的没有凹进的休息平台和任何过渡。好像整幢建筑是为了顺应地势被迫抬高的。然而，从空间上看，设计师把起居室抬高到入口门厅和厨房之上。在起居室的远角有一个美丽的炉台，好像从一个立方体中升起一个矩形的大烟囱。厨房的后面布置了另一部楼梯，通往庭院下方的地下录音室。

然而，东南的高塔与位于西北的柱廊及储藏室形成十字轴线，为建筑带来异常清晰的空间的方向感。步入大门可以径直穿过门厅，走过天桥，进入儿童塔，下楼梯走出塔楼，沿着海岸边的小径走向码头，等待启航。

1　A–A 剖面

2　B–B 剖面

3　一层平面
1）起居室　　5）庭院
2）门厅　　　6）卧室
3）厨房　　　7）水池
4）餐厅　　　8）储藏室

4　C–C 剖面

5　F–F 剖面

6　D–D 剖面

7　G–G 剖面
1）录音室

8　E–E 剖面

9　总平面

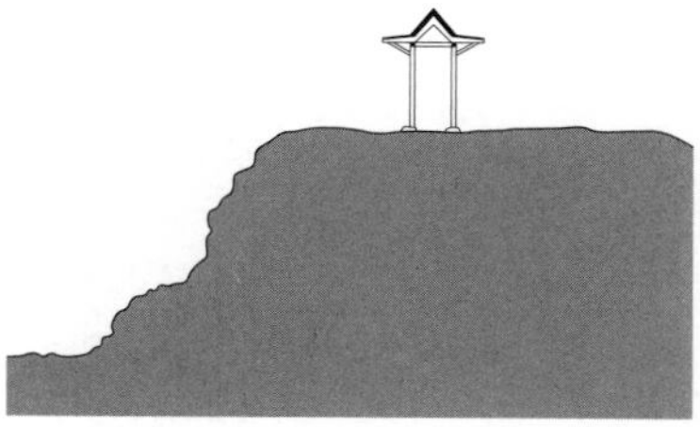

1

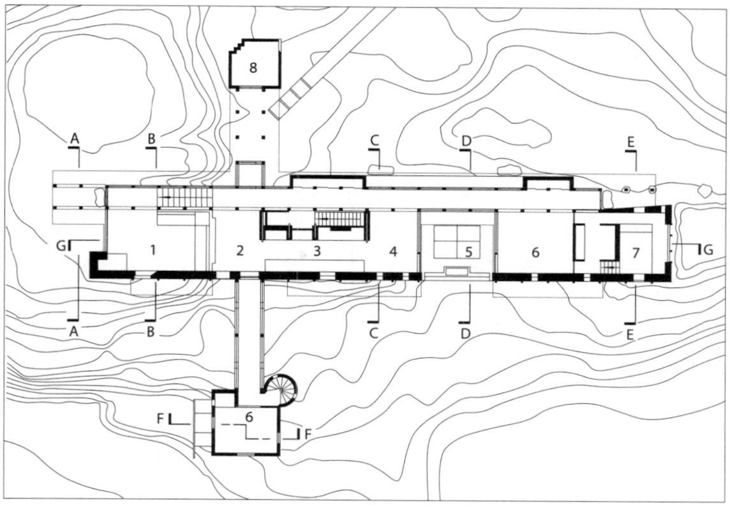

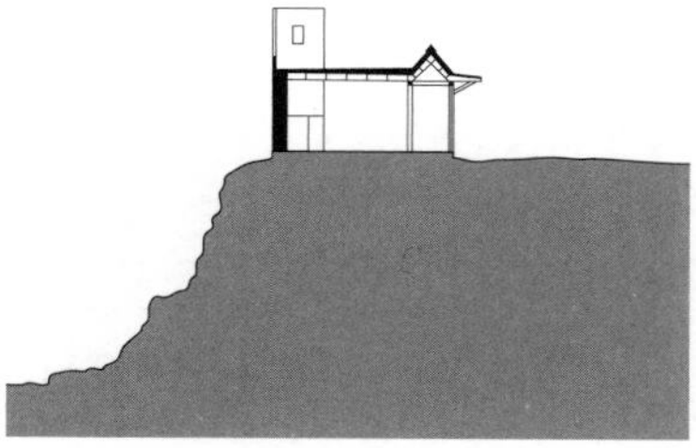

2

3

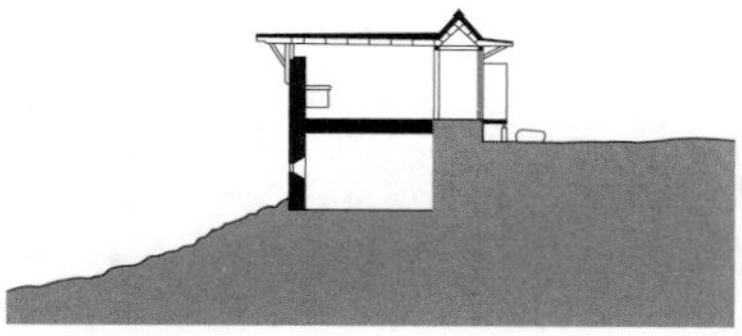

4

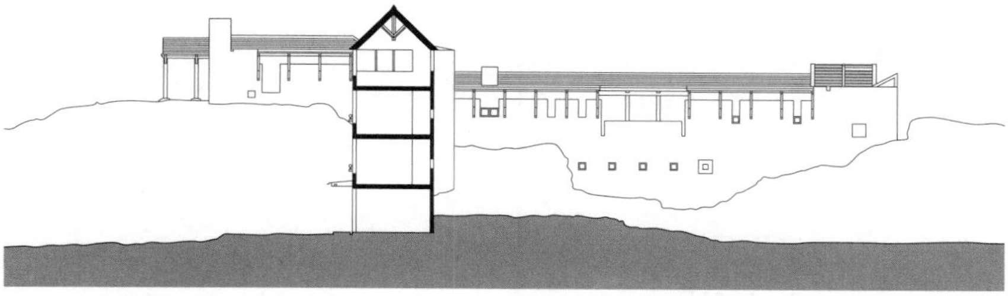

5

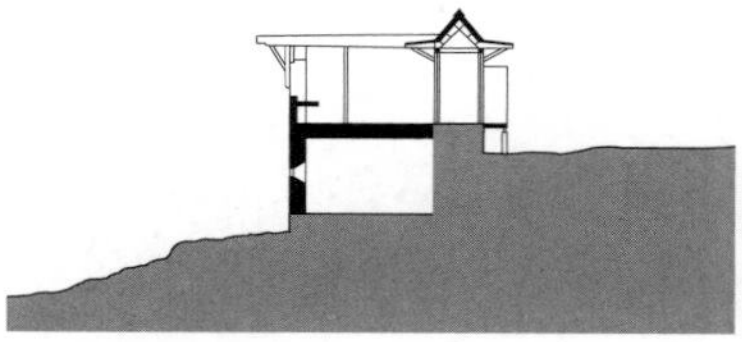

6

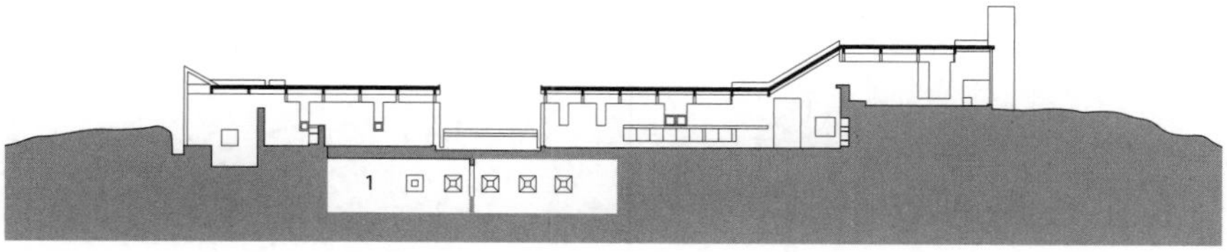

7

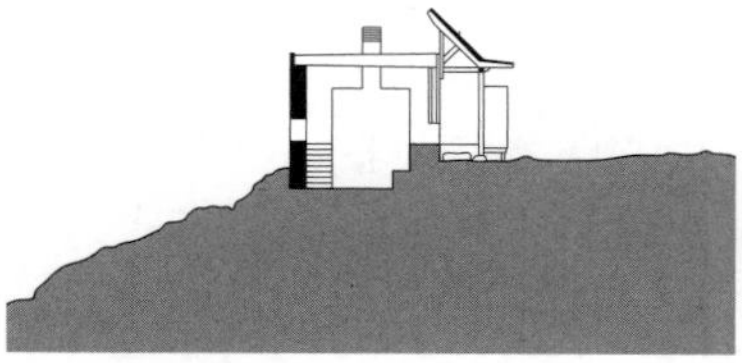

8

9

0 1 2 3 4 5　　10 m

加斯帕住宅（Casa Gaspar）

阿尔贝托·坎普·巴埃萨（Alberto Campo Baeza，1946—　）

西班牙加的斯萨奥拉（Zahora Cadiz，Spain）；1991 年

阿尔贝托·坎普·巴埃萨是一个纯粹主义者，但他与同是纯粹主义者的勒·柯布西耶不同。在柯布西耶的纯粹主义绘画中表达的是像桌子、书本和酒瓶这样的日常所用的物件。同样，他所设计的建筑也是热衷于为生活提供方便，从厨房用具到汽车都可以容纳其中，摒弃了传统的装饰，但是生活仍在继续。坎普·巴埃萨的纯粹主义完全是另外一回事。他设计的建筑更像是希望与日常的生活无关，与周围的景观和建筑也毫不相干。

对于坎普·巴埃萨来说，最为重要的是那些无所不在的、无处可逃的，好像又是无关紧要的，即重力、光、空间和时间。他在《理想的建造》（*La Idea Construida*）一书中写道："重力创造了空间，光创造了时间，并赋予时间意义。建筑师最关注的是如何控制重力，如何利用光。""按照你的说法，要么深刻，要么眩目，但至少都要有简单的优点。"正如坎普·巴埃萨的另一口号，改自密斯·凡·德·罗的"少就是多"（Less is more），"少费多用"（More with less）。

加斯帕住宅就是这些原则的最佳例证。它的内向性到了无以复加的程度。建筑周遭一圈 3.5 米（11 英尺）高的围墙几乎阻隔了其与外界的所有联系。如果位于城市中心区，这样的内向性一点都不奇怪，但是它身处一片橘园中，可能的景观就是树木和田野，都不是人们希望阻隔的那种环境。幸运的是，业主认为隐私是第一位的，因此他完全认同坎普·巴埃萨的建筑直觉。

抽象的几何形体更强调加斯帕住宅与环境的疏离感。3.5 米高的围墙圈成完美的正方形场地,仿佛是从天而降的、柏拉图式的几何图。两道超过 3.5 米的高墙将此正方形场地等分成三部分，只有中间部分有屋顶覆盖。两道矮墙在另一个方向上按 1：2：1 的比例分隔场地。这样分隔墙在场地中就形成一个十字。

在十字交叉部分的长方形上方，屋顶抬高到 4.5 米（15 英尺），形成起居室空间。在其两侧低屋顶覆盖下的空间是两间卧室、一间厨房和一间浴室，除浴室以外，其他房间均在内庭角落上开门。浴室相邻的露台是车库。在起居室的东西两侧有两个矩形大露台。

平面布局具有完美的逻辑性，各项功能布局也合理，但是其严格的对称性更多的源自几何游戏而非对人的生活需求的考量。但是，它并不因此而缺乏吸引力，拒人于千里之外。不仅如此，坎普·巴埃萨还将一切都漆成白色，并且去除所有的建筑细节，更是加剧了其纯空间感。举例来说，起居室的四扇窗都是在朴素的正方形窗洞上采用无框的单玻璃。最大的手笔是将起居室的窗户开在墙角，这样露台的院墙透过玻璃成为起居室的围护墙。

但是，所有简单化处理的目的都是为了将注意力集中到光上面。在坎普·巴埃萨设计的其他住宅中，像 1988 年设计的图尔加诺住宅，直射的阳光赋予建筑生机并整合空间。在加斯帕住宅里，光线在外墙和庭院铺地之间不断地反射、再反射，一天之中光线持续地变化，但总是保持着微妙和少许神秘，好像它并不属于这个世界。

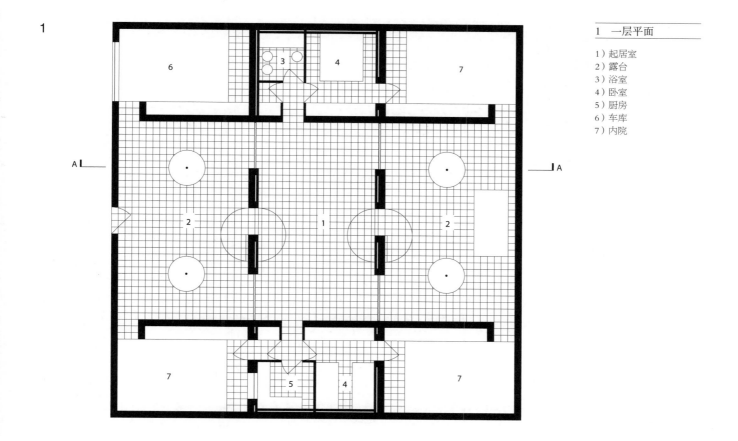

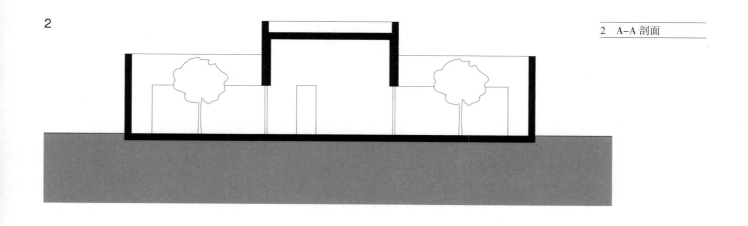

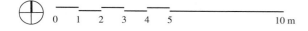

1　一层平面

1）起居室
2）露台
3）浴室
4）卧室
5）厨房
6）车库
7）内院

2　A–A 剖面

0　1　2　3　4　5　　　　　　10 m

达拉瓦别墅（Villa Dall'Ava）

雷姆·库哈斯（Rem Koolhaas，1944—）

法国巴黎圣克鲁（St Cloud，Paris，France）；1991 年

"这个设计关注的并不只是建成一个建筑，而是关注这个建筑与周围邻居的关系，是它的文脉。"这句话出现在雷姆·库哈斯和布鲁斯·茂（Bruce Mau）合著的《小、中、大、特大》（*S，M，L，XL*）一书中，用圆珠笔写在达拉瓦别墅平面图上。如此敏感的表白对于长期反对这一别墅建设的邻居来说是一种讽刺，因为它最终是依靠法国最高法院反对无效的判决才得以建成的。尽管如此，仔细研究这一设计会发现它并非妄言，特别是它的"邻居"包括两幢勒·柯布西耶设计的别墅和在基地东侧地平线上清晰可见的艾菲尔铁塔。

基地是一个有着四面围墙的花园，位于巴黎成熟的市郊——圣克鲁。基地通过一段陡坡连接道路，其两侧是两幢独立式住宅，其中一幢的位置更靠后些。很明显，这就是达拉瓦别墅采用 S 形平面的原因。其一翼与基地南边的"邻居"对齐，另一翼在后好像在与其北边的"邻居"致意，并有一个连接体连接两翼。此外，这一布局也呼应了景观的要求。两翼错开的布局使后翼中主卧室的视线不被女儿居住的前翼遮挡。通往道路的斜坡也是采取直接的方法解决基地的高差。前后翼都是三层高，前翼的底层是地面层，后翼的底层是地下室。地下室包括入口门厅、设备间、图书室、工作室，它露出地面的部分采用黑色毛石饰面，暗示着这里是建筑最基本的部分。中间层布置了餐厅、厨房和起居室，其外墙以透明的玻璃为主，在空间上它是花园的一部分。顶层是卧室，分别位于游泳池的两端。

是的，在连接体的顶层是一个游泳池，而且必须通过屋顶才能进去。就从这一点看，设计突然变得不那么直接了。对于建筑师来说，将游泳池巨大的荷载放在玻璃外墙的起居室之上显然是不符合结构逻辑，是"文理"不通的。但这是雷姆·库哈斯和大都会建筑事务所（OMA，the Office for Metropolitan Architecture）的典型手法，他们喜欢打破常规，重塑传统形式，颠覆传统。实际上，游泳池是由一列隐藏在木制储藏柜中的宽大柱支撑的，而这个储藏柜用来划分起居室与坡道的空间。由入口门厅通过这条坡道可以直接到达起居室。坡道的设计好像在与邻居——勒·柯布西耶设计的别墅点头致意，它和斯坦 - 德蒙齐别墅（参见 54~55 页）与萨伏伊别墅（参见 80~81 页）一样不同于同时代的建筑。

达拉瓦别墅中还有很多奇特的细节设计。如，女儿的卧室由一簇与地面呈自由角度的细长柱支撑；而更为奇特的是，父母的卧室好像根本就不需要支撑。材料的选用也是极为不寻常的，设计者有意选择一些低劣、粗糙的材料。厨房内墙选用的是半透明的塑料材料，两间卧室的外墙选用的是波形铝板。此后，我们一直期待 OMA 的独特设计手法，因为在 1991 年它们是如此新奇、引人注目、激动人心。

1 屋顶露台平面	2 三层平面	3 二层平面	4 一层平面	5 A–A 剖面
1）游泳池	1）卧室	1）起居室	1）入口	6 B–B 剖面
		2）厨房	2）设备间	
		3）餐厅	3）工作室	
		4）上空	4）车库	

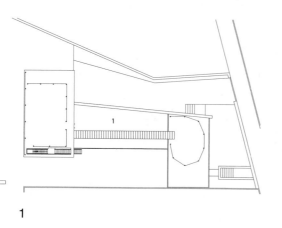

1

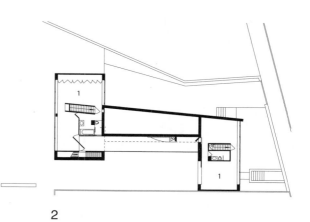

2

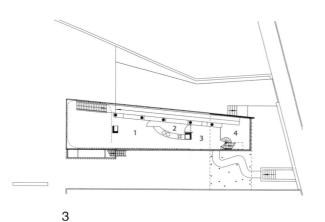

3

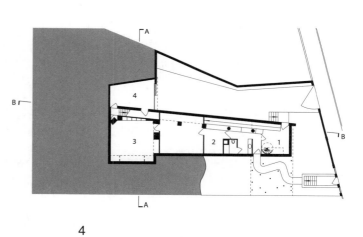

4

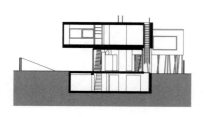

5

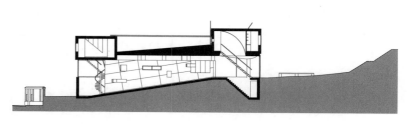

6

0 1 2 3 4 5　　10 m

夏洛特住宅（Charlotte House）

甘特·班尼奇（Günter Behnisch，1922—2010）

德国斯图加特（Stuttgart，Germany）；1993 年

　　直到 1989 年柏林墙倒下以及随后的因建设"新"首都而引发的风格之战，班尼奇的设计室和事务所一直都是德国建筑界先进的、现代主义者的引领者与代表。他设计了那一时期大多数的公共建筑，如 1972 年慕尼黑奥林匹克运动会体育馆，以及他在 1983 年接受委托设计波恩的联邦国会大厦，一经建成就因为两德的统一而遭弃用。班尼奇的设计既有基于钢材和玻璃这两种材料构造上的敏锐感知，又继承了雨果·哈林和汉斯·夏隆创造自由建筑空间的"有机"传统，并且将二者完美的结合在一起。在 20 世纪 80 年代和 90 年代，班尼奇在他所设计的教育建筑中又加入了在欧洲其他国家和美国已经出现的解构主义风格，例如 1991 年巴德·拉佩瑙（Bad Rappenau）的艾伯特·史怀哲特殊教育学校（Albert Schweitzer Special School）。

　　然而，夏洛特住宅中没有一丝解构主义的味道。这所甘特·班尼奇为自己的女儿和两个外孙设计的住宅，位于斯图加特一条极为普通的社区街道上，满足了人们对郊区独立别墅最一般的要求。正方形平面的住宅采用集中式紧凑布局，由金属面板包覆的桶形屋顶显得与众不同。让夏洛特住宅在周围的邻舍中脱颖而出的并不是屋顶的造型，而是完全不同的理由：在阁楼空间可以使用的前提下，这种屋顶形式降低了建筑的高度。

　　夏洛特住宅的平面有两处是不同寻常的。首先，半圆柱形的屋顶空间容纳了 3 间卧室和 2 间浴室，2 间卧室中有阶梯可以通向双层高的睡觉平台。这个屋顶空间还被设计成通过室外楼梯可以轻易地转到一个独立的平台上。再者，在住宅的地下室，面对下沉式花园有一个游泳池和一个桑拿房。由于业主行动不便，住宅内设置了一台电梯，

交通空间开敞而宽绰。一层主要是一个朝南的大空间，布置有门厅、厨房和餐厅。餐厅前延伸出一个大平台，悬挑在下沉式花园上面。住宅的主入口设在西面。

　　建筑师们对能源方面的设计一向不够重视。而夏洛特住宅被认为是一栋由太阳能提供动力的建筑。对于某些建筑师而言，节约能源只是采用独特建筑造型的借口，如建造阳光房、太阳能吸热墙和布满太阳能电池板的南向坡屋顶。夏洛特住宅并不是这一类的节能建筑。它低调地采用了主动式和被动式两类技术。屋顶的曲线使太阳能收集器以最佳角度安装，但这并不是屋顶曲线存在的唯一的理由。住宅南面的外墙几乎全是玻璃，在冬季它们可以被动地吸取太阳能。但它还称不上是一栋绿色建筑。在夏季，玻璃窗外的百叶窗与传统的百叶窗没有什么不同。住宅背后是北面的带木窗套的小窗户，以减少冬季的热量损耗，看上去并无惊异之处。

　　从建筑形式和特征来看，夏洛特住宅并不是班尼奇的典型设计，但是它的沉静和实用性使它成为一个值得学习实践的做法。

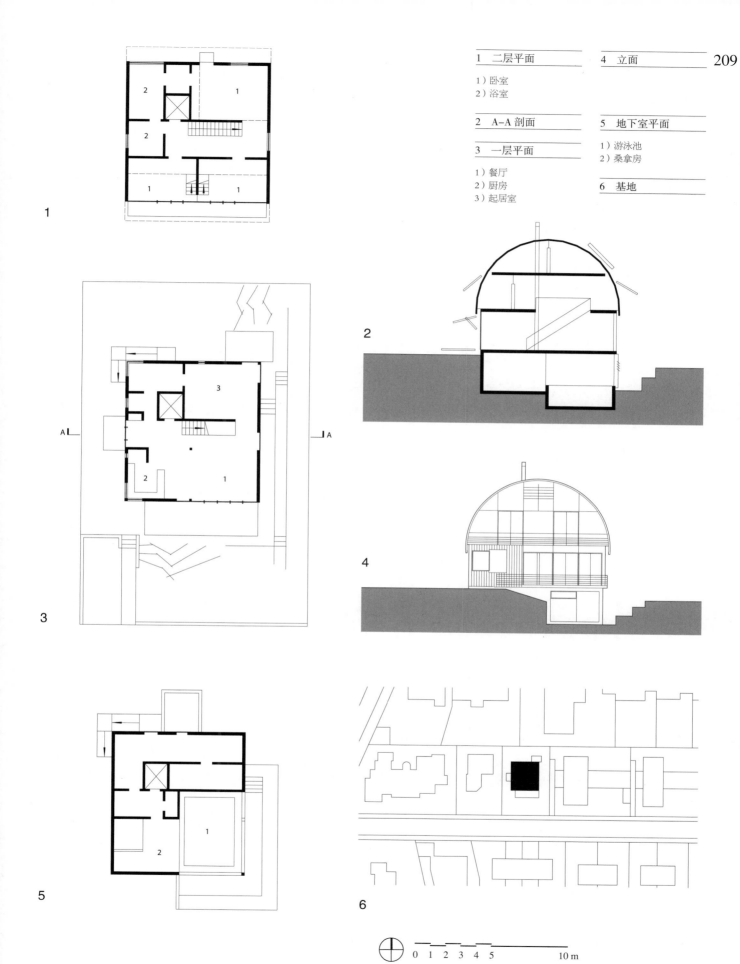

1 二层平面

1）卧室
2）浴室

2 A–A 剖面

3 一层平面

1）餐厅
2）厨房
3）起居室

4 立面

5 地下室平面

1）游泳池
2）桑拿房

6 基地

1

2

3

4

5

6

0 1 2 3 4 5   10 m

桁架墙住宅（Truss Wall House）

牛田英作（Eisaku Ushida，1954— ），凯瑟琳·芬德利（Kathryn Findlay，1953—2014）

日本东京鹤川町（Tsurukawa，Tokyo，Japan）；1993 年

当代的建筑系学生总是被告知"文脉"的重要性，它被认作是建筑评价的美学标准。大部分现代建筑也将以和谐的方式与周边环境共处作为自己的目标。但是，如果周边环境一团糟，是人们并不喜欢且未经规划的郊区，就像东京鹤川町，该怎么办？如何让一个诚实严谨的建筑师接受认可自己原本深恶痛绝的环境。在牛田和芬德利的设计中，面对这一问题的答案是：无视并沉默地面对。桁架墙住宅就像它的四邻一样，超然地被塞入一小块基地中。但是，它的那些邻居都是建筑工业制造出来的产品，所关注的是更多的产量和利润，而不是空间和光线。可以非常肯定地说，桁架墙住宅是一件建筑作品。在它四周唯一能让它做出积极反应的是顶部的天空和不远处的群山。

桁架墙住宅是一栋有机住宅，但它并不是弗兰克·劳埃德·赖特设计的住宅的那种有机，它更像是一个动物的遗骸，一个头盖骨，也可能是一个贝壳。正是这个头盖骨或是贝壳，保护了柔软而脆弱的器官免受自然环境潜在危险的伤害。因而，桁架墙住宅保护了它的居住者免受城市环境的潜在危害。噪声和没有隐私是这种环境下最严重的问题。住宅基地正对着那些通勤者前往东京所搭乘的高架铁路，而基地又过于狭小，以至于必须紧贴着街道建造，丝毫没有退让的余地。因此，住宅空间只能转身朝向内部和上部，将一片"空白"的流线形"后背"留给了街道。外墙面上的窗户不仅少而且都很小，像舷窗，隐藏在折叠的外骨骼的后面。

住宅主要有三个楼层，卧室在半地下室，主要的起居空间在抬高的一层，花园在顶层。这个设计的重点就是，空间连续地从一间屋到另一间屋、从里向外地流动。例如，

屋顶的花园和起居空间尽管一个是室外空间、一个是室内空间，一个在另一个的顶上，但建筑师仍将这两个原本不同的空间设计成一个连续的空间。从半圆的休息室区域，空间流通过整栋建筑唯一的一个大窗户直到一个天井。而这个天井正是通过一面延展的、曲线形的白色墙面与街道分隔开。这里有一段宽广的楼梯台阶、粗布口袋状的屋顶花园和像骨头一样的栏板扶手。说这些空间是有机的还有另外一层含义。建筑师们说，他们设计的空间形态符合人在空中的步行、攀爬和跳舞的活动要求。灵感来自 20 世纪早期的艺术与摄影的实验，如意大利的未来主义者和爱德华·麦布里奇（Edward Muybridge）的作品。

桁架墙住宅之名源于一种获得专利的结构形式。竖向的桁架由加强的横杆连系，外罩丝网，填以混凝土，形成具有隔热层的墙体。三维的 CAD 模型代替了常规的二维平面图纸，等距的水平剖视图足以表达空间的复杂性。

牛田英作和凯瑟琳·芬德利是一对日本和苏格兰的跨国组合。他们都曾经为矶崎新（Arata Isozaki）工作过，并曾在洛杉矶加州大学（The University of California, Los Angeles，UCLA）和东京大学任教。直到 2004 年自愿清盘前，他们的设计事务所设在东京、伦敦和格拉斯哥三地。毫无疑问，他们一定会重返设计界。

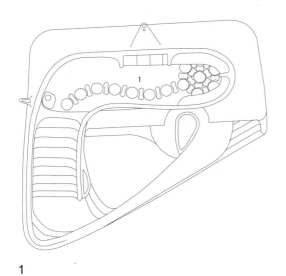

1

1	屋顶平面	3	A–A 剖面
1）屋顶露台			
2	抬高的一层平面	4	半地下室平面
1）厨房		1）卧室	
2）起居室与餐厅		2）浴室	
3）露台		5	B–B 剖面

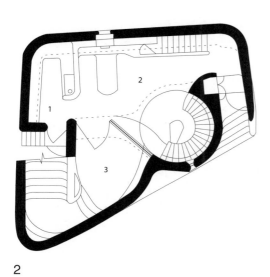

2

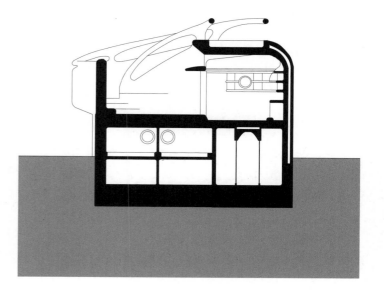

3

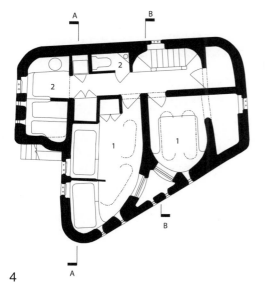

4

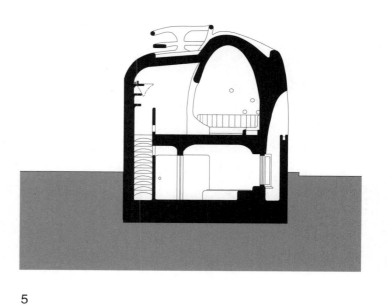

5

0 1 2 3 4 5   10 m

川奈住宅（Cho en Dai House）

诺曼·福斯特（Norman Foster，1935— ）

日本川奈（Kawana，Japan）；1994 年

英国的高技派主要在 20 世纪 80 年代蓬勃发展。正如其名，高技派是一种炫技而不拘泥于平淡的风格，它更关注于空间的灵活性，而不是空间布局的严格限定；它排斥砖、木等传统建筑材料，喜欢以螺栓连接的钢与玻璃。尽管也有那么一两个高技派的住宅成为有趣的样板，像霍普金斯住宅（参见 174~175 页），但毫不奇怪，高技派的住宅并不多。诺曼·福斯特是高技派的代表人物，但是当接到一个日本富商的委托，要求设计一栋住宅时，他将目光投向了更为古典的密斯·凡·德·罗。在密斯之后，他又寻求来自日本传统建筑的灵感，他与现代主义建筑的种种要求越来越远。

最初，也许最鼓舞人心的设计选择就是委托人对项目基地的选择，位于伊豆半岛东侧一处峭壁的顶上，距离东京 135 公里（80 英里），拥有壮观的松林海景。但是，设计师并没有设计一栋悬挑出峭壁的住宅，而是选择以小松茂美（Shigemi Komatsu）设计的人工景观为媒介，处理建筑与基地的关系。固定的混凝土矮墙以路易·康和安藤忠雄的手法处理得自然而光滑，它像挡土墙将基地划分为几层台地，台地选择露骨料的混凝土或红色的火山砾作为铺地。3 个传统的石灯笼与精致的江户后期茶馆将台地变成一个朴素的花园。然而，所用的几何形都是冷冰冰的直线。四段台阶径直排成一线，从停车场一直下到住宅所处的、铺装完好的长方形台地。

见到住宅，人们立即可以回想起密斯设计的范斯沃斯住宅（参见 112~113 页）。同样是单层、平屋顶、白色漆面的钢骨架，楼板悬空在 1 米多高的地面上，中间设入口平台。密斯对福斯特的影响是非常明显的，但两栋住宅也

有非常重要的不同之处。如，这里的钢骨架采用的是圆柱而不是 H 型钢，屋面悬挑出外墙而不是止于外墙。屋顶的梁到端头逐渐变细，这一结构表达与日本传统建筑隐约相似。但是，铺木地板的大阳台薄得像威化饼干，看不到起结构支撑作用的构件。正如人们所料，外墙是玻璃的，所有的墙板可以像日式推拉门一样移动，沿建筑四周是一圈狭窄的高天窗。最没有密斯风格的是，大阳台上几个光滑的铝板饰面的箱子，插进了完整的建筑体量。这些并非预制的模块是浴室、厨房、空调机房和储藏室。福斯特并没有完全放弃他高技派的手法。服务空间策略性地与室内空间分离，使建筑体量看上去完整而简洁。移动的隔墙将住宅分为两个双开间或是两个单开间，可以任意地用作起居室、餐厅、入口门厅和卧室。

一个复杂的遮阳系统使川奈住宅不必再忍受范斯沃斯住宅所遭受的"著名"的阳光的炙烤。主要居住空间上的屋顶像是一个自然光和热的调节器。如果有必要，水平的外卷帘可以为数排浅色玻璃提供遮阳保护。室内，天花板做成电控的百叶帘，可以像博物馆那样精确地控制日光的照度和太阳光的直射。

客房是与主人住宅相同的小版三开间住宅，在基地上与主人住宅毗邻而立。

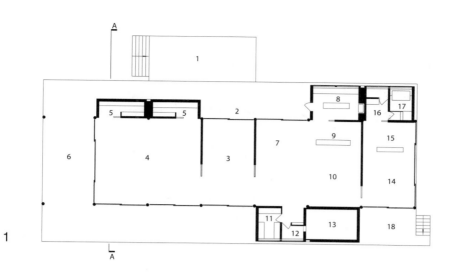

1 主人住宅

1）入口平台
2）主入口
3）入口门厅
4）起居室
5）储藏间
6）外阳台
7）就餐区
8）厨房
9）酒吧
10）座位
11）洗衣房
12）客用盥洗室
13）空调机房
14）卧室
15）衣帽间
16）浴室
17）日式浴室
18）私人平台

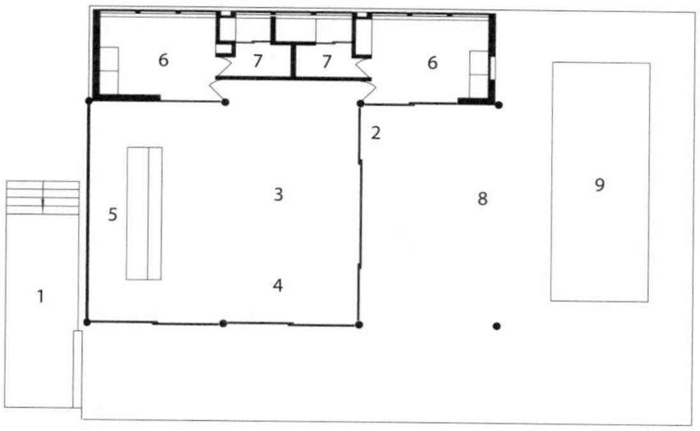

2 客房

1）入口平台
2）主入口
3）起居室
4）餐厅
5）厨房
6）客卧
7）客房浴室
8）外阳台
9）游泳池

3 A–A 剖面

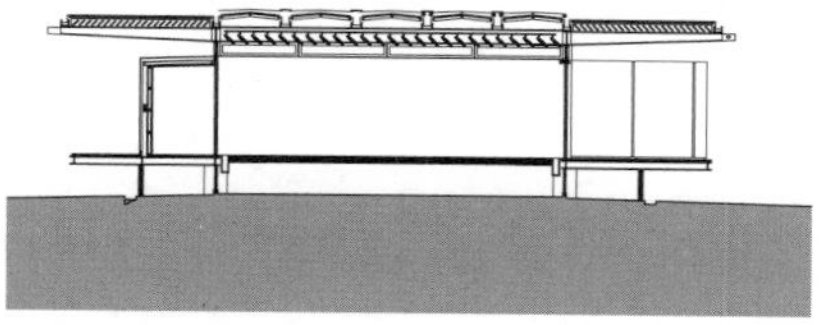

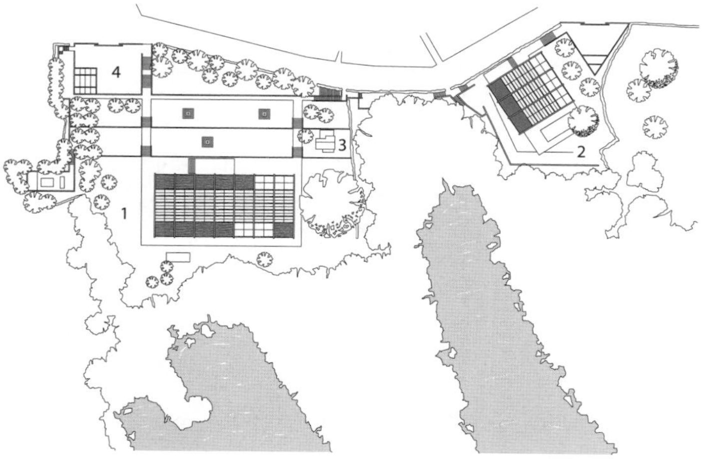

4 基地平面

1）主人住宅
2）客房
3）茶室
4）停车场

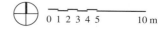

0 1 2 3 4 5   10 m

玛丽卡－埃尔顿住宅（Marika-Alderton House）

格伦·马库特（Glenn Murcutt，1936— ）

澳大利亚北领地东阿纳姆地伊尔卡拉（Yirrkala，Eastern Arnheim Land，Northern Territory，Australia）；1994 年

对澳大利亚最著名的建筑设计师来说，在北领地的海边，为艺术家班杜克·玛丽卡（Banduk Marika）、她的英国伴侣以及他们的孩子设计一栋住宅是一次巨大的挑战。

作为住宅设计专家，格伦·马库特的设计作品遍及澳大利亚。然而，这是他第一次接受来自本地客户的委托，也是他第一个位于真正的热带的住宅。困难来自技术和文化两个方面。如何在一个气温从未低于过 25 摄氏度（77 华氏度），并时常高达 40 多摄氏度的环境中，设计出非常舒适的居住环境；能避开有毒的蜘蛛和会咬人的爬行动物，并避免采用外来文化的技术，如空调。而且，基地很可能受到来自飓风和涨潮的威胁，当地也缺乏受过专门技能训练的建筑工人。

马库特给出的答案是钢木结构的、呈"一"字形的、没有一处围合的建筑，一个在各种格栅、挡板、遮阳棚保护下的平台。住宅四周是敞开的，入口是大的移门，所有的开"窗"都是没有玻璃的上悬窗，支持气流上升，如同斜背式轿车展翅欲飞的车门。高悬的屋顶是简单的帐篷顶，覆盖了整个平台，而且在北面悬挑得更远。即使在理应阴凉的南面，窗口也有深远的垂直遮阳板，以遮挡清晨和傍晚斜射的阳光。

在成功地阻挡了太阳光之后，第二个问题就是如何将风引入建筑。即便是在夜晚，出于安全考虑关闭了门窗，它还是可以保证空气流通。旋转的屋顶通气孔带走建筑内的热空气，冷空气则经地板上接连的、防虫的小孔进入。起居室的橱柜、儿童房的床等家具都架得比较高，以保证空气的流通。除了浴室和厕所，所有房间的顶部都不是直接封闭的，只是被高高的帐篷顶覆盖着。

这是一栋完全预制的住宅，由悉尼附近的游艇建造商高斯福德（Gosford）制造。所有的组件经过 3 200 公里的车载和船运送到基地，再由 2 名同样经过长途跋涉的工匠安装完成。钢骨架采用马库特住宅中常用的细长圆断面的材料和三角形支撑网，以抵御强大的飓风。钢椽条支撑木檩条，木檩条再支撑马库特住宅的标识物——镀锌瓦楞铁屋顶。地板、隔墙与内墙是由油漆或着色的胶木板及硬木制成。

这是一栋经济节约的住宅，具有农用特质的建筑，但是它精致的细部设计，出色的工艺使它跻身于马库特毕生所作的许多豪华住宅之中。实际上，玛丽卡-埃尔顿住宅对材料的应用、为当地气候所做的恰当的反应，是对建筑师设计信条的最清晰的阐述，也揭示出他最深刻的灵感之泉。当马库特还是一个小孩时，他与家人住在新几内亚的森林里。他的父亲，一个金矿勘探者，自己搭建了住宅——底层架空、镀锌铁皮屋顶。传说有一次，马库特的母亲为了抵御充满敌意的当地人入侵房子，不得不端起来福枪，子弹在孩子们的头顶呼啸而过。

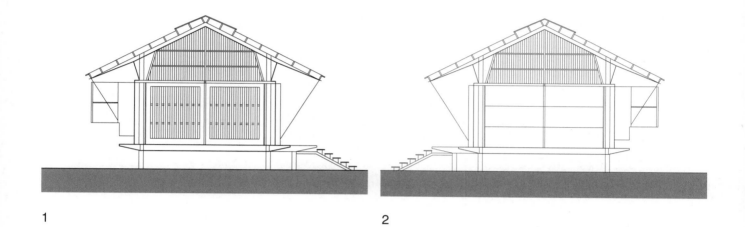

1   2

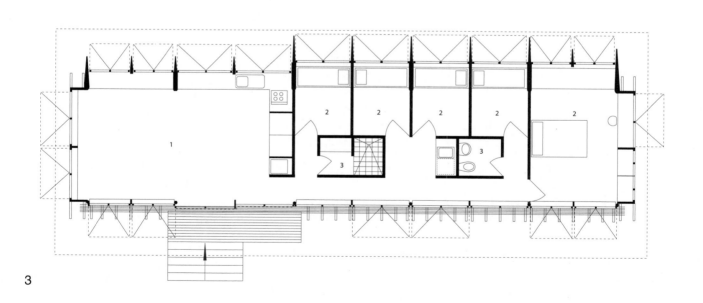

3

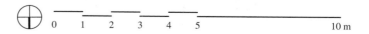

马歇尔住宅（Marshall House）

白瑞·马歇尔（Barrie Marshall，1946—　）

澳大利亚维多利亚飞利浦岛（Phillip Island，Victoria，Australia）；1995 年

马歇尔住宅看上去又长又矮，幽黑隐秘，很是吓人，它的设计师把它比喻成一架隐形轰炸机。实际上，它只是一栋海边住宅。当建筑师们为自己设计住宅时，他们总是把自己真正要完成的目标（如那些功能性的要求）隐藏起来。而这栋住宅也不仅仅是一个可以舒适、愉悦地居住的建筑。然而，只有一个建筑师会把海边的住宅想象成一个有巨大破坏性的武器。这位建筑师就是白瑞·马歇尔，DCM 事务所（Denton Corker Marshall）的合伙人。DCM是一家以墨尔本为基地的、分支机构遍布全球的大型建筑设计事务所，但不因其商业上的成功而缺乏工作室的传统和设计意识。马歇尔住宅就是很好的例证。

马歇尔短暂地考虑过就在海边的这块基地上建造一栋传统的木结构住宅，但是很快就改变了主意。他意识到，基蒂米勒（Kitty Miller）海湾的景观所需要的最后一个东西应该是能够立于其中的。这一建筑必须是海湾景观的一部分，类似一只独木舟或一个掩体（军事隐喻是不可避免的）。实际上，被掩埋入土的印象只是一个幻觉。看上去像自然沙丘的东西是真的护堤，是以混凝土墙为背景人工堆积起来的，界定出一个方形的庭院。在马歇尔住宅中，尽管这个庭院的功能很难界定，但是它的形式是最重要的。它有时被用作停车场，但是它看上去更像是一个古代庙宇的内庭院，它的纪念性远大于它的功能性。

道路入口设在东部护堤的缺口处，正对入口的墙上有三个开洞，暗示了墙后是宽敞的车库和储藏室。庭院就不再是一个停车场了。从南面偏左侧的墙上，伸出一个垂直的钢片，像是表示欢迎的机器人的手臂，提示住宅的主入口所在。

另有一道与庭院南墙平行的混凝土墙面朝大海。马歇尔住宅所占的就是这两道墙之间的狭长空间。刀片状的构件是 DCM 的标签，马歇尔住宅中这些没有实际功能的墙就是很好的例证。就像海滩上的一个防波堤，一端埋在沙里，而在其他地方形成了一个渐远渐变的挡土墙。住宅的屋顶长满了沙丘草，加强了护堤的错觉。

在马歇尔住宅内部，平面布局采用简单的直线型布局，一端是起居室，另一端是主卧室，之间沿着庭院南侧的是交替的条窗。一个向庭院凸出的大飘窗和凹进的门廊，形成了开敞的厨房、餐厅和入口空间，就像古典的庙宇面朝大海。在两面混凝土墙上的开窗，具体的位置和大小由朝向和其后的空间决定。面对庭院的北侧墙上，开少数小窗，以屏蔽太阳光和风；面对大海的南侧墙上开大窗，提供了广阔的观海视角。

马歇尔住宅最特别之处在于它的严肃的特质。建造一个具有粗砺外表的海边住宅，使用素混凝土已足矣，而马歇尔不仅如此，它从里到外使用的都是黑色的混凝土。其他的饰面，包括水磨石的楼地面、未油漆的钢门和隔断，没有一处有温柔的质感。然而，这并不是说它不装饰，只是装饰风格不同罢了。这里有路易·康和安藤忠雄惯用的素混凝土上的模板钉，经过细心定位的、因混凝土浇筑形成的竖向施工缝，屋顶的滴水设计成小三角形图案。但是没有一个细部设计给这栋海边住宅带来欢娱的气氛。唯一例外的是起居室壁炉的烟囱，它以轻松活泼的仰角穿出护堤，弹奏出一串渐轻的音符。

1　一层平面　　　　　2　沿海立面　　　　　3　A–A 剖面

1）起居室
2）餐厅
3）卧室
4）浴室
5）庭院
6）车库

217

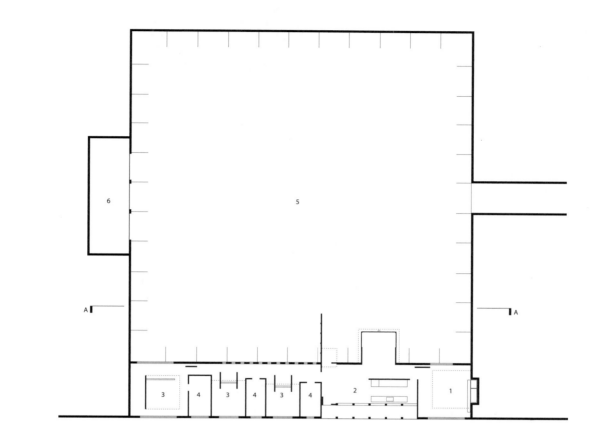

1

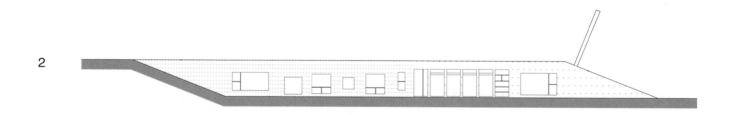

2

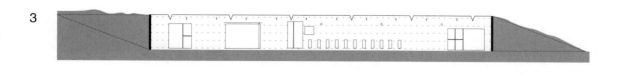

3

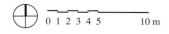

0 1 2 3 4 5　　　　10 m

家具住宅（Furniture House）

坂茂（Shigeru Ban，1957—　）

日本山梨县（Tamanashi，Japan）；1996 年

　　坂茂因纸建筑而著名，例如 2000 年汉诺威世博会中的日本馆——由纸板做的管材组成曲线网壳结构。他可以用纸建造住宅，建造美术馆，甚至建造一座教堂。1994 年，坂茂受联合国难民事务高级专员办事处委托，为遭受卢旺达内战之苦的难民设计了纸制的紧急避难所。1995 年，他的纸制井干式小屋为阪神大地震的遇难者提供了住处。

　　家具住宅的想法缘自纸制建筑。1991 年，坂茂为一个诗人设计了一栋自支撑的小图书馆。自支撑的原因是将纸板做成的管材用钢丝固定，最终形成了桁架结构。书架独立于结构构架，具有绝缘和防水作用，因此成为建筑的外墙。坂茂意识到，结构构架中的竖向构件是多余的，经过多次改进，屋顶改用书架作为支撑。

　　最初的家具住宅是一个极简主义的作品，其平面如同一个方形画框里的蒙德里安的绘画。这是一栋豪华的日式住宅，基本的空间要求包括一间榻榻米的房间和一个可以看到远处的富士山的阳台。住宅空间像是夹在平屋顶和平地面之间的三明治，起分隔作用的是储藏单元。

　　用储藏单元分隔空间并不新鲜，但是这里的储藏单元并不是常见的实体墙构成的。它所有的墙体都是书架和碗橱，与通高的玻璃窗和玻璃移门组成外墙的围合。在起居室和阳台之间的移门可以移到右后方，可以完全不被发觉，提供了通透的空间。位于阳台四角的细钢架支撑着屋顶，尽管钢架旁紧贴着一个货架，它还是这栋家具住宅中唯一的非家具的结构构件。

　　储藏单元是用近似层压的方法将薄片材料压制成的标准构件，高 2 400 毫米（95 英寸），宽 900 毫米（35 英寸），书架厚 450 毫米（18 英寸），碗橱厚 750 毫米（30 英寸）。

这些储藏单元立于铺装胶合板的清水混凝土楼地面上，支撑着上部木板拼合的屋面结构。但事实并不止于此。书架和碗橱用螺钉固定在一起，以具备结构的整体性；背板上还用 100 毫米 ×50 毫米（4 英寸 ×2 英寸）的木骨架加强稳定性。内墙上，木骨架上以绝缘的胶合板作为固定饰面。胶合板提供了侧向支撑，是主要的抗地震力构件。日本住宅中大量使用截面为"2×4"的木材构成的平台框架，而坂茂的结构与其的差别并不是很大。家具住宅的最大好处就是，一个人就可以搬动一个储藏单元，省工省力。与其说它是一种新技术不如说它是一种新的思维理念。结构与家具、永久与临时的定义都被重新界定了。

　　从这以后，还有更多的家具住宅建成。家具住宅系统中增加了两层的结构、带空气调节的碗橱以及储藏用的楼梯等新元素。

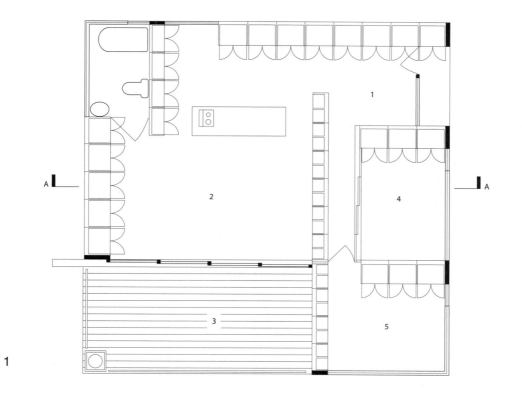

1

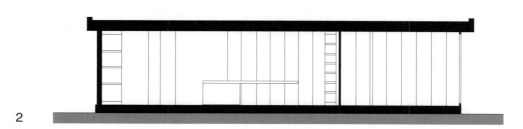

2

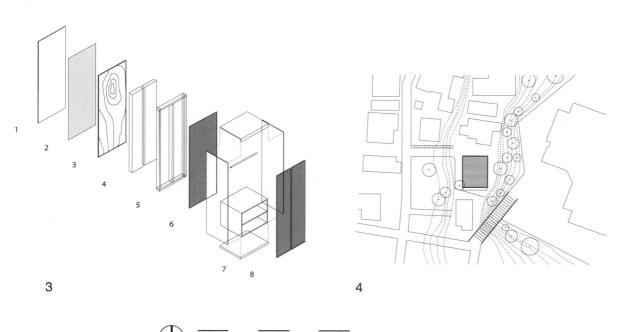

3　　　　　　　　　　4

0　1　2　3　4　5　　　　　　　　　10 m

220

双户住宅（Double House）

比亚那·马斯腾布洛克（Bjarne Mastenbroek，1964—），威尼·马斯（Winy Maas，1959—）

荷兰乌德勒支（Utrecht，The Netherlands）；1997 年

　　建筑师在设计建筑时，通常要对基地、预算、委托人对空间的要求、相关的建筑法规、等等进行系统性的分析。荷兰的 MVRDV 建筑设计事务所将这种常识性的程序转变成一种哲学和一种风格。他们的设计不仅仅是对量化指标的简单考量，而是将它们通过形体和视觉表达出来。他们将设计事务称为"数据景观"（datascapes）。"猪城计划"（Pig City）就是一个很好的例子。它将经济、法规、有机猪肉生产的空间逻辑转换成一个完全合理的，但是极度超现实的方案——建设多层的猪饲养场。

　　但是统计数据从来得不到政治上的中立，这些数据不得不被评估和解读，矛盾的利害关系必须得到协调。因此，"数据景观"既是一个社会地图，也可以是一张数学图表。乌德勒支的双户住宅就可以解释为对它两个业主之间的关系的分析地图。基地位于乌德勒支郊区，可以俯瞰一个美丽的公园。当第一个业主买下它时很快就发现，这个地块太大了，他们没有能力负担得起，不能充分发挥地块的潜力。他们找到一个合伙人，来共同开发这块地，因此他们变成了亲密的邻居。但是，这两个家庭也遇到了很多问题，譬如说，谁家的入口应该更靠近花园，或是谁家应该有更好的俯瞰公园的景观。他们找到建筑师比亚那·马斯腾布洛克来帮忙，而马斯腾布洛克转而邀请 MVRDV 建筑事务所的威尼·马斯来合作完成这个项目。他们设计的这个双户住宅具有 MVRDV 的特质，既具有独创性又忠实于量化的数据要求。

　　设计首先是定义建筑的高度和阴影范围，目的在于使建筑的后花园有尽可能多的日照。第二个问题是在一栋住宅建筑中如何划分两家的体量。将两户人家水平划分，一组直线形的分户墙将使两户人家都失去基地特有的开阔的景观。将两户人家垂直划分，即一家在另一家的楼上，那就意味着只有楼下的一家才能拥有通向花园的直接入口。答案虽显而易见，但却新颖：每一楼层的分户墙的位置都不同。这一解决方案很难在平面中表达清楚，但是在剖面中就很好理解。每户在它那一半的建筑中都有一个居中布置的直跑楼梯。分户墙在这两个楼梯之间变换位置，明智而审慎地划分两家的居住空间。这样的分户墙的布局在图纸上是很容易画的，但是在实际建造中就遇到了困难。因为，传统的分户墙能将楼板的荷载直接传递到地面。显然，这里的分户墙将不再具有这样的结构功能，它们不再是室内的竖向支撑构件。代之的是隐藏在外墙和内墙中的钢桁架和钢支撑，一个复杂的三维立体架构将不同标高的楼层固定在一起。正立面与背立面上，全开间的玻璃窗和通高的玻璃窗不受结构架构的制约。相反，外墙是单调的、红色的面板，强调该设计造型所采用的抽象盒子拒绝任何关于结构和建造的构造表达。

1　五层平面/屋顶平面　　2　四层平面　　　3　三层平面　　　4　二层平面　　　5　一层平面

1）露台　　　　　　　　1）卧室　　　　　　1）起居室　　　　1）起居室　　　　1）入口
　　　　　　　　　　　　2）书房　　　　　　2）书房　　　　　2）厨房　　　　　2）厨房
　　　　　　　　　　　　　　　　　　　　　　3）卧室　　　　　　　　　　　　　3）客房
　　　　　　　　　　　　　　　　　　　　　　　　　　　　　　　　　　　　　　4）储藏间

6　A–A 剖面

7　B–B 剖面

8　正立面

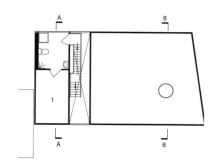

1

2

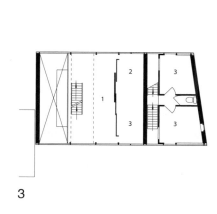

3

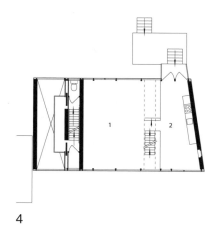

4

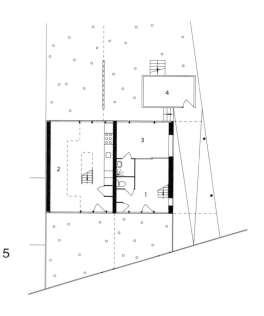

5

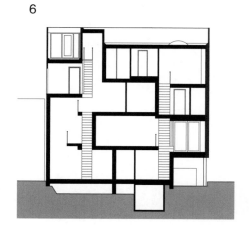

6

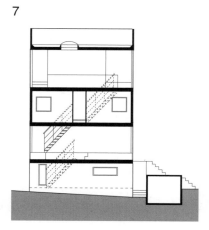

7

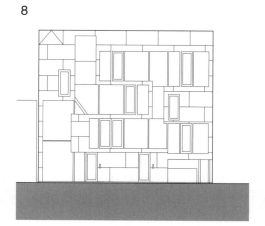

8

0 1 2 3 4 5　　　10 m

M 住宅（M House）

妹岛和世（Kazuyo Sejima，1956— ），西泽立卫（Ryue Nishizawa，1966— ）/SANAA

日本东京（Tokyo，Japan）；1997 年

地下室通常是用于储藏和设备工作的次要空间。然而，在 M 住宅中，地下室是主要的生活空间。实际上，M 住宅的大部分空间在地下室中。之所以采用这一非同寻常的布局安排是出于私密性和隔绝噪声的考虑。

在东京，靠近城市中心的住宅不仅规模大，而且地价非常贵，因此布局高度的集中，私人居住空间距离公共街道空间非常近。因而，这一地区住宅的围墙很高，窗帘也是总是拉上的。M 住宅的委托人是一个音乐家，这栋建筑既是住宅也是他的工作室，因此街道上的噪声是建筑设计需要解决的首要问题。将住宅下沉到地下，以及采用三个线形的采光井就立即解决了空间与噪声这两个问题，创造出内向的、采光与通风良好的室内空间。住宅两端的采光井都比较狭窄只有几码宽，但是位于中央的采光井就又大又高，高是宽的两倍，长是宽的三倍，像是一个外面的大厅。中央采光井的墙选用的是半透明的玻璃；地板采用的是木地板，相邻房间的地板都位于同一标高；金属凉棚为部分的天花。位于中央采光井的尽端的一棵树是它唯一的装饰品。

中央采光井将建筑平面一分为二，一个 L 形的起居室和就餐空间和一个由音乐室和书房组成的矩形的工作空间。在采光井的尽端有一条小走廊，联系这两部分空间。M 住宅的平面设计简单直白，填满了整个基地，但它为委托人提供了足够的居住空间，包括一个车库，三间卧室，其中一间是榻榻米的客房。在这些居住空间之间的，从街道的前后跨越整个地下室的是三个各自独立的、等宽的、一层高的钢架桥梁。因而，地下室的实际高度也就有两层高。在一层的入口大厅里，一个直跑钢楼梯位于车库和客房之间的钢架桥梁下。另一个钢楼梯位于主卧室与中央采光井的半透明墙之间的钢架桥梁下。

每一个布局都很规则，用几何术语来说，布局不能再简单了。整日在住宅平面中所看到的，只是一排十个宽度不一的、并列的线形空间，就像条形码。但是，在简单下面掩藏着复杂性，各种空间以不同的方式组合。例如，起居室内，条状的地板可能是与车库钢桥梁的天花的呼应，也可能还包括钢桥梁两边的槽，再往后的就餐空间、它旁边的槽和采光井。日照也带来了另一种复杂性。很少直射光，通常是来自至少是两个方向的、不同强度的自然光给每一个造型带来巧妙的光影效果。

妹岛和世以她极简主义的细部设计而闻名，没有凸出或凹进，没有装饰条或闪烁的灯槽。每一个元素都是低调的，装饰完全在规定的尺度内。没有特别强调的元素，要达到如此显而易见的简单是极为困难的。住宅沿街立面是采用多孔金属板的、没有凹凸的墙面，仅仅开了一个前门和一个车库门。当穿过中央采光井时，沿街立面退至一扇半透明的聚碳酸酯大窗的后面。夜晚，半透明的窗户散发出温柔的光线。

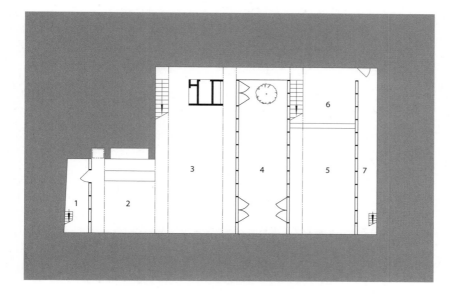

1

2

3

4

0 1 2 3 4 5   10 m

波尔多住宅（Bordeaux House）

雷姆·库哈斯（Rem Koolhaas，1944— ）

法国波尔多（Bordeaux，France）；1998 年

波尔多住宅倾覆了每一个建筑"公约"，使人兴奋不已。以立柱为例，对于传统的建筑形式而言，立柱是建筑自身特有的符号，而波尔多住宅中，除了地下室里有一二根几乎看不见的钢柱以外，整栋大房子里没有一个可以被称为立柱的构件，甚至连一面承重墙都没有。通常人们认为，建筑应该有坚固的基础和轻盈的上部结构，而在波尔多住宅中，这一传统的认识被颠倒了：一个巨大的混凝土盒子看上去没有一点支撑，好像偶然悬在一个周边都是玻璃墙的开放空间的顶上。通常，横梁从下部支撑起它所分担的上部荷载，而在这里，仅有的一根钢梁几乎有一层楼高，却"坐"在建筑的屋顶上，活像一个高空广告牌，而不再是具有一定功能的结构构件，等等。颠覆贯彻在波尔多住宅的每一个元素和每一个细部，而每一次颠覆看上去就像是一个魔术，或者说戏法。

然而，按照它的逻辑，这也是一个实用的设计，对于一个坐轮椅的人及其家人而言，它在物质和心理上远远超出一个能充分满足所有需求的标准。住宅的三个楼层是完全不同的三个世界。一层是半地下室，半藏在小山顶，一面玻璃墙正对着入口的庭院。其室内如同山洞，房间都是一个个从地里挖出来的，彼此分隔，墙面仅仅用石膏粉刷，仿佛期待着原始绘画。到楼上去的主楼梯看上去像某个动物的血盆大口，令人惊讶的是露天的底层大阳台。一个奇怪的、倾斜的移门通向一间玻璃墙分隔出的起居室。在住宅的南面，一面玻璃墙可以移到阳台上，在打开了一个房间的同时又作为另一间屋的屏障。以上种种以及粗糙、未加粉饰的混凝土箱梁下表面，都成为这一空间难以承受的沉重负荷，使人们的目光凝视着远方加隆河河谷与波尔多市。

在顶楼混凝土盒子的内部，是一系列几乎封闭的穿套空间，其中部分设天窗。只有东端的主卧室在盒子的尽端开窗，可以看到外面的景色。儿童房开的是小舷窗，渐变的斜墙像透镜一样，将焦点置于房间内的一个枕垫、一个浴缸，或是一个写字桌上。

然而，在整栋建筑中，最重要的空间是电梯。当然，这个电梯也不是常规的电梯，它被装饰成书房，并且整个房间在液压柱上升降，就像车库里升降的汽车。这台电梯就是能走动的人和坐轮椅的人都喜欢这栋住宅的秘密所在。在地下室，它是厨房的一部分，面对一个酒窖；在底层，它可以俯看起居室；在顶层，它变成主卧室里的壁龛。但是，它也能独立成为一个房间，四周是从地面到天花板足有三层高的书架。

至于那个奇怪的悬空的盒子，它的一端由一个矮胖的钢制大门支撑，另一端悬挂在高空广告牌状的横梁下面。这根横梁是由螺旋楼梯的混凝土圈筒支撑的。在穿过露天阳台时，这个楼梯很容易被当作一个立柱，因此在表面喷涂了起反射作用的铬合金，使它不被发现。这个圆柱并不在悬臂梁的中心，因此有一锚固在庭院地面的张力杆使其平衡。

1	东北立面	3	A-A 剖面	5	B-B 剖面
2	三层平面	4	二层平面	6	一层平面

1）主卧室
2）浴室
3）电梯
4）卧室
5）浴室

1）起居室
2）餐厅
3）阳台
4）书房
5）电梯

1）主入口
2）厨房
3）洗衣房
4）电梯
5）酒窖
6）视听间
7）员工间

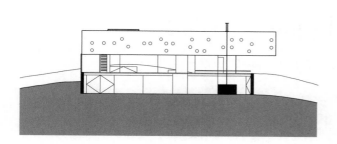

1

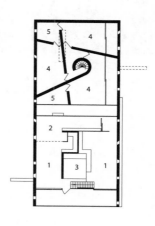

2

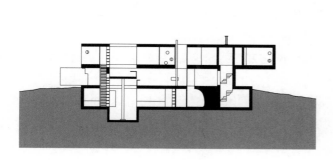

3

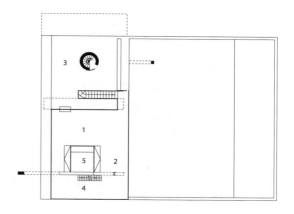

4

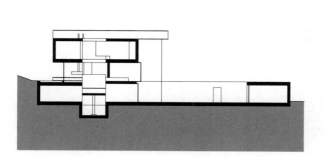

5

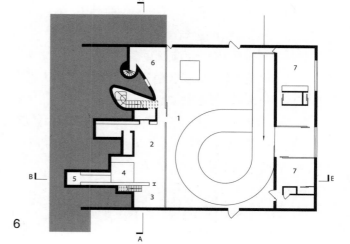

6

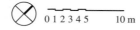

0 1 2 3 4 5　　10 m

莫比乌斯住宅（Möbius House）

本·凡·贝克尔（Ben van Berkel，1957—），卡罗琳·博斯（Caroline Bos，1959—）

荷兰乌德勒支（Utrecht，The Netherlands）；1998 年

证明莫比乌斯环的原理通常只需要取一长纸条，将其旋转，然后首尾相连固定起来。从此，这个纸条就不再有（正反）两个面了，而是只有一个面；这个纸条也就不再有（上下）两条边，而是只有一条边了。这个纸条也就（从二维平面的形式）变成一个令人费解的、似是而非、自相矛盾的三维的形式，它既没有内也没有外。第一眼看上去，莫比乌斯住宅与莫比乌斯环毫无相像之处。除非你把莫比乌斯环铺平并且弄皱，再扯断，就能发现它们之间的共同之处。对于任何建筑来说，能够抵抗重力的作用是其成为一栋建筑的首要条件之一，这就使得居住在莫比乌斯环中的整个构思有些问题。加之，无论如何，本·凡·贝克尔和卡罗琳·博斯两位建筑师都认为，这个住宅设计实际上是基于"双锁环"，使得人们对它的认识变得更加糊涂。设计实践网站展示了莫比乌斯住宅曲线优美、有机的三维计算机模型，就像一圈肠子。三维模型的动画效果甚至表现出轻微的肿胀，顺着曲肠在蠕动。

这栋住宅还是像莫比乌斯环更多一些，而不是"双锁环"；它更像是结晶体而不是变形虫，更像是褶皱的而不是肿胀的。但是，这些三维模型之所以激动人心是在其概念，它们还不是一个正式的设计成果。它们被援引主要是为了摆脱建筑常规的束缚，对抗民众对于建筑固有的认识。它们也为设计引入了具有活力的元素。建筑的委托人是一对需要居家办公的夫妇，而且要求各自的工作空间是独立的，每天两人只是在特定的时间才会在一起。因而，这栋住宅一开始的设想就是拒绝静态空间的汇集，根据人们每天昼夜间工作、生活、睡觉的使用模式，布置成环状的空间，好像肿块在"双锁环"上的旅行。由于委托人是两个生活

习惯不同的人，必须为他们提供两条可能的路径，因此有了"双锁环"。

这栋建筑的平面很难用语言介绍，但是一个基本的交通路径让人很容易识别。从南向的一层入口门厅开始，我们即可沿着剪刀式楼梯上到二层，来到一个扭结的走廊和另一个楼梯的休息平台。这样我们就可以下到一个更低的底层平面中，折回休息平台的下面，需要上一段坡道才能到达起点的入口门厅。这还不是一个完全的莫比乌斯环，但是它是一个三维的"8"字，在住宅内的行程中它提供了非同寻常的空间体验。行程中路过了传统的居住空间，如工作室、卧室、起居室，但是它的空间组织与布局远不是传统的走廊模式。采用莫比乌斯环的目的是为了使两个路径都是完整的，因而其空间也是完整的。混凝土与玻璃形成的刚性带彼此重叠、围绕以形成互相联系的空间，时而玻璃在上，时而混凝土在上；时而混凝土在下，时而玻璃在下；时而二者又是穿插的，时而又是跨越的。这一住宅上没有窗户，只有玻璃墙，因此建筑空间与周围的景色融为一体，难分彼此。莫比乌斯住宅的基地位于乌德勒支郊区，开阔而不设围墙，户外景观设计与住宅建筑相得益彰。它是由荷兰著名景观设计师阿德里安·戈伊策（Adriaan Geuze）设计的。

1998 年，凡·贝克尔和博斯组建了联合设计工作室（UN Studio）。联合的意思是"联合网络"（united net），指建造过程中包括承建方、技术施工员、项目管理者、建筑师等各类人员的合作方式。这个想法带来明显的变化。如果你想设计如莫比乌斯住宅一样的建筑，则也需要与建设团队的各成员之间保持良好的关系。

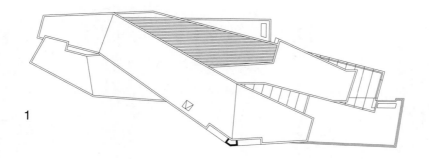

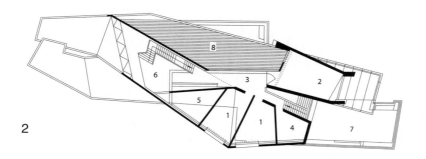

2　二层平面

1）卧室
2）工作室
3）交通空间
4）浴室
5）储藏室
6）开放空间
7）起居室上空
8）屋顶花园

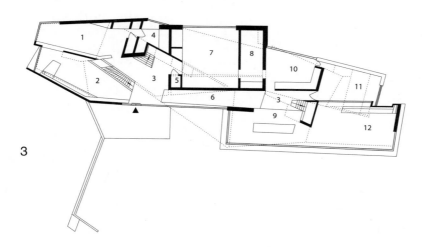

3　一层平面

1）卧室
2）工作室
3）交通空间
4）浴室
5）厕所
6）坡道
7）车库
8）储藏室
9）会议室
10）厨房
11）走廊
12）起居室

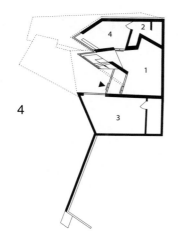

4　地下室平面

1）交通空间
2）浴室
3）储藏室
4）客房

0 1 2 3 4 5　　10 m

铝制住宅（Aluminium House）

伊东丰雄（Toyo Ito，1941— ）

日本东京世田谷区（Setagaya-ku，Tokyo，Japan）；2000 年

不同于西方城市用林荫大道、纪念建筑与广场来承载城市的历史，日本的城市永远是生活在当下的。它们深奥难懂，不知道为什么更喜欢割裂与历史的联系重新开始而不是牢记历史，它们排斥组织性。据说东京和大阪的建筑平均的寿命只有 20 年。

伊东丰雄的设计看上去正是与这种建筑生命的短暂性相协调，并与这一短暂性的结果相呼应。自 2000 年仙台传媒中心建成起，它立即被认为是伊东丰雄最杰出的作品。这一大型公共建筑以其全新的形式而出类拔萃，然而却没有丝毫的纪念性。它是一个非层次结构式的系统，叠放的楼板由中空的玻璃柱联系在一起，四周以几乎无法辨识的墙为边界。伊东自己将仙台传媒中心比喻成一个水族馆，但是它看上去更像是一个漂浮的容器而不是容器里的物体。它可以自我再生，直到蔓延至天际线，也可以一夜间消失不见。

在伊东的小型建筑中，例如在东京世田谷区设计的铝制住宅，短暂性的品质转化成一种优雅的朴素。这个住宅不是用木材和墙纸建造的，而是用铝和玻璃建造的。但是，它似乎背离了日本传统住宅的血统——以昏愚的早期欧洲与美国的现代派为摹本。它也意味着普通与刻意精炼的结合。首先，它看上去像街道上的一件无关紧要的家具——也许是一个变电所，也许是一辆停放的汽车——但是，仔细观察才能发现，它的安静谦逊变得突显，使之陡然变身为一栋建筑。

铝制住宅的外形非常简单，一只大盒子的上面放了一只小盒子，入口立面上悬挑的遮阳板通长，并与建筑一侧停车位上的凉棚相连。然而，住宅的平面相当精妙。大部分起居空间，包括一小间和室（榻榻米）都在一层，围绕一个两层高的空间布局，形成一个小天井。天井空间因二层南面的开窗而有了自然采光，它像一个灯笼照亮了整个住宅的室内空间；也像一个烟囱，因拔风作用给住宅带来自然通风。二楼仅布置了一间客房和一间浴室，可以通向屋顶露台。

与其说这栋住宅是建造起来的，不如说它是组装起来的。而且，它是在基地上一片片组装起来的，而不是在工厂组装面板或体块形成的。内墙和天花是先粉刷后安装的石膏板，地板用的是长条形木地板。除此之外，该住宅所用的都是玻璃和压型铝板。立柱、横梁、楼地板、外墙、窗框、门框和遮阳板都是铝型材制成的。对于这一类型的住宅来说，通常是先有一个可见的结构骨架，再填充上轻质的板材。然而，伊东没有采用这一常规做法，也许是因为常规做法太平淡无奇，层次结构太分明，太西方化了。断面为十字形的线型铝构件，起竖向支撑作用，却隐身于 70 毫米（3 英寸）厚的外墙中。外墙自身是以 300 毫米（120 英寸）宽的槽型铝材制成，表面喷涂绝缘泡沫。它更像一个精密的工程产品而不像一栋建造的住宅。即便是简单的建筑形式，也需要一系列具有异常广泛的通用性的组件，如几种不同类型的橡胶衬垫，以避免整栋建筑在微风中嘎嘎作响。

| 1 一层平面 | 2 二层平面 | 3 东立面 | 4 B-B 剖面 | 5 南立面 | 6 A-A 剖面 |

1）入口　　　　　1）内天井上空
2）和室　　　　　2）卧室
3）起居室　　　　3）屋顶露台
4）浴室
5）内天井
6）厕所
7）卧室
8）厨房

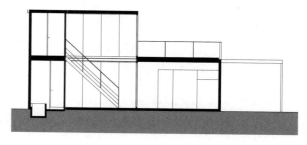

6

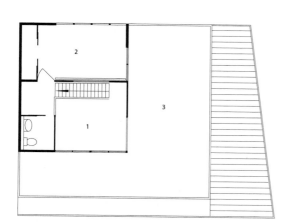

2

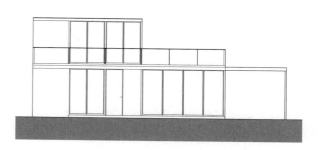

5

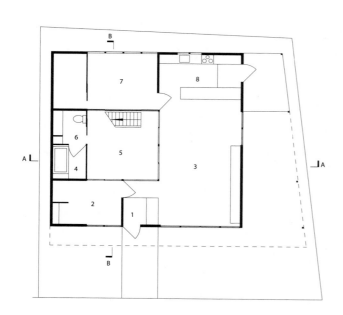

1

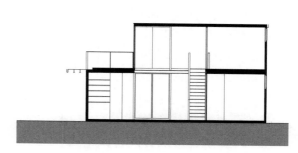

4

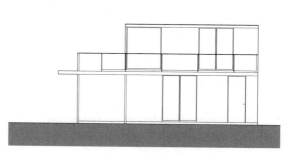

3

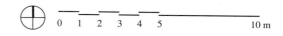

0　1　2　3　4　5　　　　　　10 m

莫莱杜住宅（House at Moledo）

艾德瓦尔多·苏托·德·穆拉（Eduardo Souto de Moura，1952— ）

葡萄牙莫莱杜（Moledo，Portugal）；2000 年

说起艾德瓦尔多·苏托·德·穆拉就让人联想到培养了以阿尔瓦罗·西扎（Alvaro Siza）为首的许多葡萄牙建筑师的波尔图建筑学院。从 1974 年到 1979 年的 5 年间，穆拉不仅在那里拜西扎为师，而且参与到西扎的设计实践中。因此，经过后现代主义盛行的那些岁月，他依旧坚信现代主义，成为独特的、具有地方风格的现代主义的衣钵传人。终于，在 20 世纪 90 年代，他的这一具有地方性的现代主义风格被国际建筑界重新发现，大加褒扬。但是，苏托·德·穆拉并不是西扎的模仿者。他的建筑简单、纯净、非常抽象，并不是毫无趣味的千篇一律，而是具有特定地点的独特品质。他因住宅设计而斐然，从这些住宅设计中可以看出一整套同一主旨的丰富变异。这一主旨部分来自密斯·凡·德·罗，也受到后来的一些艺术家的影响，特别是美国的雕塑家唐纳德·贾德（Donald Judd）。即便是以极简主义的观点看，莫莱杜住宅也是简单的。但是，建筑师们都知道，真正的简单要做起来是多么难。它必须经过长期的分析、优化和艰难而痛苦的取舍。

对于苏托·德·穆拉来说，基地的特质远远比委托人的要求更为重要。特别是，当他坚信建筑与基地需要进行一次彻底的对话时。就像莫莱杜住宅的基地，在俯视大西洋海岸的一大片陡峭的山坡上，每一级高出 1.5 米（6 英尺）的梯田，毛石砌筑的挡土墙。早先在葡萄牙巴扬（Baião）的住宅设计中，苏托·德·穆拉处理过类似的基地环境。但是，在莫莱杜，台地的尺度非常棘手，一方面是太狭窄，一方面是高差过小，以至于难以提供一个适合建房的平台。因此，他说服客户同意加大投资，改造整个山体，减少阶地的数量，加大每一阶地的宽度。修整台地、重建挡土墙

的工作花费了几年的时间，最终这项工作的花费比住宅本身的花费还要多。

根据台地和所处的环境看来，显而易见，最直接的设计就是选择一个阶地，建造一栋背向挡土墙的单面的建筑。再微妙一点的处理就是将建筑直抵挡土墙，在建筑前面尽可能多的让出一个大阳台。

苏托·德·穆拉的想法远不止于此。他在一个台阶上建造住宅，但是在建筑与背后的挡土墙之间留下一条沟。这条沟不仅是一条狭长的采光井，而且整个后墙全部采用玻璃，因而可以直面自然的岩石山坡。这样完全转换了室内外的效果，特别是自然光的采光效果。直射的强光和幽暗的采光效果，所有这些与单面建筑相联系的记忆都因从采光井补入的光线而消失殆尽。在简单、线性的平面里，服务于卧室的走廊因"借"来的光线而不再像昏暗的隧道，反而像是一个身处木材镶饰的内墙和岩石山坡之间的峡谷。

住宅前面的外墙选用的也是玻璃，却令人不解地采用了木框架的移门。这样的做法，形成了空间的流动，也使室内外空间变得模糊而混淆。由一排房间简单构成的极具规则的平面，强调的是围合而不是开放。向外延伸的挡土墙与正立面两侧的玻璃墙部分重叠，遮挡了厨房、浴室和服务房，使围合感变得更加强烈。外墙的材料经过转换被用于室内，好像是驯服为家用。例如，起居室巨大的黄岗岩石墙，好像温柔版的岩石山坡。大部分地板采用的是木地板，天花板则是连续平整的砂浆抹面，使所有空间形成一体。没有明显的前门，在大阳台上，起居室前面的一小块石头铺地是住宅入口最为低调的暗示。

1　一层平面

1）大阳台
2）起居室
3）餐厅
4）厨房
5）走廊
6）卧室
7）浴室
8）衣柜
9）天井

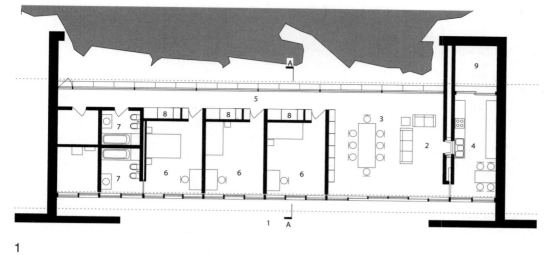

1

2　西立面

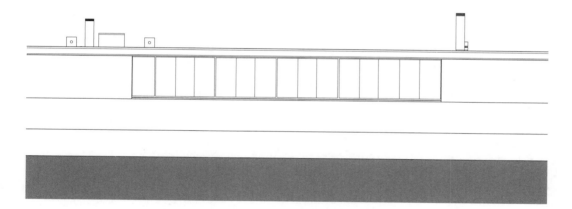

2

3　A–A 剖面

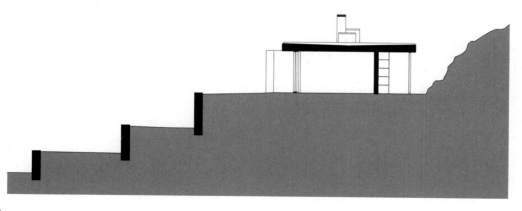

3

0　1　2　3　4　5　　　　　10 m

父亲住宅（Father's House）

马清运（1965—）

中国陕西西安；2000 年

自由市场的中国，为现代建筑的发展提供了温室。马达思班建筑设计事务所（MADA s.p.a.m，即战略、规划、建筑与媒介的缩写）恰逢其时，在这一温室中健康成长，成为新一代建筑实践的代表。它成立于 1999 年的上海，现已完成一批重要的公共建筑，包括浙江大学图书馆、位于宁波外滩的大型文化中心（天一广场）。马清运是马达思班年轻、精悍的设计总监。1999 年，他在西安附近为自己的父亲设计了一栋住宅。西安是陕西省古老的省会，是秦始皇兵马俑的家乡。

住宅位于秦岭山脉的脚下，经常裸露着土壤的山坡上。尽管在这个抽象的几何盒子上很难一下子看出中国传统建筑的特征，但它看上去确实像一个家。它采用了当地的建筑材料，一种来自附近巴河河床的卵石。据说，这些卵石是当地的居民花了几年的时间聚集起来的。它们作为填充墙，整齐地堆放在黑灰色的钢筋混凝土框架里，看不到任何沙浆等粘合物。这一构造创造出离奇的、近乎幻觉的质感，像石化的蝌蚪或爬行动物皮肤上的疣。但是，这栋住宅的外形还是由钢筋混凝土框架限定的。与正方形的平面相呼应，入口庭院也是正方形的，用拉毛的墙面卵石铺地，并布置了一个狭长的水池。

黑灰色钢筋混凝土梁柱成为住宅立面粗实的分割线，形成一个三开间两层的长方形立面。六个开间都是以水平折叠的活动遮阳板填充，活动遮阳板表面的材料是编织的竹子。当这些遮阳板打开时，住宅的内部毫无遮挡。在活动遮阳板的后面，退在深阳台后面的是住宅的真正外墙——黑色钢骨架的玻璃墙。

二层有两个阳台，都仅仅是半个开间宽，两个阳台之间是两层高的空间。在内部，三开间宽的起居室的一个开间也是两层高。楼梯位于起居室的一个角落里。在房间的另一端，一个奇怪的四方体像壁炉一样从天花板垂下来，险些直抵地板，限定出一个就餐空间。所有的构件，如墙、地板、天花板、门，表面全都是编织的竹子。

其他房间也是如此设计。室内或室外所有的门窗都是全高的玻璃，所有的窗户都有全高的遮阳板。无论是室内还是室外，设计师对色彩和材料的组织有非常严格的限定——混凝土、卵石、竹子。毫无疑问，其室内的视觉效果比大多数照片中的效果要出色。室内没有家具。在住宅的北面是另一个院子，狭长的院子被一个游泳池塞得满满的。

这个住宅真的是中国式的吗？或许不是。在欧洲人的眼里，它让人联想起瑞士建筑师赫尔佐格（Jacques Herzog）、德·穆隆（Pierre de Meuron）、彼得·卒姆托（Peter Zumthor）的某些设计作品。路易·康的影子也看得见。因此，当了解了马清运是在宾夕法尼亚大学获得的硕士学位，这个结果也就顺理成章，不足为奇了。

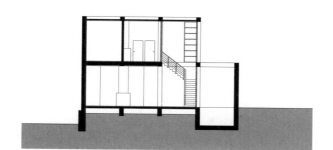

1

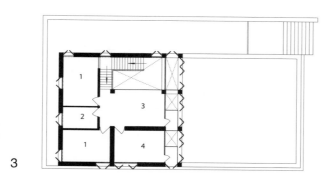

2 B–B 剖面

2

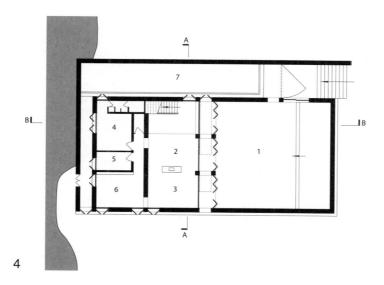

3 二层平面

1）客房
2）浴室
3）书房
4）主卧室

3

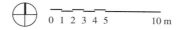

4 一层平面

1）庭院
2）起居室
3）餐厅
4）客房
5）浴室
6）厨房
7）游泳池

4

A

B

B

A

0 1 2 3 4 5   10 m

索引